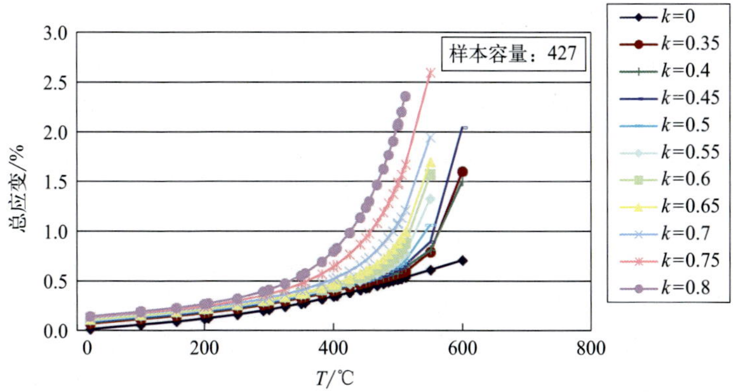

图 3.19　总应变随温度的变化趋势

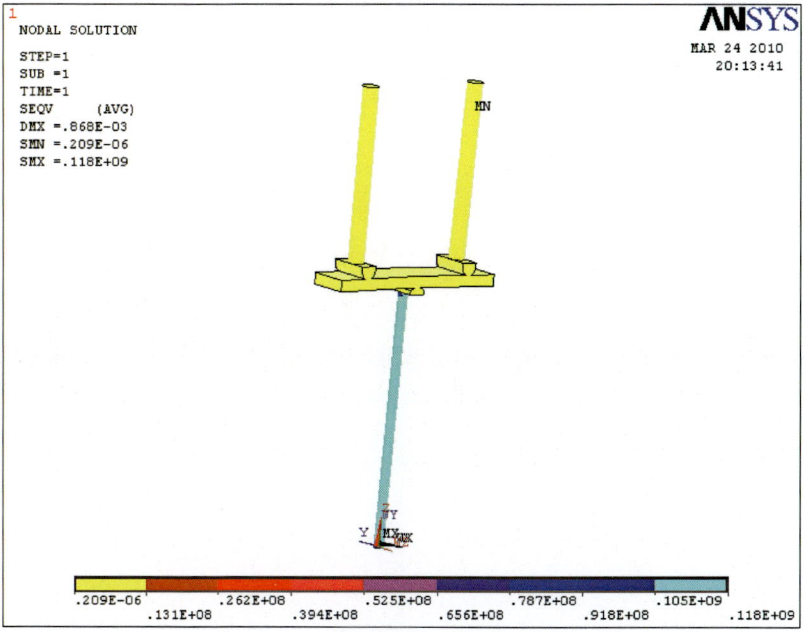

图 4.12　初始荷载应力分布云图

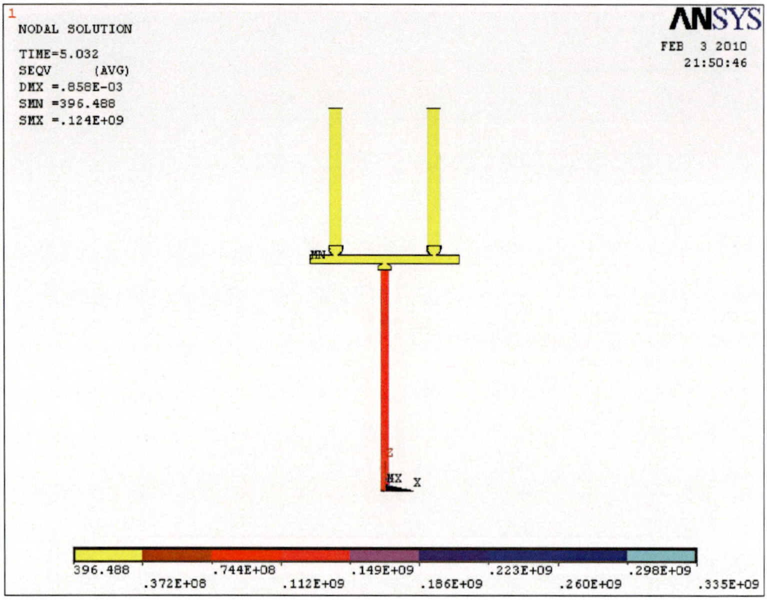

图 4.13　150s 应力分布云图

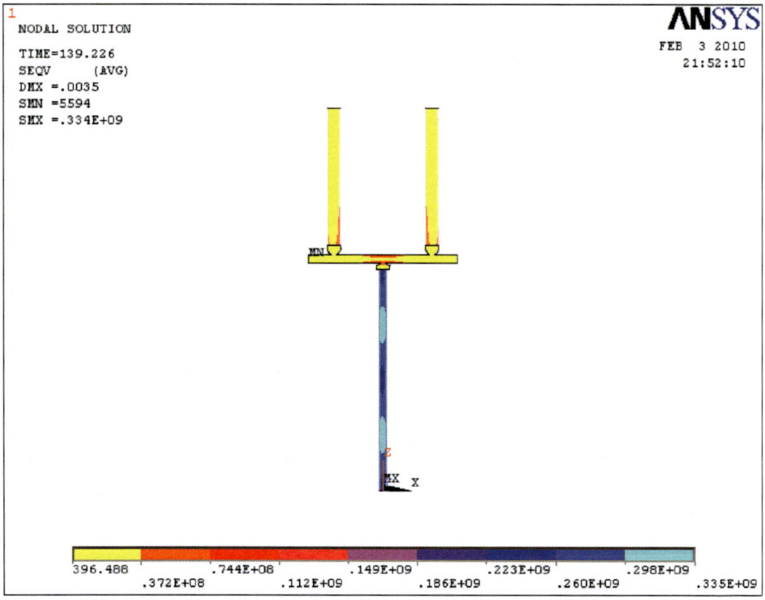

图 4.14　4176s 应力分布云图

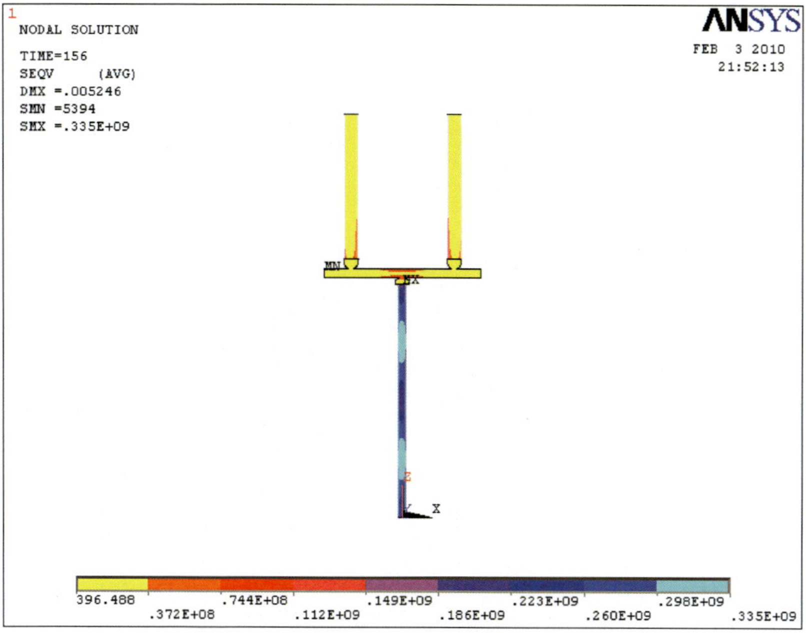

图 4.15　4680s 应力分布云图

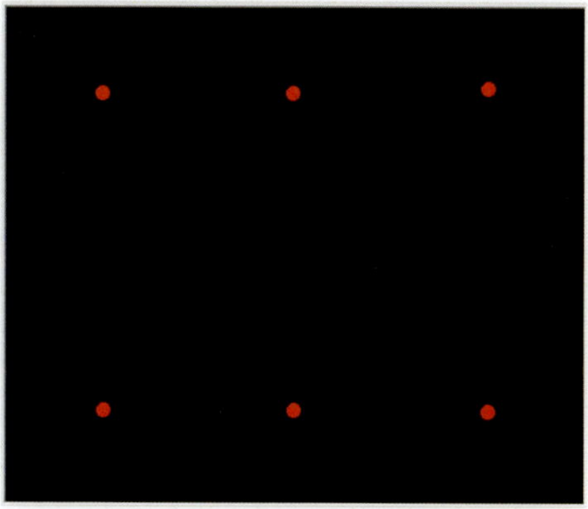

图 5.33　1 层框架结点示意图

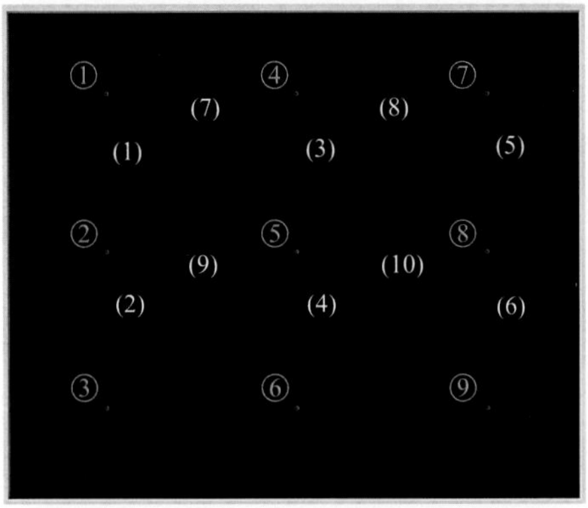

图 5.34　框架结点和单元编号示意图

图中，“①”形编号为结构结点编号，“（1）”形编号为结构单元编号

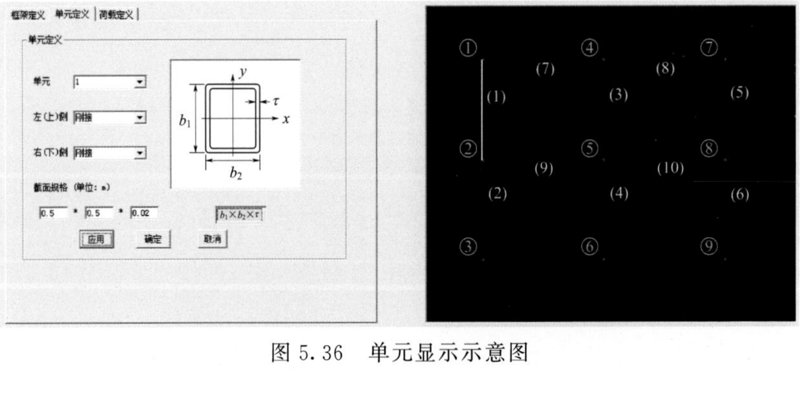

图 5.36　单元显示示意图

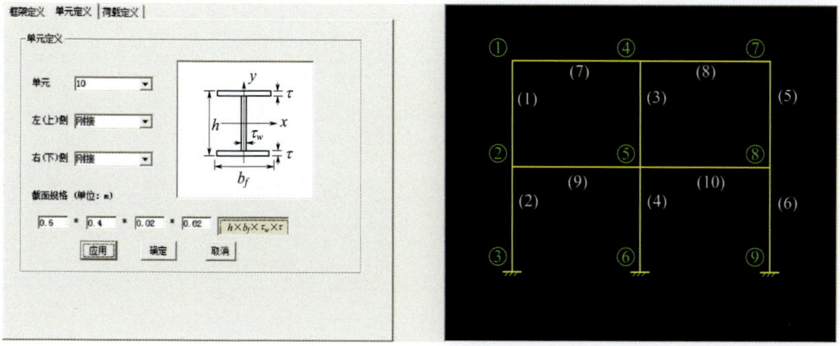

图 5.37　结构示意图

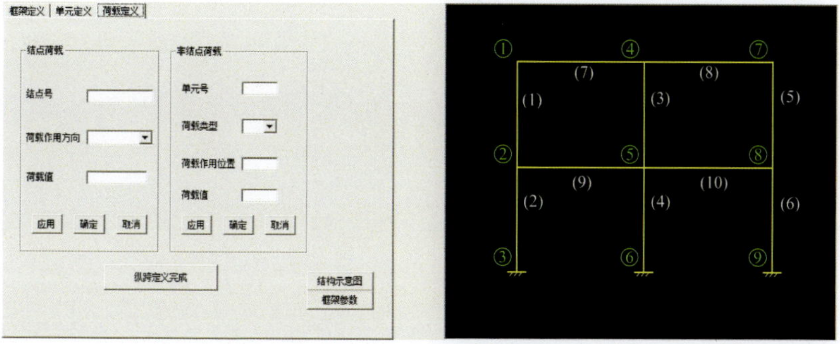

图 5.38　“荷载定义”框体

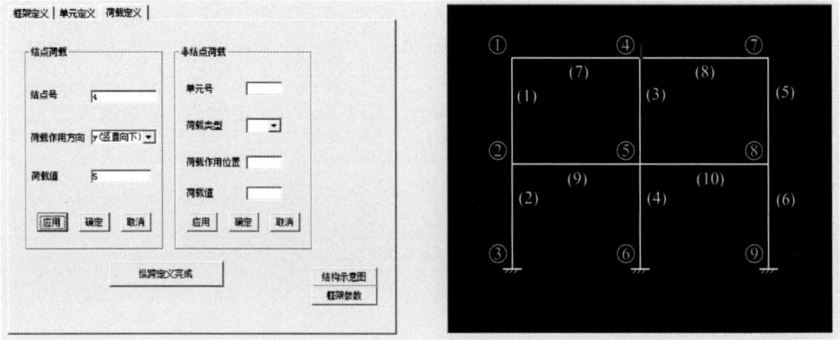

图 5.40　结点荷载示意图

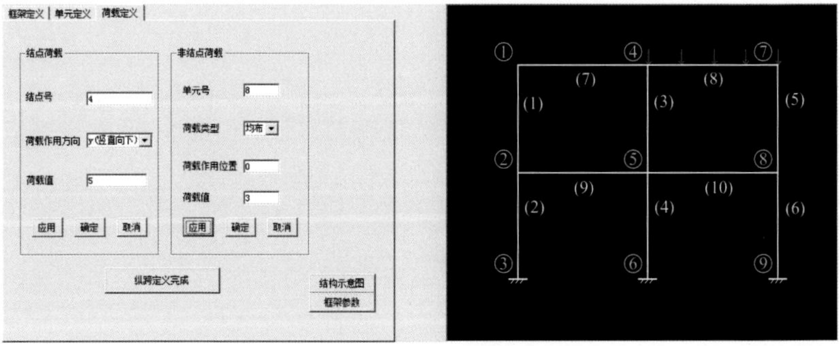

图 5.42　非结点荷载示意图

钢结构用钢
高温力学性能实验及其应用研究

史可贞　李焕群　著

化学工业出版社

·北京·

内容简介

本书介绍了作者所在课题组对我国主要建筑用钢材开展的高温力学性能实验，总结分析了国产钢结构用 Q345（16Mn）钢在恒温加载和恒载升温两种不同热-力路径实验条件下的高温力学性能，并根据以上实验所得高温力学性能，以分段叠加法为基本思想，构建了一种与钢结构受火实际热-力路径相符的框架中柱温度应力计算模型，用于分析计算火灾中框架中柱的温度应力。最后，介绍了研究团队基于以上研究成果，编制的钢框架中柱抗火性能分析系统。希望能对我国钢结构耐火稳定性评估工作有一定的推动作用。

本书可供从事钢结构耐火稳定性评估相关工作的人员参考使用，也可用于有关专业老师、学生交流参考。

图书在版编目（CIP）数据

钢结构用钢高温力学性能实验及其应用研究 / 史可贞，李焕群著. -- 北京 ：化学工业出版社，2025. 6.
ISBN 978-7-122-47852-8

Ⅰ. TU391-33

中国国家版本馆 CIP 数据核字第 2025Z91X27 号

责任编辑：王海燕　　文字编辑：邢苗苗
责任校对：李　爽　　装帧设计：关　飞

出版发行：化学工业出版社
（北京市东城区青年湖南街 13 号　邮政编码 100011）
印　　装：北京盛通数码印刷有限公司
880mm×1230mm　1/32　彩插 3　印张 8　字数 215 千字
2025 年 7 月北京第 1 版第 1 次印刷

购书咨询：010-64518888　　售后服务：010-64518899
网　　址：http://www.cip.com.cn
凡购买本书，如有缺损质量问题，本社销售中心负责调换。

定　　价：69.00 元

前言

由于钢材良好的性能，钢结构建筑得到了广泛的应用。然而，钢结构的缺点是耐热但不耐火。当钢结构建筑没有采取有效防火保护的时候，一旦发生火灾，结构很容易遭到破坏，而使得建筑坍塌造成较大人员伤亡或财产损失。因此，开展钢结构建筑耐火性能研究具有重要现实意义。

钢结构建筑耐火稳定性研究的难点和关键问题就在于结构构件在不均匀温度作用下的温度应力计算。钢结构构件在不均匀温度作用下将产生不均匀膨胀，由于存在多余约束，膨胀较大的构件受到与之相连的构件的约束，会在其截面上产生温度应力。温度应力是钢结构建筑在火灾中受到的最重要的作用效应之一，其准确的评估或计算，对结构在火灾中的安全设计与评估意义重大。

目前对于实际火灾条件下考虑钢框架整体结构的构件温度应力研究还很缺乏。在温度应力的计算方面所采用的材料模型大多以恒温加载为基础，与实际构件受火过程所呈现出的热-力路径有本质区别，必然导致分析计算结果与实际结果有较大的偏差。本书基于大量钢材高温力学性能实验，联合应用恒载升温条件下的材料模型和恒温加载条件下的材料模型，以分段叠加法为基本思想，构建了一种与钢结构受火实际热-力路径相符的框架中柱温度应力计算模型，同时在钢柱耐火稳定性判据的基础之上，基于以上研究成果，介绍了作者编制的钢框架中柱抗火性能分析系统。

全书共分为五章，其中第一章至第三章由中国人民警察大学李焕群撰写，第四章和第五章由中国人民警察大学史可贞撰写，全书由史可贞统稿。本书的出版得到了河北省省级科技计划项目（项目编号：21375406D）、公安部科研项目（项目编号：20049462101）的支持。

本书撰写过程中还得到了课题组屈立军教授（原中国人民武装警察部队学院）的大力支持，在此表示衷心的感谢！

由于水平有限，书中难免有不当之处，衷心希望广大读者批评指正。

作者

2025 年 2 月

目录

第一章

绪论

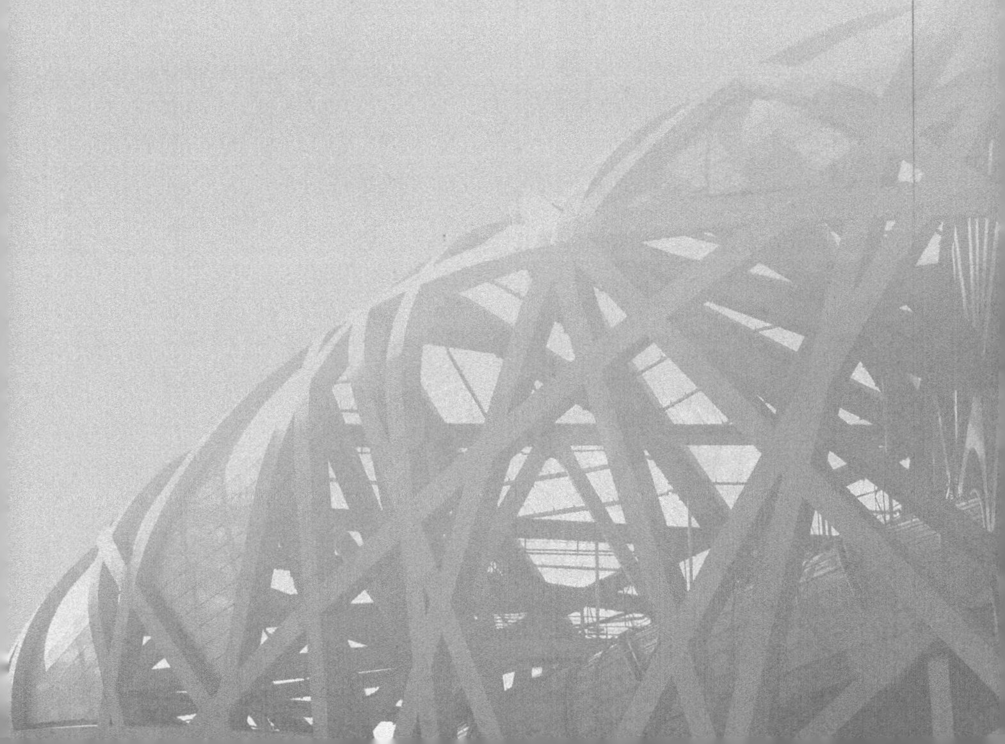

第一节

钢结构应用现状

钢铁工业的发展状况代表一个国家工业化的水平，其广泛应用于装备、制造、建筑等多个行业。所谓钢结构是指主要承重构件以钢材制造的结构体系，钢结构作为一种建筑结构形式具有许多优点，如结构自重轻、材料强度高、施工速度快、拆除后的应用残值高、抗震性能好等，已越来越多地应用于工业与民用建筑中，图 1.1～图 1.6 所示为典型的钢结构形式。

图 1.1　钢结构厂房

图 1.2　钢结构住宅

图 1.3　体育场馆（鸟巢）

图 1.4　钢厂生产车间

目前，美国的钢结构建筑占该国建筑总量的比例已达 68%以上，日本也达到了 50%以上，澳大利亚钢框架住宅占住宅总量的比例 2000 年

图 1.5　广州塔

图 1.6　美国世贸大厦

就达到了 50%。随着人类人口的增长和建筑技术水平的提高，高层、大跨度建筑越来越多，而钢结构因其优良性能成为首选的结构类型。目前世界上最高、跨度最大的建筑大都采用的是钢结构或钢-混凝土组合结构。一些标志性的钢结构建筑有：采用全钢结构建造的 110 层、高 443m 的美国芝加哥西尔斯大厦，亚特兰大体育馆（拟椭圆平面，186m×235m），新奥尔良超级穹顶（直径 207m），日本的 NEC 大楼，高 450m 的钢-混凝土组合结构的马来西亚双塔石油大厦等。

在我国，自改革开放以来，钢铁工业得到了很大的发展，钢产量由 1978 年的 0.3187 亿吨增加到 2024 年的约 14 亿吨。我国钢产量自 1996 年首次突破 1 亿吨后，整体保持稳定快速增长，并一直保持世界第一的位置，截至 2022 年，中国钢产量已达 10.65 亿吨，已经占全球产量的一半以上。其中用于结构用钢产量为 0.92 亿吨，仅占钢总产量的 8.6%。随着我国钢产量的迅速增加、钢材质量的改善和品种的增加，钢结构建筑在我国推广应用的物质条件趋于成熟。我国政府对建筑采用钢结构的政策也从 20 世纪 50～60 年代的限制使用，转换到 80 年代的合理使用，90 年代调整为鼓励使用。自此以来，国家相继出台了一系列政策措施，鼓励、支持和推动我国钢结构建筑的发展：1998 年建设部颁发了《关于建筑业进一步推广应用 10 项新技术的通知》，将钢结构技术列为重点推广的新技术之一；2001 年国家建设部为提高我国钢结构住宅的综合技术及功能水平和产业化程度，又制定了《钢结构住宅建筑产业化技术导则》。在国家有关部门的积极倡导和有力促进之下，我国钢结构在高层、超高层、大跨度空间、轻钢结构和办公及住宅等领域的推广应用取得了较快进展。这期间出现的一些代表性的钢结构（组合结构）建筑有：深圳的地王大厦（325m）、上海的金茂大厦（421m）、上海环球金融中心（492m）、深圳机场、上海浦东机场等。1999 年在上海和新疆分别建成了 5 层和 8 层的桁架钢结构住宅。图 1.5 为高达 610m 的广州塔，该塔采用钢管混凝土柱和全钢环梁与斜撑组成的空间框架支撑体系，是中国第一高塔。“鸟巢”（图 1.3）、国家大剧院等均为我国钢结构建筑的典范。随着钢结构各方面技术的完善，可以预计，随着经济飞速发展，人们对钢结构的认知增多，钢结构建筑在我国的应用必将越来越广泛。

第二节

火灾对钢结构建筑的危害及耐火设计现状

一、钢结构建筑存在的关键问题

耐火性能差是钢结构的一个致命弱点。钢材虽是不燃材料，却不耐火。相关理论分析及试验结果表明，钢结构耐火性差的主要原因有：①在火灾高温作用下，由于其内部晶格结构发生变化，强度、弹性模量等基本力学性能随温度升高降低明显；②钢构件多为薄壁状，截面系数大，从火场吸收热量多，火灾中升温快；③钢材的热导率大，截面上温度均匀分布，火更容易损伤其内部结构。一般说来，未加保护的裸露钢结构在火灾中 15～20min 内即会发生倒塌破坏，钢结构在火灾中被烧塌的事故国内早已不胜枚举。表 1.1 给出了 1997～

2023 年间我国部分火灾中倒塌的钢结构建筑实例。

表 1.1　1997～2023 年我国钢结构在火灾中倒塌实例

日期	火灾地点	结构形式	倒塌面积/m^2
1997.4.1	山东青岛广濑化工有限公司	单层钢结构	675
1997.5.11	湖南城陵矶富源外贸货仓有限公司	钢梁屋顶	3600
1997.8.20	江西南昌市洪客隆商场	钢屋顶	5513
1997.10.29	内蒙古伊盟黑岱沟选煤厂	钢厂房栈桥	487
1998.5.5	北京丰台玉泉营家具城	钢结构	23000
1998.7.5	广东东莞常平苏坑美力玩具厂	轻钢仓库	1500
1999.1.9	北京丰台华龙灯具批发市场	钢屋架	6391
1999.5.3	广东中山鑫和五金制品有限公司	单层钢结构	744
1999.6.4	湖南湘潭市翔鹏精细化工有限公司	钢屋架	800
1999.10.4	吉林珲春金发木业有限责任公司	轻钢仓库	1456
1999.11.5	新建克拉玛依市第四净化水厂	钢网架	1890
2000.5.5	山西长治市五一桥装潢材料市场	钢屋架	403
2000.8.30	云南昆明市西南木材交易市场	轻钢屋顶	1152
2000.10.2	广东中山市三乡镇慈航玩具厂	轻钢屋顶	3200
2001.1.16	山东威高集团医用高分子制品股份有限公司	钢厂房	9000
2001.7.14	辽宁省朝阳重型机器有限公司	钢梁屋顶	960
2001.8.13	广东中山市中塑塑料加工厂	钢屋架	2150
2001.9.24	辽宁辽阳纺织(集团)有限公司	钢梁屋顶	8253
2002.1.11	广东金钰(清远)卫生纸有限公司	钢屋架	8300
2002.2.5	四川省三台三角生活用纸制造有限公司	钢屋架	890
2002.2.27	山东德州市百货大楼	钢屋架	5800
2002.5.15	兰州龙马灯饰城	钢屋架	1620
2002.7.11	安徽合肥市佳通轮胎有限公司	钢厂房	17300
2002.11.9	安徽安庆市光彩大市场	钢屋架	4600
2003.4.5	青岛正大有限公司食品厂	钢厂房	6135
2004.10.5	惠州市 LG 电子有限公司厂房	钢结构	20952

续表

日期	火灾地点	结构形式	倒塌面积/m^2
2005.8.2	蒙牛乳业(马鞍山)有限公司北冷库	钢结构	3200
2006.5.8	新疆建筑机械厂内仓库	钢结构	3000
2008.12.25	深圳宝安区沙井新桥金顺塑胶厂仓库	钢混框架	2400
2011.7.12	武汉天长恒瑞橡塑制品(武汉)有限公司一车间	钢结构厂房	3450
2013.1.1	杭州友成机工有限公司厂房	钢结构	12104
2013.10.11	北京喜隆多购物广场	钢混结构	1500
2015.3.18	浦东金龙鱼物流配送仓储中心仓库	钢结构	9000
2016.2.7	济南匡山酒水食品批发城	钢结构	54900
2018.8.25	哈尔滨北龙汤泉休闲酒店	砖混加彩钢	400
2021.5.9	北京隆昊肉类食品有限公司	钢结构	3000
2022.11.21	安阳市凯信达商贸有限公司一厂房	钢架结构	3588
2023.3.13	南通市苏东钢结构有限公司商铺	钢架结构	4308

2001 年 9 月 11 日，全钢建造的纽约两座摩天大楼——世贸大厦(图 1.6) 被飞机撞击，引发的火灾使结构倒塌，造成 3000 余人死亡，数十亿美元的直接经济损失。

由于钢结构耐火性能差，耐火极限很短，一般都要进行耐火设计或评估，通过防火保护提高钢结构在火灾中的耐火时间。

二、钢结构耐火设计方法解析

我国现行规范《建筑防火通用规范》对钢结构耐火设计采用的方法是：①根据建筑物的重要性、火灾危险性、扑救难度、用途、层数、面积等选定建筑物的耐火等级；②由所选耐火等级根据规范确定相应承重构件的耐火极限；③设计承重构件及保护构造方案，由标准耐火试验校准构件实有耐火极限。若构件的实有耐火极限满足规范规定的耐火极限要求，则认为耐火设计合理。否则需重新设计承重构件及保护构造方案，直至耐火极限满足规范要求。

这种采用耐火极限试验进行设计的现行耐火设计方法虽然简单，但随着人们对火灾研究的深入和对构件在火灾中的反应进一步掌握，该方法逐渐暴露出一些不足之处。一是耐火极限要求不够合理。这主要表现在未能区分房间的火灾荷载大小差别和通风系统等具体情况、未能区别构件所受荷载的性质（活载与恒载）以及强调构件的重要性而忽略可能性。二是构件实有耐火极限的确定方法不够科学。首先，构件的耐火极限试验都是采用标准火灾升温曲线作为构件的受火条件，而实际中的构件处于不同的房间环境中，火灾荷载的大小、开窗面积的大小以及室内通风情况都显著影响着火灾的升温。故实际升温曲线与标准升温曲线具有较大差异，用标准火灾升温曲线代替火灾的实际升温曲线进行构件的耐火极限试验很难反映构件在实际火灾中的工作条件。其次，未考虑构件约束条件的差别。钢结构体系由若干结构构件组成，每一构件都不是孤立的，各构件之间相互约束，当构件受到火烧后，由于热膨胀就会产生非常大的温度应力，使构件发生破坏。在试验中，构件之间的相互约束、固定支承等情况难以模拟。故通过标准耐火试验确定的构件耐火极限不够合理，不够科学。所以，按照现行的防火规范进行设计常常会造成耐火设计存在缺陷或有时不够经济。这就需要对建筑结构构件的耐火设计重新进行论证和评估。从以往发生火灾的钢结构建筑倒塌破坏的原因分析来看，耐火能力不足常常是钢结构建筑发生倒塌破坏的主要原因。因此，为提高钢结构耐火设计的可靠度，逐渐采用以工程学为基础的分析评估方法即性能化设计方法来取代传统的耐火设计方法已成为一种发展趋势。

目前，国际上通行的耐火设计方法大致过程如图 1.7 所示。

（1）确定火灾的温度-时间关系　建筑物设计时可取国际标准化组织（ISO）制定的火灾升温标准曲线作为受火条件。当建筑物条件具备时，可根据火灾荷载大小、通风条件、壁面热参数预测计算火灾温度-时间（T-t）关系，作为构件升温曲线。

（2）分析构件的温度场　建立构件导热微分方程，输入构件材料热参数和定解条件，计算构件截面温度场。

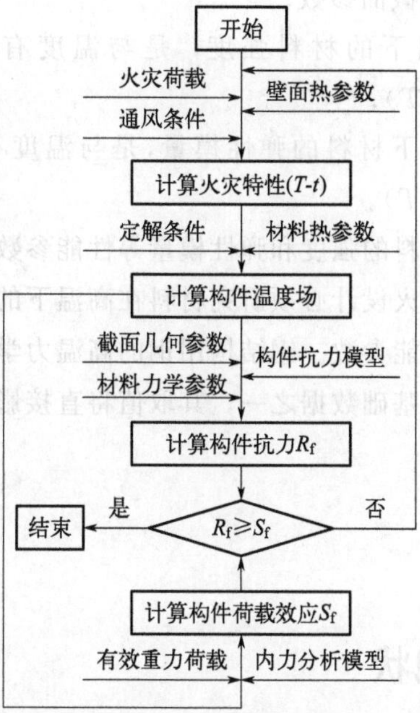

图 1.7　结构耐火设计框图

(3) 计算构件的高温承载力即构件抗力 R_f　由结构理论建立构件抗力计算模型，按温度场计算结果确定相应的材料力学参数，计算构件抗力 R_f。

(4) 计算构件荷载效应 S_f　确定火灾时构件可能承受的有效重力荷载，用力学分析方法计算构件在有效荷载和温度共同作用下的荷载效应 S_f。

(5) 比较构件抗力和荷载效应　当抗力大于等于荷载效应时，结构可保证稳定而不倒塌，设计结束；当抗力小于荷载效应时，结构不能保证稳定，需改变条件重新计算直至满足要求。

由上述耐火设计过程可知，计算构件的高温承载力即构件抗力是钢结构耐火设计必不可少的一个环节。构件抗力 R_f 是一个与构件截面参数和构件材料性能等有关的函数，其表达式为：

$$R_f = R_f(a_k, f_T, E_T, \cdots) \tag{1.1}$$

式中　a_k——构件截面参数；

f_T——高温下的材料强度，是与温度有关的函数，$f_T = f_T(T)$；

E_T——高温下材料的弹性模量，是与温度有关的函数，$E_T = E_T(T)$。

由于高温下材料的强度和弹性模量等性能参数随温度而变化，因此，要进行结构耐火设计必须研究材料在高温下的性能，以确定构件材料的高温力学性能参数。钢结构用钢的高温力学性能指标是钢结构耐火设计最重要的基础数据之一，其取值将直接影响到结构耐火设计的可靠性。

第三节 国内外研究现状

一、国外研究现状

20 世纪 80 年代初，国外就开始了对钢材的高温特性研究，包括材料的高温热物理特性和高温力学性能。国外的研究以欧洲钢结构协会（ECCS）为代表，美国、英国、澳大利亚、日本等国家都对高温下结构钢的力学性能进行过全面而系统的研究，并在试验的基础上提出了相应的材性模型。虽然国外对高温下钢材的力学性能做过较多研究，但由于试件材料不同、试验方法不同、试验设备及测量技术精度不同、试验过程中控制方式及控制参数的选用不同以及蠕变因素的复杂影响，试验结果有一定的差异。

1. 试验方法

钢结构用钢的高温力学性能指标是通过试验获得的。钢材在高温下的力学性能研究所采用的试验方法主要有两种：恒温加载和恒载升温（在国外又分别称为稳态试验和瞬态试验）。

恒温加载是先将试件置于一恒定的温度场内，待试件热变形平衡之后再对其施加荷载，通过不同温度下的恒温加载试验就可得到不同温度下钢材的力学性能曲线，如强度、弹性模量和线胀系数等。恒温加载试验相对简单一些，目前大部分数据由这种试验方法得到。

恒载升温试验是试件承受的荷载保持不变，温度以一定的速率升高，通过不断记录试件的应变变化而得到一定荷载水平和一定升温速率下应变与温度的关系，改变荷载水平重复试验就可得到不同温度下钢材的应力-应变曲线。实际上，建筑结构或构件在火灾前就已经承受有一定的荷载，钢材中产生有一定的应力，在保持该应力基本不变的条件下遭受火烧，进而达到其临界温度而破坏。恒载升温正是模拟这种状态，所以比恒温加载试验更加接近于实际情况。在试验中，高温下试件的总应变包括三部分：由应力产生的瞬时应变、蠕变和由于热膨胀产生的应变。总应变与应力过程和升温过程有关，当试件的升温速度在 5～50℃/min 范围内且试件的温度不超过 600℃时，一般将蠕变包括在由应力产生的瞬时应变中一起考虑，而不另外考虑蠕变的影响，因而也没考虑应力过程和升温过程对总应变的影响。否则，蠕变的影响要单独考虑。由热膨胀产生的应变也要从总的应变中扣除掉，这样得到的应变才是应力-应变曲线中的应变值。通过试验可获得高温下钢材的应力-应变曲线，屈服强度、破坏强度、弹性模量和伸长率等力学性能指标。

2. 应力-应变曲线

高温下钢结构材料的应力-应变（σ-ε）曲线模型有直线模型和曲线模型。最简单的是分段直线模型，有两直线模型和三直线模型，即给出一定温度下，各控制应力点的应变值，在相邻点之间直接连线即可，如图 1.8 所示。

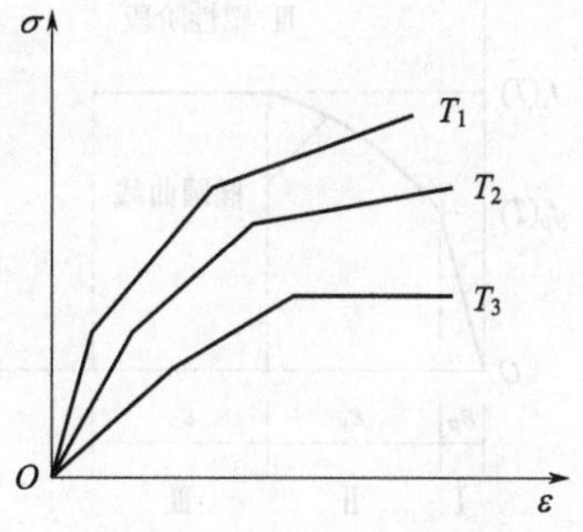

图 1.8 分段直线模型

分段直线模型表达式简单，应用

也较多，但不够精确。连续的曲线模型较少，表达式也较为复杂，但精度较高，与试验所得的钢材高温下的应力-应变关系更为相似，且曲线是光滑的，具体计算时更易于收敛。应用最多的曲线模型是 Ramberg-Osgood 椭圆模型，其表达式为：

$$\varepsilon=\frac{\sigma}{E(T)}+\frac{3}{7}\times\frac{f_{0.2T}}{E(T)}\times\left(\frac{\sigma}{f_{0.2T}}\right)^{m(T)} \tag{1.2}$$

式中 $m(T)$ ——$6\leqslant m(T)\leqslant 50$；

$E(T)$ ——温度 T 时钢材的弹性模量，$\mathrm{N/mm^2}$；

$f_{0.2T}$ ——温度 T 时钢材对应于应变为 0.2%时的屈服应力，$\mathrm{N/mm^2}$。

但在实际应用中，Achim Rubert 和 Peter Schaumann 在其研究中采用了没有考虑屈服后强化的模型，如图 1.9 所示。其应力-应变关系式为：

$$\sigma=\begin{cases}E_0(T)\varepsilon & (0\leqslant\varepsilon\leqslant\varepsilon_p) \quad (1.3)\\ \dfrac{w_2}{w_1}\sqrt{\alpha^2-(\varepsilon_y-\varepsilon)^2}+f_p(T)-w_3 & (\varepsilon_p\leqslant\varepsilon\leqslant\varepsilon_y) \quad (1.4)\\ f_y(T) & (\varepsilon_y\leqslant\varepsilon\leqslant\varepsilon_u) \quad (1.5)\end{cases}$$

式中，$E_0(T)$ 为温度 T 时钢材的初始弹性模量；α 为材料的热膨胀系数；$f_p(T)$ 为温度 T 时钢材的弹性极限；$f_y(T)$ 为温度 T 时钢材的屈服极限；ε_p 为温度 T 时钢材的弹性极限应变，$\varepsilon_p=\varepsilon_p(T)=\dfrac{f_p(T)}{E_0(T)}$；$\varepsilon_y=2\%$；$\varepsilon_u=20\%$；$w_1$，$w_2$，$w_3$ 为系数，与以上各参数有关。

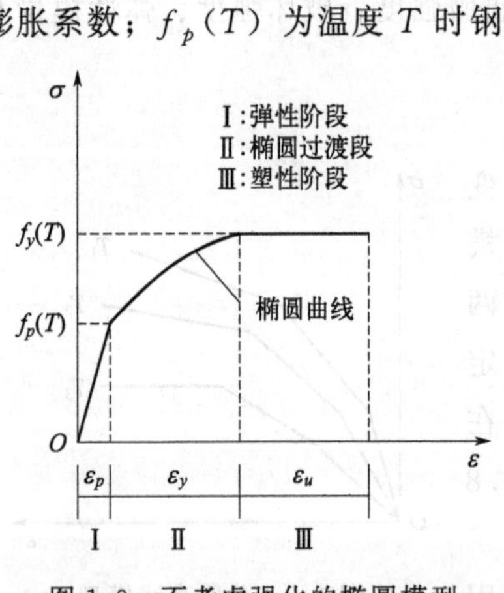

图 1.9 不考虑强化的椭圆模型

欧洲规范（*Eurocode 3：Design of steel structures*）给出的常用钢材的应力-应变关系由下式确定：

$$\sigma=\begin{cases}\varepsilon E_{\alpha,\theta} & (\varepsilon\leqslant\varepsilon_{p,\theta})\\ f_{p,\theta}-c+(b/a)[a^2-(\varepsilon_{y,\theta}-\varepsilon)^2]^{0.5} & (\varepsilon_{p,\theta}<\varepsilon<\varepsilon_{y,\theta})\\ f_{y,\theta} & (\varepsilon_{y,\theta}\leqslant\varepsilon\leqslant\varepsilon_{t,\theta})\\ f_{y,\theta}[1-(\varepsilon-\varepsilon_{t,\theta})/(\varepsilon_{u,\theta}-\varepsilon_{t,\theta})] & (\varepsilon_{t,\theta}<\varepsilon<\varepsilon_{u,\theta})\\ 0.00 & (\varepsilon=\varepsilon_{u,\theta})\end{cases} \tag{1.6}$$

其中
$$a^2=(\varepsilon_{y,\theta}-\varepsilon_{p,\theta})(\varepsilon_{y,\theta}-\varepsilon_{p,\theta}+c/E_{\alpha,\theta})$$
$$b^2=c(\varepsilon_{y,\theta}-\varepsilon_{p,\theta})E_{\alpha,\theta}+c^2$$
$$c=\frac{(f_{y,\theta}-f_{p,\theta})^2}{(\varepsilon_{y,\theta}-\varepsilon_{p,\theta})E_{\alpha,\theta}-2(f_{y,\theta}-f_{p,\theta})}$$

式中，$\varepsilon_{p,\theta}=f_{p,\theta}/E_{\alpha,\theta}$；$\varepsilon_{y,\theta}=0.02$；$\varepsilon_{t,\theta}=0.15$；$\varepsilon_{u,\theta}=0.20$。

应力-应变关系如图 1.10 所示。

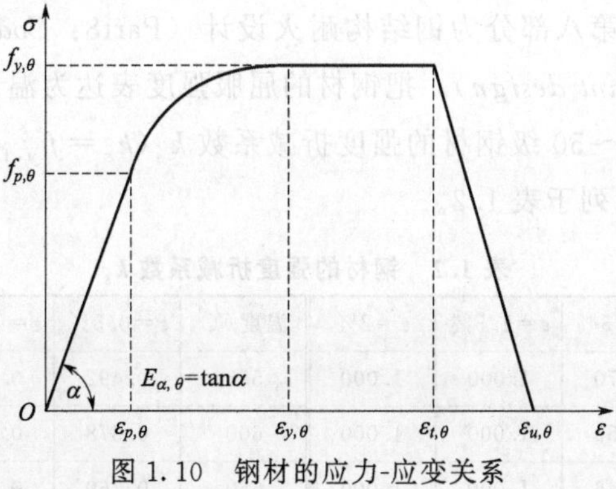

图 1.10　钢材的应力-应变关系

3. 强度、弹性模量和线胀系数

高温下结构钢的强度随温度变化的模型也有多种。

ECCS 给出的钢材高温强度公式为：

$$\frac{f_{y,T}}{f_{y,20}}=\begin{cases}1+\dfrac{T_s}{767\ln\left(\dfrac{T_s}{1750}\right)} & (0℃\leqslant T_s\leqslant 600℃) \quad (1.7)\\ \dfrac{108\left(1-\dfrac{T_s}{1000}\right)}{T_s-440} & (600℃\leqslant T_s\leqslant 1000℃) \quad (1.8)\end{cases}$$

式中　$f_{y,T}$——钢材在高温时的有效屈服强度；

$f_{y,20}$——钢材在室温即 20℃时的屈服强度；

T_s——钢材温度，℃。

ECCS 给出的钢材高温弹性模量公式为：

$$\frac{E_T}{E}=-17.2\times10^{-12}T_s^4+11.8\times10^{-9}T_s^3-34.5\times10^{-7}T_s^2+15.9\times10^{-5}T_s+1$$

$$(0℃\leqslant T_s\leqslant600℃) \quad (1.9)$$

ECCS 给出的钢材高温线胀系数为：

$$\alpha_s=\frac{\Delta l}{l\Delta T_s}=1.4\times10^{-5}\,\mathrm{m/(m\cdot ℃)} \quad (1.10)$$

英国钢结构规范（BS 5950：*Structural use of steelwork in building*）中第八部分为钢结构耐火设计（Part8：*Code of practice for fire resistant design*），把钢材的屈服强度表达为温度和极限应变 ε 的函数，43～50 级钢材的强度折减系数 k_s（$k_s=f_{y,T}/f_{y,20}$，又称为应力水平）列于表 1.2。

表 1.2　钢材的强度折减系数 k_s

温度/℃	ε=0.5%	ε=1.5%	ε=2%	温度/℃	ε=0.5%	ε=1.5%	ε=2%
100	0.970	1.000	1.000	550	0.492	0.612	0.627
150	0.959	1.000	1.000	600	0.378	0.460	0.474
200	0.946	1.000	1.000	650	0.269	0.326	0.337
250	0.884	1.000	1.000	700	0.186	0.223	0.232
300	0.854	1.000	1.000	750	0.127	0.152	0.158
350	0.826	0.968	1.000	800	0.071	0.108	0.115
400	0.798	0.956	0.971	850	0.045	0.073	0.079
450	0.721	0.898	0.934	900	0.030	0.059	0.062
500	0.622	0.756	0.776	950	0.024	0.046	0.052

应变取值原则为：

对钢和混凝土组合梁，钢材受到保护且保护材料在应变为 2%时被证实可保持完整性，极限应变 ε 取 2%。未保护的钢梁或钢梁受到保护且保护材料在应变为 1.5%时被证实可保持完整性，极限应变 ε 取 1.5%。其他情况极限应变 ε 取 0.5%。冷加工钢材的强度折减系数另有规定。

英国钢结构规范（BS 5950：Part8）采用的热膨胀系数与 ECCS 建议采用的系数相同。对弹性模量没有规定。

澳大利亚钢结构规范（AS 4100—1998）对于钢材高温下的强度采用分段公式：

$$\frac{f_{y,T}}{f_{y,20}}=\begin{cases}1.0 & (0℃\leqslant T_s<215℃)\\ \dfrac{905-T_s}{690} & (215℃\leqslant T_s\leqslant 905℃)\\ 0 & (T_s>905℃)\end{cases} \tag{1.11}$$

弹性模量公式采用式(1.12)：

$$\frac{E_T}{E}=1.0+\frac{T_s}{2000\ln\left(\dfrac{T_s}{1100}\right)} \quad (0℃\leqslant T_s\leqslant 600℃) \tag{1.12}$$

采用式(1.13) 确定线胀系数［m/(m・℃)］：

$$\alpha_s=(11.4+0.01T_s)\times 10^{-6} \quad (20℃\leqslant T_s\leqslant 600℃) \tag{1.13}$$

欧洲规范（*Eurocode 3：Design of steel structures*）依据钢材的高温试验确定其强度，升温速度为 2～50K/min，把钢材在高温下的设计强度表达为温度和应变 ε 的函数。常用的 S235、S275、S335 和 S460 级钢材的强度和弹性模量折减系数列于表 1.3。

表 1.3 钢材性能折减系数

温度 θ_a/℃	有效屈服强度折减系数 $k_{y,\theta}=f_{y,\theta}/f_y$ ε=2%	考虑变形条件时修正折减系数 $k_{x,\theta}=y_{x,\theta}/y_y$ ε=1%	比例极限折减系数 $k_{p,\theta}=f_{p,\theta}/f_y$	弹性模量折减系数 $k_{E,\theta}=E_{a,\theta}/E_a$
20	1.000	1.000	1.000	1.000
100	1.000	1.000	1.000	1.000
200	1.000	0.971	0.807	0.900

续表

温度 θ_a/℃	有效屈服强度折减系数 $k_{y,\theta}=f_{y,\theta}/f_y$ $\varepsilon=2\%$	考虑变形条件时修正折减系数 $k_{x,\theta}=y_{x,\theta}/y_y$ $\varepsilon=1\%$	比例极限折减系数 $k_{p,\theta}=f_{p,\theta}/f_y$	弹性模量折减系数 $k_{E,\theta}=E_{a,\theta}/E_a$
300	1.000	0.941	0.613	0.800
400	1.000	0.912	0.420	0.700
500	0.780	0.717	0.360	0.600
600	0.470	0.426	0.180	0.310
700	0.230	0.206	0.075	0.130
800	0.110	0.101	0.050	0.090
900	0.060	0.057	0.0375	0.0675
1000	0.040	0.038	0.0250	0.045
1100	0.020	0.019	0.0125	0.0225
1200	0.000	0.000	0.000	0.000

注：表中 f_y，E_a 为钢材常温时的屈服强度和弹性模量标准值。

其中有效屈服强度折减系数也可按下式确定：

$$k_{y,\theta}=\left[0.9674\left(e^{\frac{\theta_a-482}{39.19}}+1\right)\right]^{\frac{1}{3.833}}\leqslant 1.0 \tag{1.14}$$

采用下式确定线胀系数：

$$\frac{\Delta l}{l}=\begin{cases}1.2\times10^{-5}\theta_a+0.4\times10^{-8}\theta_a^2-2.416\times10^{-4} & (20℃\leqslant\theta_a<750℃)\\ 1.1\times10^{-2} & (750℃\leqslant\theta_a\leqslant860℃)\\ 2\times10^{-5}\theta_a-6.2\times10^{-3} & (860℃<\theta_a\leqslant1200℃)\end{cases} \tag{1.15}$$

日本《建筑物综合防火设计》中提出的钢结构用钢的强度和弹性模量折减系数列于表1.4。

表1.4　钢结构用钢的强度和弹性模量折减系数

折减系数		20℃	100℃	200℃	300℃	400℃	500℃	600℃
强度折减系数	SS41 钢	1.00	0.908	0.823	0.723	0.631	0.538	0.446
	SM50 钢	1.00	0.941	0.867	0.779	0.676	0.559	0.428
	SM58 钢	1.00	0.985	0.937	0.855	0.739	0.590	0.406

续表

折减系数		20℃	100℃	200℃	300℃	400℃	500℃	600℃
弹性模量折减系数	SS41 钢	1.00	0.990	0.957	0.900	0.819	0.719	0.595
	SM50 钢	1.00	0.990	0.962	0.914	0.843	0.757	0.648
	SM58 钢	1.00	1.00	1.00	0.976	0.867	0.714	0.510

热膨胀系数为：

$$\alpha_s=(11+5.75\times10^{-3}T_s)\times10^{-6} \tag{1.16}$$

各方案的钢材高温强度相差较大，从而造成采用不同的强度公式分析所得的构件或结构的临界温度相差很大。这些方案中，ECCS 所采用的高温强度较低，偏于保守。当温度超过 500℃时，各方案的高温弹性模量相差也较大。

二、国内研究状况

我国对钢结构用钢的高温力学性能的研究起步较晚。在 20 世纪 90 年代中期对钢材高温性能的研究还只是限于建筑用的钢筋，而对钢结构用钢的高温性能研究在 20 世纪 90 年代中后期才开始。到目前为止，国内对钢结构用钢的高温力学性能所进行的研究也相对较少。同济大学的王肇明、赵金城、谭巍对 Q235 钢的高温力学性能进行了试验研究，利用最小二乘法对试验数据进行了回归分析，提出了高温强度模型和弹性模量以及极限应变的模型。

1998 年至 2000 年期间，同济大学的李国强、蒋首超及陈凯对 Q345 钢、16Mn 钢及常用于制作冷弯型钢的日本标准 SM41 钢的高温力学性能进行了研究，得到了不同高温下钢材强度与弹性模量的计算模型。

16Mn 钢的强度与弹性模量计算模型：

$$\frac{f_{y,T}}{f_{y,20}}=-3\times10^{-9}T_s^3+2\times10^{-6}T_s^2-0.0013T_s+1.0413 \tag{1.17}$$

$$\frac{f_{u,T}}{f_{u,20}}=3\times10^{-11}T_s^4-5\times10^{-8}T_s^3+2\times10^{-5}T_s^2-0.0034T_s+1.0855 \tag{1.18}$$

$$\frac{E_T}{E}=-3\times10^{-9}T_s^3+7\times10^{-7}T_s^2-1.0\times10^{-4}T_s+1 \tag{1.19}$$

式中，T_s 为钢材所受温度。

2006 年颁布的《建筑钢结构防火技术规范》（CECS 200—2006）采用的材料模型为：

$$\frac{E_T}{E}=\frac{7T-4780}{6T-4760}\quad (T\leqslant 600℃) \tag{1.20}$$

$$\frac{f_{y,T}}{f_y}=\begin{cases}1.0 & (20℃<T\leqslant 300℃)\\ 1.24\times10^{-8}T^3-2.096\times10^{-5}T^2+ & \\ 9.228\times10^{-3}T-0.2168 & (300℃<T\leqslant 800℃)\end{cases} \tag{1.21}$$

第二章

钢结构用钢
高温力学性能实验方案设计

第一节

钢结构材料高温力学实验设备

一、钢结构材料高温力学实验有关要求

1. 实验设备要求

钢结构材料高温力学实验设备包括加载测力系统、引伸计系统、加热装置三部分。

(1) 加载测力系统　金属材料拉伸试验机的加载测力系统的精度比较高，按照 GB/T 16825.1—2022 的标准，测力精度应为 1 级或优于 1 级，实验过程中加载测力结果不需要修正。

(2) 引伸计系统　引伸计系统的准确度级别应符合 GB/T 12160—2019 的要求，根据测量材料的延展性不同使用准确度不同的引伸计系统，但不得低于 2 级标准。

引伸计的标距应不小于 10mm，安装时应置于试样平行长度的中心位置。

引伸计的伸出加热装置外的部分设计应能防止气流的干扰，使环境温度的变化对引伸计的影响降低到最小，保持周围温度和空气流动速度适当稳定。

测量封闭空间加热试件变形的引伸计是一个关键系统，如何设计引伸计的结构系统对测量结果影响较大。通常实验需要特制的引伸计，实验测量的变形值最后需要进行修正。

(3) 加热装置　加热装置通常采用电加热，升温速率可控可调，加热区间的温度梯度不能太大，测量温度与规定的温度允许偏差不能超过规定值，如表 2.1 所示。

表 2.1　温度的允许偏差及温度梯度

规定温度 T/℃	T_i 与 T 的允许偏差/℃	温度梯度/℃
$T \leqslant 600$	±3	3
$600 < T \leqslant 800$	±4	4
$800 < T \leqslant 1000$	±5	5
$1000 < T \leqslant 1100$	±6	6

一般建筑结构用钢的实验研究温度低于 600℃，所以设备加热装置的温度偏差及内部温度梯度不超过 3℃。

为了确保测量温度的准确度，通常在试样的平行长度的两端及中心位置各设一支热电偶，且至少保持一支热电偶与试样有良好的热接触。

温度测量装置的最低分辨率为 1℃，允许误差应在 $\pm 0.004T$ 或 ±2℃内，取最大值。加热到规定的温度后，至少保持 10min 的恒温时间，确保试件整个横截面温度稳定。

2. 标准试样类型要求

直径或厚度大于等于 4mm 的线材、棒材和型材试样，在加载实验时，通常采用螺纹夹持方式。图 2.1 所示为螺纹头部的圆柱状试样实例。

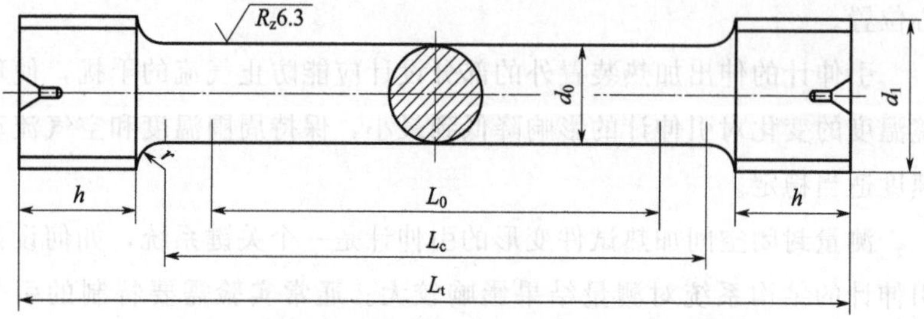

图 2.1　螺纹头部的圆柱状试样实例

d_0—平行长度的原始直径；L_0—原始标距长度（$L_0=5d_0$）；d_1—螺纹公称直径；L_c—平行长度（$L_c \geqslant L_0+d_0$）；r—过渡圆弧半径；L_t—试样总长度；h—夹持端长度；R_z—轮廓最大高度

圆截面试件的原始标距长度通常按照 $L_0=5d_0$，表 2.2 列举了试件不同直径参数下的各尺寸实例。试样直径越大，其总长度也越大，当大尺寸试样超出加热装置的均热带，应当调整为小尺寸试样进行实验。即试件的尺寸要根据加热装置的参数来合理设计。

表 2.2　试件不同直径参数下的各尺寸实例　　单位：mm

d_0	L_0	d_1	r 最小	h 最小	L_c 最小	L_t 最小
4	20	M8	3	6	24	41
5	25	M10	4	7	30	51
6	30	M12	5	8	36	60
8	40	M14	6	10	48	77
10	50	M16	8	12	60	97
12	60	M18	9	15	72	116
14	70	M20	11	17	84	134
16	80	M24	12	20	96	154
18	90	M27	14	22	108	173
20	100	M30	15	24	120	191
25	125	M33	20	30	150	234

注：当过渡圆弧 r，夹持端长度 h 和平行长度 L_c 为最小值时，L_t 亦为最小值。

此外还有环形尖状台阶试样，同样采用螺纹夹持，只是在试样的原始标距长度两端加工出两个尖状台阶，此类型应用较少。

3. 实验的其他要求

（1）加载及升温速率的要求　室温下拉伸加载速率对实验结果有一定的影响，高温下的拉伸加载速率对实验结果的影响更大，升温速率的变化对高温拉伸实验结果影响也较大，研究表明，对不同的金属材料，当温度和应变速率不同，得到的应力-应变曲线也不同，如图 2.2 和图 2.3 所示。

从图 2.2 和图 2.3 中可以看出，室温下材料的不同应变速率对应的应力-应变曲线存在细微的差异，但是高温下存在较大的差异。在

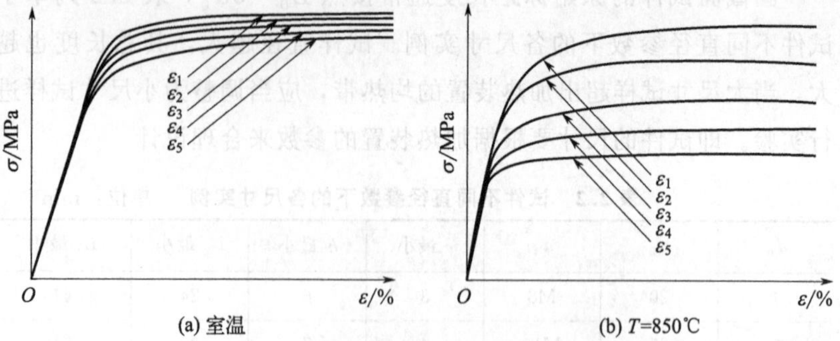

图 2.2　不同应变速率的应力-应变曲线

$\varepsilon_1 > \varepsilon_2 > \varepsilon_3 > \varepsilon_4 > \varepsilon_5$

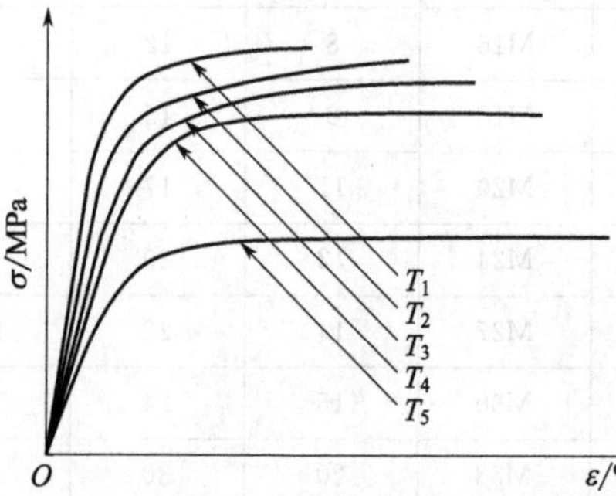

图 2.3　规定应变速率下，不同实验温度的应力-应变曲线

$T_1 < T_2 < T_3 < T_4 < T_5$

规定应变速率下，不同的实验温度对应的应力-应变曲线也存在较大差异。说明其屈服强度（包括上屈服和下屈服强度）、抗拉强度都有较大差异，其断面收缩率、断后延伸率参数也都不同。

但是国内外加载及升温速率与各力学性能参数之间的量化相关性的研究结果未见有报道，所以不同的实验条件得到的实验结果值只是相对的。

（2）变形修正的要求　金属材料高温拉伸实验测定应力-应变曲线时，需要测定恒温区的标距范围内试样的变形伸长量，计算相应的应变值，由于加热装置的温度测量不确定度，实验温度的变形测量值出现不确定度，需要根据变形测量引伸计系统及试样的类型尺寸进行适当修正。

二、钢材高温力学实验设备的设计与定制

1. 实验设备的设计要求

钢材力学性能实验通常要测试材料在高温下的拉伸屈服强度、拉伸极限强度、高温弹性模量、拉断后截面收缩率等参数，而最常用的重要参数是拉伸屈服强度和高温弹性模量。因此，实验设备要求能实时采集拉伸过程中的荷载（转换为应力）、变形（换算成应变）、温度等参数，并且确保实验结果精度满足要求。

钢材高温力学性能实验设备应包括加载测力系统、加热升温控制系统、变形测量引伸计系统。

常规力学实验设备即加载测力系统提供加载功能，加热升温控制系统能单独提供高温加热环境，是一个外挂设备，变形测量是关键环节，由于目前高温应变片的工程应用受到一定的限制，最后考虑使用可重复利用的高精度应变仪，但是需要特殊设计，以获取高温条件下试件的变形参数。

将三个系统功能集成，实现实验过程的数据采集，图形生成可视化及自动化。

2. 加载测力系统

委托国内专业设备生产厂家，按照要求定制一台微机控制电液伺服万能试验机（型号为 WAW-1000)。微机控制电液伺服万能试验机是国内具有较高水平的成熟测试设备，是在原有液压万能试验机的基础上，采用微机程序运算，电液伺服方式控制，使用数字化的高精度压力传感器、高精度的电子测量、放大器件和液压式夹头，可实现对应力、应变的闭环自动控制，及时实现数据处理和储存，其性能可以满足钢结构用钢研究内容的要求。该型号试验机最大加载能力为 1000kN，力控制精度为±1%。实验加载设备如图 2.4 所示。

3. 加热升温控制系统

加热升温控制系统为固定悬挂在试验机立柱的筒式电热炉和温控仪，筒式电热炉实现对实验试件的加热功能，温控仪可实现升温过程的控制，同时筒式电热炉侧面设有三个温度采样孔，实现温度数据自动采集。

筒式电热炉炉体为中间对开结构，由炉瓦、电炉丝、隔热保温层和炉壁外壳等组成，如图 2.5 所示。炉膛高 380mm。试验炉内电炉丝嵌在炉瓦内，外端接通温控仪。伸入炉膛内的三对热电偶外端与温控仪相连，以控制炉膛温度。试验炉的最高温度可达 1000℃，控温精度 ± 1℃，均温区长度 350mm，升温到 1000℃ 最大升温时间 60min。试验炉升温速率曲线如图 2.6 所示。试验炉外侧设水套保护，热工性能稳定，隔热好，高温实验时，炉壁温度基本为常温。

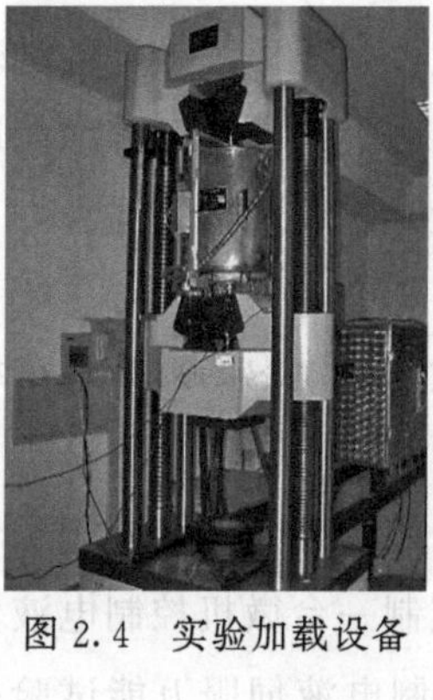

图 2.4　实验加载设备

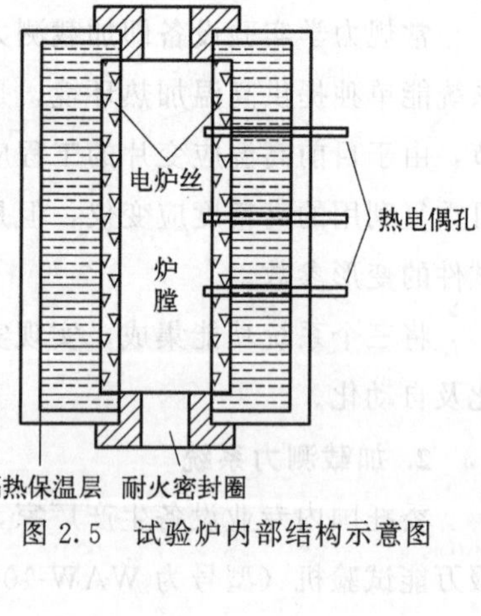

图 2.5　试验炉内部结构示意图

温控仪为 MR13 三回路 0.3 级比例积分微分（PID）调节器；多点测量，采用 XSL 智能巡回检测告警仪。该控制程序可记录温度-时间、力-温度、变形-温度，并即时绘制曲线。

4. 变形测量引伸计系统

钢材高温实验需要测量的参数有温度、荷载和变形。其中筒式电热炉内设置的热电偶直接采集温度，加载系统配备的数字压力传感器

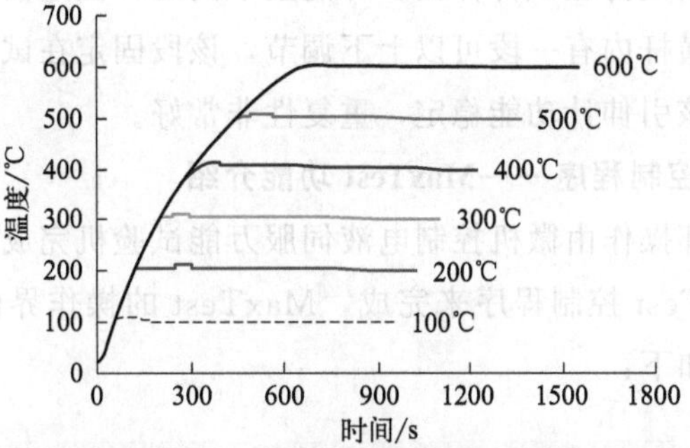

图 2.6　试验炉升温速率曲线

可实时采集荷载参数值。

对于钢材的高温变形因炉内高温难以直接测量，需转到炉外间接测量。本书实验委托国内最权威的应变仪制作单位设计制作了一个超大尺寸的电子引伸计来测量变形值，如图 2.7 所示，该引伸计的测量标距为 500mm，由对称的两部分组成，每部分由上下水平横杆和竖杆连接而成，各带一个感应变形的传感器。引伸计输出 2 组变形值，然后取其均值，以修正长试件弯曲所造成的影响，最大量程为 25mm，精度 0.78%。通过变形传感器把采集的变形信号转换为电信号，输入计算机。两部分之间在上下水平横杆处分别用两个强力弹簧连接，一侧固定，另一侧是活动的。实验时将引伸计架在高温炉外，

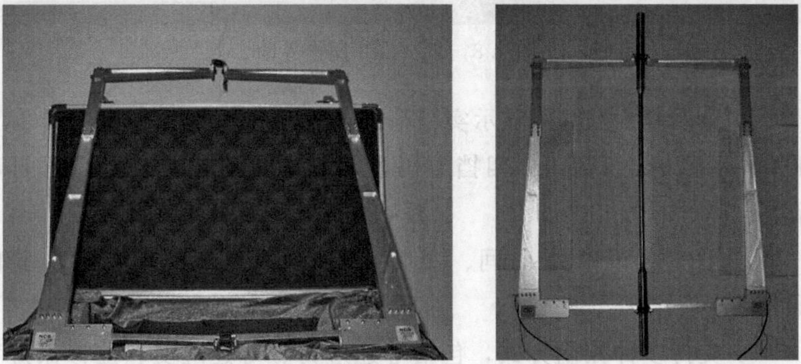

图 2.7　实验所用引伸计

上下横杆分别夹持在试件伸出炉外的上下两端，固定活动侧弹簧。引伸计下面两横杆内有一段可以上下调节，该段固定在试件上，能与其一起伸缩。该引伸计功能稳定，重复性非常好。

5. 微机控制程序——MaxTest 功能介绍

实验全部操作由微机控制电液伺服万能试验机完成，其微机智能控制由 MaxTest 控制程序来完成，MaxTest 的操作界面如图 2.8 所示。其功能如下：

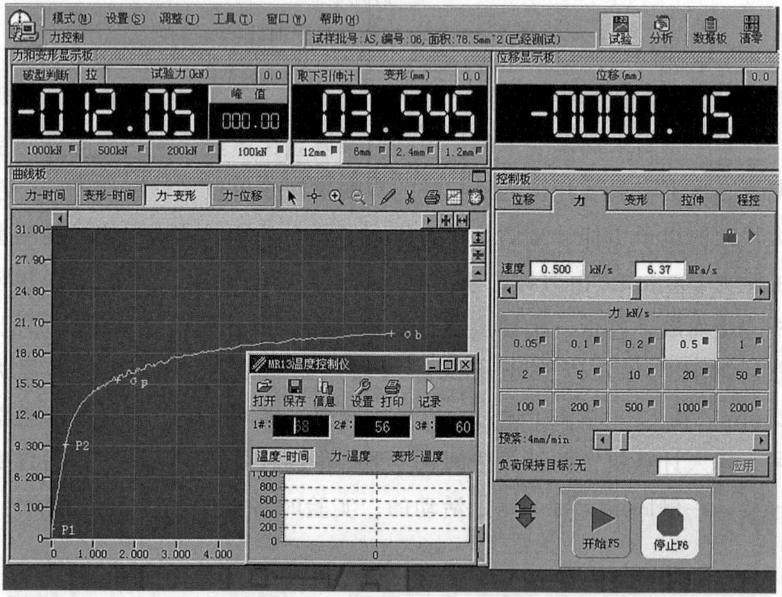

图 2.8　MaxTest 操作界面

① 分四到六挡数码显示实验荷载及峰值，精度为每挡量程 20% 开始显示值的 ±1%，分四挡数码显示变形，荷载与变形均可自动标定；

② 可实时记录力-时间、变形-时间、力-变形和力-位移实验曲线，高速采样；

③ 支持多种控制方式，包括等速应力、等速应变、位移保持和力保持等多种闭环控制方式；

④ 采用人机交互方式分析计算被测材料的力学性能指标，可自动计算弹性模量、屈服强度、非比例伸长应力等，也可人工干预分析过程，提高分析的准确度；

⑤ 实验数据采用数据库管理方式，自动保存实验数据和曲线。

由于实验中变形参数需要修正，因此，系统自动生成的应力-应变曲线只是作为参考，最终的应力-应变曲线，需要手动完成。

第二节 实验方案与实验过程

一、实验方案

建筑钢材的力学性能主要有：极限强度、屈服强度、应力-应变曲线、弹性模量、弹性、塑性和伸长率等。

极限强度是指试件破坏时，应力-应变曲线图上的最大应力值，也称破坏强度或抗拉强度，是衡量钢材抵抗拉断的性能指标。钢材在力的作用下，出现应力不增加而塑性变形不断增加的屈服现象，此时对应的应力称为屈服强度。弹性模量是应力-应变曲线上线性段的应力与应变的比值，反映了钢材抵抗变形的能力。弹性是指外力移去后能使变形消失并恢复原状的性质。外力移去后能恢复的变形为弹性变形，而外力撤除后不能恢复的变形为塑性变形。在外力作用下，钢材破坏前产生塑性变形的能力就是钢材的塑性。产生的塑性变形越大，表示钢的塑性越好。建筑用钢要求有良好的塑性。伸长率是钢材拉断后，试件标距长度的伸长量与原标距长度的比值，是反映钢材在荷载作用下的塑性变形能力。虽然钢材在应力达到极限强度时才发生断裂破坏，但是钢结构的强度设计却以钢材的屈服强度作为静力强度的承载力极限。这是因为钢材在受力到达屈服强度以后，应变急剧增长，从而使结构的变形迅速增加以致不能继续使用。

在建筑结构设计中，钢材的设计强度取值仍然以屈服强度为准则，而不用极限强度，极限强度比屈服强度大的部分只能作为附加的强度安全储备。在高温作用下，同样只需要研究高温屈服强度、高温下应力-应变曲线，此外，有温度的作用，还需要分析其热膨胀系数的变化规律，由于钢结构建筑耐火极限较短，所以不需要考虑蠕变的影响。

因此，本书开展的钢材高温力学性能研究内容只考虑高温下应力-应变曲线、高温屈服强度、高温弹性模量、热膨胀系数，对高温极限强度不进行研究。此外，还开展了荷载与温度共同作用下的变形规律研究。

二、实验材料选型

建筑用钢材有多种型号，比如 Q235、Q295、Q345、Q420、Q460 等，生产厂家也有很多，其中国内学者早期对 Q235 钢的研究较多，而钢结构建筑常用的高强度 16Mn 结构钢（或称 Q345 钢）研究没有系统化。考虑到我国各钢材生产厂所生产的钢材具有一定的差异，为了使研究结果具有全面性，分别从我国邯郸、安阳、北京、鞍山、武汉、济南、新余、上海、南通和马鞍山等地的 10 个主要大型钢材生产厂（下文中分别用钢厂 A、B、C、D、E、F、G、H、M 和 N 表示）选取 10 批钢材，一个厂家的钢材为一批，然后按照实验设备要求把原材料加工成圆材试件备用，见图 2.9，共 10 批试件，试

图 2.9 试验原材料及加工好的试件

件尺寸如图 2.10 所示。10 批试件分别编上批号，一个批号代表一个生产厂家，每批试件再按照实验顺序进行编号，以便于记录处理实验数据。

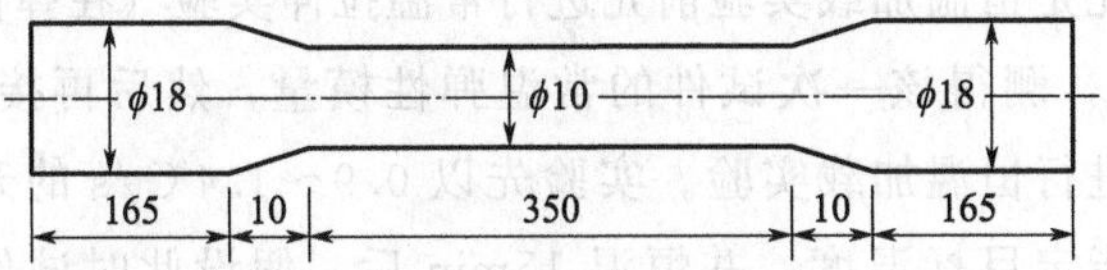

图 2.10　试件尺寸

单位：mm

三、实验方案设计

钢材的力学性能受化学成分、加工处理过程、冶金缺陷、构造缺陷、加载速度和温度等多种因素的影响，即使是同一种钢材也可能因为某种原因而导致其力学性能有较大差异。故每批试件在进行高温实验前要首先进行钢材的常温力学性能实验，以获得钢材在常温下的力学性能指标作为参考，主要是屈服强度与弹性模量。按照一般实验原理及科学经验，每批试件最多可以进行三个试件的重复实验。

材料高温实验的目的是要研究材料在高温条件下的力学参数，温度参数的设计是一个重要的考虑因素，目前国内外研究结果显示：当温度超过 600℃时，钢结构材料的屈服强度和极限强度已经下降到材料常温屈服强度和极限强度的 20%～30%，所以，通常研究只涉及 600℃以下的实验，对于超过 600℃的承重构件，由于强度降低过多，已失去工程研究意义，不再对其进行实验。

实验方法的选择也很重要，通常的实验研究采用恒温加载方式，可以分析得到应力-应变曲线、高温屈服强度、高温弹性模量等，但显然恒温加载与构件的实际状况并不完全相符，工程上的构件是在受力的条件下进行受热升温，所以要开展恒载升温这种方式讨论应力-温度途径的极端情况。

因此，每批试件的高温实验分两组进行。

第一组实验：采用恒温加载实验方法，即稳态实验。温度水平分为100℃、200℃、300℃、400℃、500℃、600℃共六级，每级温度水平进行三个试件的实验，共计18个试件。每个试件先后进行两次实验，首先是恒温加载实验前先进行常温拉伸实验（在弹性范围内拉伸后卸载），测得该一次试件的常温弹性模量，然后再接着（重复）用该试件进行恒温加载实验。实验先以0.9～1.4℃/s的升温速率加热试件至指定目标温度，并恒温15min后，假设此时试件内外温度均匀，再开启试验机加载程序，以0.5kN/s的加载速率加载直至试件屈服进入强化阶段后停止实验。通过该组实验获得所选国内10个批次Q345钢材不同温度下的应力-应变曲线、高温屈服强度和高温弹性模量。

第二组实验：采用恒载升温实验方法，即瞬态实验。实验先以0.5kN/s的加载速率加载直至试件达到某一预设应力水平，利用设备闭环控制功能维持应力不变，再以0.9～1.4℃/s的升温速率加热试件至指定目标温度，恒温15min后卸载实验结束，记录试件的变形。通过该组实验可获得恒载升温途径下的高温强度以及钢材的高温变形。

对于第二组恒载升温实验中应力水平的确定，是首先将恒温加载实验中得到的高温屈服强度除以常温屈服强度，得到一个近似屈服应力水平。然后在该应力水平上下以一定间隔的应力水平依次进行实验（渐进搜索式）。实验进行的最高应力水平一般是在找到该实验方法中试件屈服所对应的应力水平为止。该组实验进行的实验次数因温度水平不同而不同。

整理分析实验结果时，找出应力、应变、温度三者之间的关系，得出屈服强度、弹性模量随温度的变化规律，以及两种实验方法中所得到的强度之间的差异。用数学方法拟合实验数据，建立起钢材的高温材料模型，与国内外研究中采用的材料模型进行比较分析。

为了得到更科学的结论，利用该定制的实验设备，需要进行一定的数据修正。实验中，因试验炉的炉膛内径尺寸较小，炉膛内横向传热距离较短，仅 80mm，加之钢材的导热性能较好，试件截面尺寸又小，因而在升温速率不太快且具有 15min 恒温时间的情况下，可以认为钢材的截面温度是均匀分布的，并近似为该截面处的炉膛温度，也是温度采集的热电偶温度值。

加热炉、试件、引伸计三者的相对关系如图 2.11 所示。

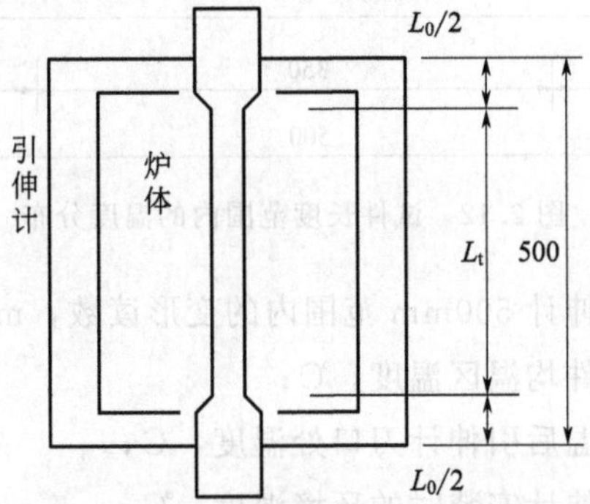

图 2.11　加热炉、试件、引伸计的相对关系

显然，定制的超大引伸计测量的变形是 500mm 范围内的变形值，需修正成直径为 10mm、标距 $L_t=350$mm 内的变形值。为此，将标距外 $L_0=150$mm 范围内的应力变形和膨胀变形扣除。

应力变形值 Δ_F 可按式(2.1) 进行计算：

$$\Delta_F=\frac{P}{E_0A_0}\times150 \tag{2.1}$$

式中　P——实验时所施加的荷载；

E_0——钢材的常温弹性模量；

A_0——试件标距外 $L_0=150$mm 范围内的截面面积。

现假定试件长度范围内的温度分布如图 2.12 所示。试件的两端温度对称下降，把两端降温区反向重叠，降温区基本为均匀分布，其长度为 75mm。先按此假定求得线胀系数，标距外 $L_0=150$mm 范围内的膨胀变形 Δ_h 可按式(2.2) 进行计算：

$$\Delta_h=\frac{\Delta_0}{425(T_1-T_0)}\times150\times[(T_1+T_2)/2-T_0] \tag{2.2}$$

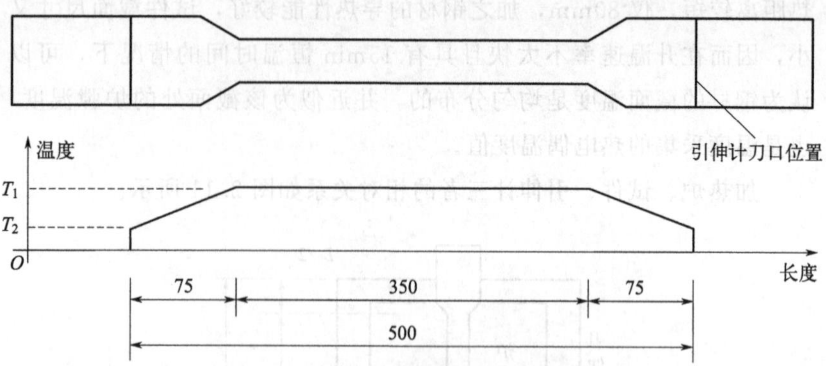

图 2.12　试件长度范围内的温度分布

式中　Δ_0——引伸计 500mm 范围内的变形读数，mm；

T_1——试件均温区温度，℃；

T_2——恒温后引伸计刀口处温度，℃；

T_0——引伸计安装时的环境温度，℃。

修正后标距内变形值 Δ 为：

$$\Delta=\Delta_0+\Delta_F-\Delta_h \tag{2.3}$$

四、实验过程

由于实验方法、实验设备及测量技术精度不同，实验过程中控制方式及控制参数的选用不同以及蠕变因素的复杂影响，钢材高温力学性能实验结果仍然会有一定的误差。为了减小这种影响，实验采用统一标准如下：实验采用力控制方式，加载速率控制为 0.5kN/s；恒温时间统一为 15min；各温度下对变形的量测均以试件中间点的温度为准。

恒温加载实验过程为：建立试件数据文件；将试件放入高温炉内，先固定实验机上夹头，下端自由，使试件能自由伸长；用耐火石棉线堵塞炉口缝隙；安装电子引伸计；加热试件至设定温度后恒温 15min；测量并记录自由膨胀变形；固定试件下端，夹紧试验机下夹头后以 0.5kN/s 的加载速度加载到试件屈服进入强化阶段，停止实验，保持数据，卸载试件，恢复系统。

恒载升温实验过程为：先建立数据文件，然后将试件置于炉内，夹紧试件上端；密封炉口，安装引伸计；夹紧下端，以 0.5kN/s 的加载速度加载（在力值为 0 时对变形清零）到预定的荷载水平，保持固定的荷载不变；最后开始加热升温到预先设定的温度，恒温 15min 后停止实验，保持实验数据，卸载试件，恢复系统。

第三章

国产Q345钢材实验及结果分析

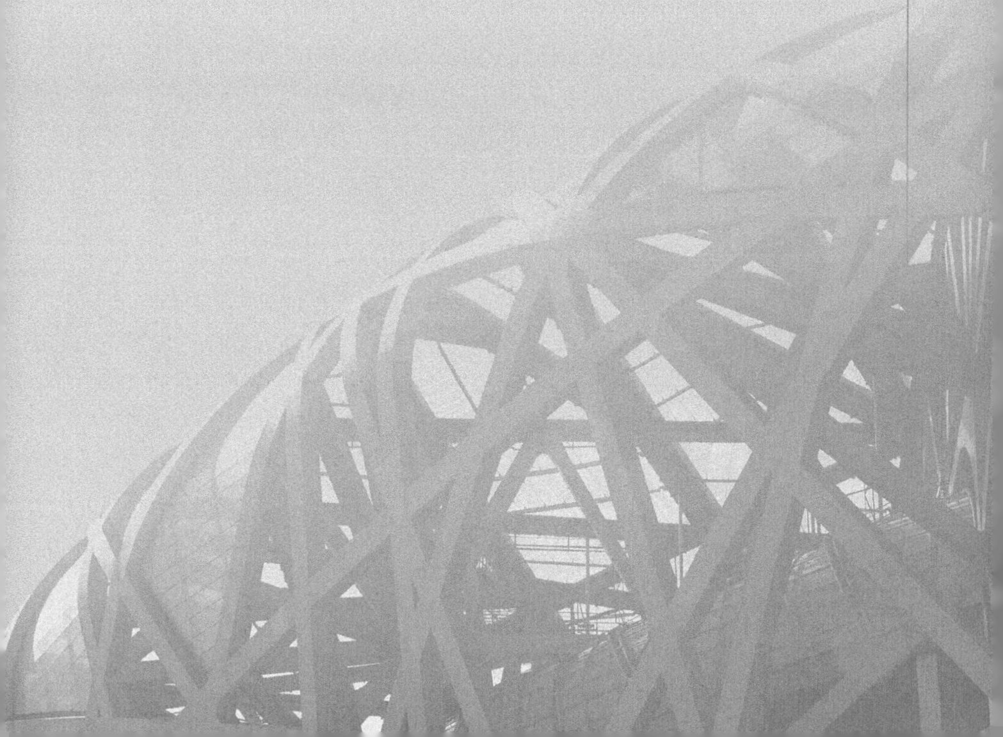

第一节

材料高温力学实验规模及常温力学基准参数

按照第二章的实验方案设计，课题组相继开展了三类实验：①常温拉伸实验，以测定钢材常温下的屈服强度和弹性模量；②恒温加载实验，以测定钢材在某一温度水平下的高温屈服强度、弹性模量和线胀系数；③恒载升温实验，以测定钢材在某一应力水平某一温度水平下的综合应变。

各类型实验规模如表 3.1 所示。

表 3.1　力学实验规模统计

项目	A	B	C	D	E	F	G	H	M	N	小计
常温	3	3	3	5	3	4	5	4	5	5	40
恒温加载	12	18	18	16	11	16	16	15	15	15	152
恒载加温	39	54	52	45	25	41	43	49	49	30	427
小计	54	75	73	66	39	61	64	68	69	50	619

常温力学基准参数是高温力学实验的参照值，是计算其强度折减系数的基础。

十个钢厂的常温实验共进行 40 次，其结果列于表 3.2。

表 3.2　国内钢厂常温力学实验规模统计

钢厂	A	B	C	D	E	F	G	H	M	N
屈服强度 /MPa	385	345.4	350	400	395	295	290	366.3	320	336.5

第二节 结构用钢（Q345）恒温加载实验结果及材料模型

一、恒温加载实验结果及数据处理

恒温加载是参照国家标准实验程序，开展材料力学性能测量的一种方法，主要测试钢材高温下的弹性模量、屈服强度和膨胀系数等力学参数。选取 10 个不同生产厂家的结构用钢（Q345），一共进行恒温加载实验 152 次。通过大量实验数据，建立国内结构用钢（Q345）的材料模型。

1. 应力-应变曲线

进行钢结构的内力和变形等分析，必不可少地要了解钢材的应力-应变关系，钢材的基本力学性能指标也是通过其应力-应变曲线来描述的。因此，进行钢结构的抗火设计、研究钢材的高温力学性能，首先要研究钢材在高温下的应力-应变曲线。

实验参数变形值是应该局限于高温炉内恒温段的试件变形量，但由于设备的功能限制，需要尽可能地修正，由于引伸计测量出来的变形是试件在 500mm 标距内的变形，而炉膛恒温区的长度仅为 350mm，对变形值进行修正，修正方法见式(2.2)。同时，由于测得的变形中包含了试件在高温下的热膨胀变形，因此，在绘制应力-应变曲线时还要将由热膨胀产生的变形扣除掉，这样经过两部分修正后得到的变形值才是由荷载产生的变形值。将荷载和变形转化后得到应力-应变曲线。

通过对试件高温拉伸实验数据的整理和变形修正，得到每个钢材试件在不同温度水平下的应力-应变曲线如图 3.1 所示。

国内 10 个厂家的钢材在高温下的应力-应变曲线之间存在差异，这主要是由于不同批次的试件材料来源于不同厂家，材料本身具有一

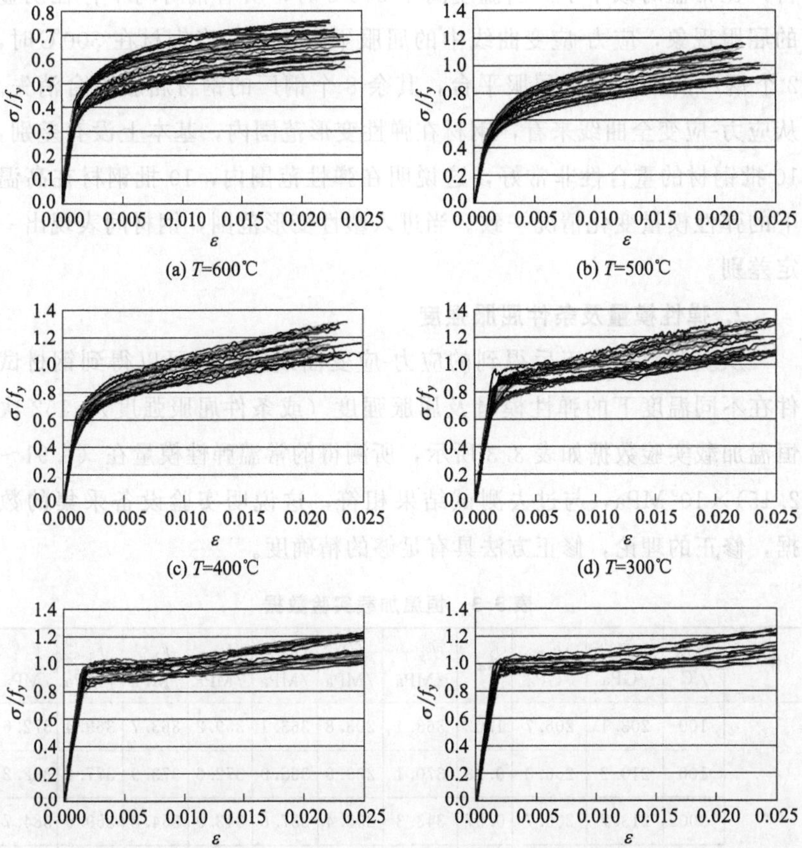

图 3.1　不同温度下的应力-应变曲线

定差异，如不同的材料成分和不同的生产加工过程都会造成材料的性能差异。从 10 批试件的实验结果来看，同一批试件在同一温度下的应力-应变曲线基本重合，这说明实验的重复性很好。而且，较高温度下实验的重复性比较低温度下实验的重复性要好一些。

图 3.1 表明，试件在不同高温下，应力-应变曲线发生较大改变。随着温度的升高，曲线中的屈服平台越来越短。当温度低于 200℃时，所有钢材仍然存在明显的屈服段及强化现象，只是流幅（屈服平

台）比常温时减小了。当温度高于 300℃时，所有钢材均不存在明显的屈服现象，应力-应变曲线中的屈服平台消失。当钢材在 300℃时，2 个钢厂的钢材存在屈服平台，其余 8 个钢厂的钢材屈服平台消失。从应力-应变全曲线来看，钢材在弹性变形范围内，基本上没有差别，10 批钢材的重合性非常好，这说明在弹性范围内，10 批钢材在高温下的弹性模量变化情况一致。当进入塑性变形范围，钢材间表现出一定差别。

2. 弹性模量及条件屈服强度

从实验数据修正后得到的应力-应变曲线图中，可以得到钢材试件在不同温度下的弹性模量及屈服强度（或条件屈服强度），152 次恒温加载实验数据如表 3.3 所示，所测得的常温弹性模量在（1.91～2.15）$\times 10^5$ MPa，与过去测试结果相符，这说明实验设备采集的数据，修正的理论，修正方法具有足够的精确度。

表 3.3　恒温加载实验数据

钢厂	温度/℃	E/GPa	E_T/GPa	k_E	$f_{y,T}$/MPa	$f_{0.1}$/MPa	$f_{0.2}$/MPa	$f_{0.5}$/MPa	$f_{1.0}$/MPa	$f_{1.5}$/MPa	$f_{2.0}$/MPa
A (385.0 MPa)	100	203.1	206.7	1.02	363.1	203.8	363.1	359.2	363.7	369.4	372.6
	100	210.2	206.0	0.98	370.1	209.6	365.0	372.6	373.9	377.7	382.2
	200	213.7	206.7	0.97	343.3	206.4	337.6	343.9	354.8	359.9	384.7
	200	206.7	205.9	1.00	342.7	203.8	342.7	343.3	353.5	358.6	374.5
	300	209.2	199.6	0.95	331.2	198.7	328.7	333.1	345.9	359.9	389.8
	300	206.6	194.9	0.94	325.9	195.3	325.2	324.6	337.7	352.6	383.1
	400	205.8	180.4	0.88	290.6	180.9	268.8	319.7	361.1	395.5	425.5
	400	204.7	183.8	0.90	272.0	183.5	249.7	297.1	332.1	360.8	392.0
	500	206.8	143.3	0.69	216.4	146.2	197.8	244.5	284.4	309.0	329.2
	500	208.0	149.3	0.72	228.3	148.4	204.5	256.1	295.5	321.7	337.6
	600	211.1	111.1	0.53	158.2	119.1	150.3	175.8	196.8	208.9	217.8
	600	208.8	115.3	0.55	161.6	117.2	151.0	179.6	201.9	216.6	224.8

续表

钢厂	温度/℃	E/GPa	E_T/GPa	k_E	$f_{y,T}$/MPa	$f_{0.1}$/MPa	$f_{0.2}$/MPa	$f_{0.5}$/MPa	$f_{1.0}$/MPa	$f_{1.5}$/MPa	$f_{2.0}$/MPa
B (345.4 MPa)	100	208.0	203.1	0.97	321.7	203.2	341.4	354.1	358.0	373.2	398.1
	100	204.0	201.0	0.98	320.4	201.9	345.9	347.1	361.1	375.2	399.4
	100	206.0	205.9	0.99	355.4	210.8	355.4	354.8	363.7	373.9	401.9
	200	201.7	201.0	0.99	317.2	201.9	322.9	328.7	341.4	368.2	382.8
	200	194.7	193.2	0.99	324.2	194.3	322.9	328.7	343.9	371.3	393.0
	200	200.4	198.2	0.98	326.1	200.6	328.0	333.1	348.4	370.7	393.0
	300	198.9	181.9	0.91	291.0	180.3	252.9	316.6	354.1	390.4	416.6
	300	202.3	192.6	0.95	305.0	194.3	291.1	329.3	362.4	398.7	428.0
	300	198.8	189.7	0.95	289.5	196.8	291.7	324.2	373.2	415.9	443.3
	400	202.4	151.4	0.74	270.2	158.0	217.8	301.9	351.0	389.2	419.7
	400	205.2	163.6	0.79	269.1	165.0	222.3	302.5	351.0	389.2	418.5
	400	204.6	163.6	0.79	272.8	172.0	228.7	301.9	345.9	381.5	414.0
	500	204.6	156.3	0.76	252.9	159.2	217.2	282.8	325.5	352.2	375.2
	500	206.7	150.8	0.72	243.0	152.9	203.2	273.9	319.7	348.4	370.0
	500	199.6	139.6	0.69	244.5	151.0	204.5	273.9	319.1	347.1	369.4
	600	201.0	123.1	0.61	180.3	128.0	161.8	194.3	214.6	226.8	234.4
	600	206.0	126.8	0.61	178.6	128.7	161.8	192.4	210.8	222.3	229.9
	600	195.0	122.4	0.62	179.3	130.6	164.3	195.5	218.5	227.4	238.2
C (350.0 MPa)	100	198.9	197.4	0.99	341.4	201.9	333.1	342.7	348.4	355.4	365.6
	100	203.1	201.0	0.99	326.8	203.2	317.2	328.7	336.9	349.0	364.3
	100	204.6	202.4	0.99	316.6	198.7	313.4	321.7	328.0	335.7	349.0
	200	203.9	199.7	0.98	336.9	199.4	327.4	334.4	347.1	357.3	369.4
	200	196.1	198.1	1.01	304.5	201.9	300.6	307.0	324.8	333.8	341.4
	200	205.9	203.1	0.99	307.6	196.8	300.0	308.9	322.9	337.6	349.7
	300	198.9	189.7	0.95	267.8	194.9	257.3	291.1	322.9	339.5	363.1
	300	214.4	189.0	0.88	265.3	194.9	244.6	287.3	318.5	340.1	359.9

续表

钢厂	温度/℃	E/GPa	E_T/GPa	k_E	$f_{y,T}$/MPa	$f_{0.1}$/MPa	$f_{0.2}$/MPa	$f_{0.5}$/MPa	$f_{1.0}$/MPa	$f_{1.5}$/MPa	$f_{2.0}$/MPa
C (350.0 MPa)	300	207.3	196.7	0.95	254.7	193.6	241.4	280.9	315.9	334.4	353.5
	400	197.4	170.6	0.86	251.3	175.2	227.4	279.0	317.2	346.5	369.4
	400	203.1	150.1	0.74	239.6	156.1	206.4	267.5	308.9	335.0	359.9
	400	202.4	164.2	0.81	238.1	165.6	217.2	265.0	301.9	325.5	350.3
	500	198.2	132.3	0.67	209.3	136.9	180.3	231.8	265.6	290.4	307.0
	500	200.3	123.9	0.62	214.7	138.9	187.3	237.6	272.0	300.0	316.6
	500	210.2	132.3	0.63	207.4	145.2	180.3	233.1	268.2	289.8	307.6
	600	203.8	106.9	0.52	157.8	112.1	145.2	172.6	193.6	203.8	213.4
	600	203.1	113.2	0.56	157.4	119.1	149.7	172.6	191.7	203.8	212.7
	600	194.6	100.4	0.52	152.6	103.8	138.2	166.2	186.0	198.1	205.1
D (400.0 MPa)	100	201.8	199.6	0.99	373.9	206.4	373.9	379.0	380.9	392.4	413.4
	100	202.3	196.0	0.97	382.8	195.5	376.4	387.9	397.5	407.0	426.1
	200	198.8	199.6	1	365.6	202.5	380.9	366.9	365.0	385.4	408.3
	200	200.2	191.1	0.95	370.0	197.5	394.3	368.8	365.6	373.9	406.4
	300	199.6	184.0	0.92	347.1	191.1	345.9	343.9	351.0	396.8	428.0
	300	203.9	188.2	0.92	356.0	191.7	348.4	350.3	369.4	403.8	451.0
	300	205.2	186.9	0.91	340.1	193.0	340.1	347.1	365.6	398.1	434.4
	400	202.4	183.2	0.91	275.4	181.5	291.7	334.4	360.5	412.7	446.5
	400	203.1	183.2	0.9	279.2	181.5	284.1	333.8	356.7	403.8	438.2
	400	204.6	184.7	0.9	275.4	187.9	279.0	329.3	351.0	397.5	435.0
	500	197.4	163.4	0.83	254.6	165.6	225.5	285.4	330.6	357.3	383.4
	500	204.6	150.8	0.74	259.9	163.1	228.0	289.8	335.7	366.2	392.4
	500	198.1	152.9	0.77	257.2	170.7	228.0	285.4	327.4	354.1	380.3
	600	205.3	122.4	0.6	184.1	122.9	169.4	202.5	228.0	242.7	251.0
	600	201.8	121.0	0.6	195.3	133.1	174.5	212.7	237.6	250.3	259.9
	600	201.0	122.4	0.61	185.7	130.6	167.5	204.5	229.9	242.7	251.6

续表

钢厂	温度/℃	E/GPa	E_T/GPa	k_E	$f_{y,T}$/MPa	$f_{0.1}$/MPa	$f_{0.2}$/MPa	$f_{0.5}$/MPa	$f_{1.0}$/MPa	$f_{1.5}$/MPa	$f_{2.0}$/MPa
E (395.0 MPa)	200	203.9	195.3	0.96	343.9	210.2	328.7	348.4	365.6	386.6	407.6
	200	201.0	197.4	0.98	340.8	202.5	346.5	343.3	356.0	366.9	377.1
	300	206.7	191.8	0.93	347.1	194.3	356.7	361.1	374.5	388.5	400.6
	300	201.7	188.3	0.93	335.0	199.4	341.4	344.6	358.0	366.9	401.3
	400	200.3	179.0	0.89	334.8	193.6	286.6	358.0	395.5	428.7	454.1
	400	202.3	173.3	0.86	314.9	186.6	278.3	332.5	361.1	396.8	426.1
	400	207.3	176.2	0.85	294.6	187.9	262.4	316.6	349.4	384.1	402.5
	500	200.3	147.9	0.74	245.1	161.8	219.7	268.2	302.5	323.6	345.2
	500	198.8	143.7	0.72	233.0	156.7	210.2	261.8	302.5	326.8	346.5
	600	200.2	122.4	0.61	169.3	126.1	156.7	181.5	200.0	212.1	218.5
	600	209.4	118.9	0.57	170.9	125.5	158.6	184.1	203.2	215.9	222.9
F (295.0 MPa)	100	204.7	201.0	0.98	294.9	198.7	287.3	302.5	311.5	317.8	326.1
	200	205.4	180.4	0.88	274.5	182.8	275.2	277.1	284.1	293.0	305.7
	200	201.0	195.5	0.97	233.1	187.3	242.7	269.4	286.6	294.3	307.6
	200	202.0	194.0	0.96	262.4	194.3	260.5	272.0	287.3	296.2	308.9
	300	203.3	176.1	0.87	220.3	184.1	213.4	240.8	267.5	290.4	307.6
	300	201.1	178.3	0.89	220.5	179.0	214.0	244.6	275.8	291.7	311.5
	300	202.5	179.6	0.89	224.7	188.5	214.6	247.1	272.0	291.7	308.3
	400	197.5	138.0	0.7	200.4	145.9	182.8	228.0	266.9	290.4	313.4
	400	195.4	145.1	0.74	206.6	151.0	189.8	231.8	267.5	295.5	314.6
	400	194.6	146.4	0.75	205.7	153.5	191.1	234.4	273.2	298.7	320.4
	500	194.7	131.7	0.68	174.2	133.1	162.4	196.8	226.1	249.0	262.4
	500	199.0	133.1	0.67	181.6	133.8	163.1	201.9	229.9	252.2	264.3
	500	196.1	132.3	0.67	176.8	134.4	162.4	199.4	231.8	252.9	266.9
	600	191.8	96.0	0.5	117.4	98.1	117.2	135.7	158.0	167.5	174.5
	600	193.9	72.2	0.37	117.7	100.6	120.4	138.2	158.0	167.5	176.4
	600	193.9	87.0	0.45	128.4	94.9	116.6	138.2	152.2	166.2	175.2

续表

钢厂	温度/℃	E/GPa	E_T/GPa	k_E	$f_{y,T}$/MPa	$f_{0.1}$/MPa	$f_{0.2}$/MPa	$f_{0.5}$/MPa	$f_{1.0}$/MPa	$f_{1.5}$/MPa	$f_{2.0}$/MPa
H (366.3 MPa)	100	203.1	199.6	0.98	320.4	198.1	346.5	366.2	377.7	396.2	422.3
	200	202.6	193.9	0.96	317.2	195.5	349.0	354.1	366.9	386.0	407.0
	200	203.8	201.8	0.99	317.2	203.8	336.9	359.2	372.6	391.1	411.5
	300	203.9	191.0	0.94	305.1	195.5	308.3	347.1	368.8	403.8	415.9
	300	201.0	191.1	0.95	310.2	191.7	312.1	343.3	361.1	389.8	423.6
	300	198.8	185.3	0.93	309.4	190.4	270.7	331.2	361.8	391.1	415.9
	400	198.2	149.3	0.75	274.5	155.4	222.3	304.5	353.5	383.4	418.5
	400	206.6	149.6	0.72	292.1	160.5	239.5	316.6	356.7	391.7	421.7
	400	201.1	152.8	0.76	284.4	159.2	234.4	314.0	361.1	394.3	426.1
	500	202.0	141.6	0.7	249.5	151.6	205.1	277.1	318.5	350.3	369.4
	500	202.6	138.8	0.69	241.7	142.7	196.8	270.1	314.6	345.2	366.2
	500	196.9	138.7	0.7	246.8	145.2	205.7	277.1	322.9	345.2	366.2
	600	198.4	115.3	0.58	161.8	115.3	147.1	180.3	204.5	214.6	221.0
	600	201.1	121.0	0.6	170.9	122.9	159.2	188.5	214.6	224.2	232.5
	600	202.3	117.4	0.58	179.1	122.3	157.3	196.2	221.0	233.1	243.3
G (290.0 MPa)	100	209.3	203.3	0.97	289.8	211.5	296.8	301.3	316.0	325.5	340.8
	200	200.9	196.8	0.98	272.6	197.5	279.0	286.0	303.8	316.0	333.8
	200	200.0	196.8	0.98	273.2	200.0	275.8	279.6	287.3	312.1	326.1
	200	200.6	189.7	0.95	275.2	189.8	279.0	289.8	298.1	316.6	333.1
	300	198.9	186.8	0.94	266.2	193.0	266.2	288.5	292.4	333.8	358.6
	300	197.4	184.8	0.94	263.8	186.0	245.9	275.8	291.7	328	353.5
	300	201.9	186.9	0.93	260.9	187.3	250.3	274.5	292.4	329.3	352.9
	400	193.9	161.3	0.83	236.5	164.3	212.1	263.1	301.3	333.1	360.5
	400	202.9	174.1	0.86	239.8	175.8	215.9	262.4	294.3	324.2	355.4
	400	198.9	150.3	0.76	248.0	158.0	210.2	268.8	301.3	335.7	363.1
	500	196.0	132.3	0.68	205.5	140.1	182.8	229.9	266.2	289.2	308.9

续表

钢厂	温度/℃	E/GPa	E_T/GPa	k_E	$f_{y,T}$/MPa	$f_{0.1}$/MPa	$f_{0.2}$/MPa	$f_{0.5}$/MPa	$f_{1.0}$/MPa	$f_{1.5}$/MPa	$f_{2.0}$/MPa
G (290.0 MPa)	500	199.0	140.1	0.7	211.5	143.3	185.4	237.6	273.2	296.8	315.3
	500	195.5	133.7	0.68	205.7	142.0	180.3	231.2	268.8	293.0	311.5
	600	199.7	113.9	0.57	156.7	117.8	141.4	168.8	186.6	199.4	206.4
	600	195.7	115.3	0.59	150.5	119.7	142.7	166.9	185.4	196.8	202.5
	600	202.4	121.8	0.6	151.8	123.6	145.2	167.5	186	196.8	203.2
M (320.0 MPa)	100	198.9	195.0	0.98	315.9	203.8	314.0	338.2	340.1	352.2	367.5
	200	209.7	211.9	1.01	309.6	215.3	316.6	315.9	326.8	353.5	370.1
	200	203.8	195.4	0.96	308.9	201.3	310.2	329.3	328.7	349.0	363.7
	300	198.5	176.9	0.89	268.0	180.3	256.1	288.5	316.6	349.0	376.4
	300	198.9	187.4	0.94	287.6	190.4	270.7	305.1	329.3	355.4	378.3
	300	196.8	177.7	0.9	277.3	179.6	244.6	300.0	333.8	359.2	389.8
	400	206.0	170.0	0.83	273.3	175.2	232.5	297.5	332.5	365.0	395.5
	400	200.6	176.2	0.88	273.4	180.9	237.6	297.5	333.8	365.6	393.0
	400	199.6	145.2	0.73	259.0	154.1	218.5	287.3	330.0	366.2	388.5
	500	201.7	144.3	0.72	227.2	149.0	196.8	254.1	292.4	315.3	331.8
	500	203.9	131.7	0.65	224.6	137.6	185.4	251.0	293.0	321.0	338.9
	500	195.3	145.1	0.74	232.3	147.8	197.5	258.0	296.8	323.6	342.7
	600	204.5	120.3	0.59	169.8	124.2	155.4	185.4	207.6	218.5	227.4
	600	200.1	113.9	0.57	168.9	124.2	154.8	184.7	205.1	218.5	224.8
	600	203.8	110.4	0.54	165.6	119.1	149.7	180.3	200.6	213.4	
N (336.5 MPa)	100	204.9	199.6	0.97	328.0	210.2	321.0	341.4	352.2	377.1	401.3
	200	197.4	196.1	0.99	320.4	198.7	318.5	326.1	349.7	374.5	395.5
	200	208.4	193.2	0.93	321.6	194.9	315.3	328.7	344.6	366.9	389.8
	300	204.7	187.5	0.92	289.5	189.2	274.5	313.4	348.4	368.8	405.7
	300	205.6	185.4	0.9	283.4	189.2	274.5	308.3	344.6	371.3	405.1
	300	211.3	199.7	0.95	286.2	203.8	287.9	318.5	363.7	396.8	414.6

续表

钢厂	温度/℃	E/GPa	E_T/GPa	k_E	$f_{y,T}$/MPa	$f_{0.1}$/MPa	$f_{0.2}$/MPa	$f_{0.5}$/MPa	$f_{1.0}$/MPa	$f_{1.5}$/MPa	$f_{2.0}$/MPa
N (336.5 MPa)	400	205.6	165.3	0.8	281.5	170.7	239.5	313.4	362.4	394.3	419.1
	400	208.4	174.1	0.84	288.1	179.0	249.0	317.2	361.8	397.5	425.5
	400	203.8	170.3	0.84	284.6	175.8	245.9	314.0	360.5	393.6	426.1
	500	202.2	141.0	0.7	247.9	153.5	216.6	277.7	322.3	349.7	373.2
	500	198.2	146.0	0.74	256.6	157.3	217.2	286.0	329.9	358.0	382.2
	500	202.9	144.4	0.71	248.4	148.4	207.6	278.3	324.8	352.9	379.0
	600	203.9	119.6	0.59	183.5	124.2	164.3	200.0	222.9	236.9	245.2
	600	201.4	116.8	0.58	189.0	125.5	167.5	205.7	229.3	242.7	251.6
	600	201.8	114.7	0.57	184.2	123.6	163.1	201.9	227.4	242.0	249.0

注：表中 $f_{y,T}$ 为切线交点法确定的屈服强度，f_x 对应于应变为 x%时的屈服强度。

3. 弹性模量及高温屈服强度折减系数

由于钢材品种不同、实验误差等原因，国内 Q345 型号钢材的实验数据具有一定程度的离散性。通过对数据的整理分析，强度和弹性模量折减系数的数值特征如均值 μ、方差 σ^2、均方差 σ、离散度 δ 列于表 3.4～表 3.9。

表 3.4　600℃恒温加载强度折减系数分析

钢厂	序号	$f_{0.1}/f_y$	$f_{0.2}/f_y$	$f_{0.5}/f_y$	$f_{1.0}/f_y$	$f_{1.5}/f_y$	$f_{2.0}/f_y$	E_T/E	$f_{y,T}/f_y$
A	1	0.31	0.39	0.46	0.51	0.54	0.57	0.53	**0.41**
	2	0.3	0.39	0.47	0.52	0.56	0.58	0.55	**0.42**
B	1	0.37	0.47	0.56	0.62	0.66	0.68	0.61	**0.52**
	2	0.37	0.47	0.56	0.61	0.64	0.67	0.61	**0.52**
	3	0.38	0.48	0.57	0.63	0.66	0.69	0.62	**0.52**
C	1	0.32	0.41	0.49	0.55	0.58	0.61	0.52	**0.45**
	2	0.34	0.43	0.49	0.55	0.58	0.61	0.56	**0.45**
	3	0.3	0.39	0.47	0.53	0.57	0.59	0.52	**0.44**

续表

钢厂	序号	$f_{0.1}/f_y$	$f_{0.2}/f_y$	$f_{0.5}/f_y$	$f_{1.0}/f_y$	$f_{1.5}/f_y$	$f_{2.0}/f_y$	E_T/E	$f_{y,T}/f_y$
D	1	0.31	0.42	0.51	0.57	0.61	0.63	0.6	**0.46**
	2	0.33	0.44	0.53	0.59	0.63	0.65	0.6	**0.49**
	3	0.33	0.42	0.51	0.57	0.61	0.63	0.61	**0.46**
E	1	0.32	0.4	0.46	0.51	0.54	0.55	0.61	**0.43**
	2	0.32	0.4	0.47	0.51	0.55	0.56	0.57	**0.43**
F	1	0.33	0.4	0.46	0.54	0.57	0.59	0.5	**0.4**
	2	0.34	0.41	0.47	0.54	0.57	0.6	0.37	**0.4**
	3	0.32	0.4	0.47	0.52	0.56	0.59	0.45	**0.44**
H	1	0.31	0.4	0.49	0.56	0.59	0.6	0.58	**0.44**
	2	0.34	0.43	0.51	0.59	0.61	0.63	0.6	**0.47**
	3	0.33	0.43	0.54	0.6	0.64	0.66	0.58	**0.49**
G	1	0.41	0.49	0.58	0.64	0.69	0.71	0.57	**0.54**
	2	0.41	0.49	0.58	0.64	0.68	0.7	0.59	**0.52**
	3	0.43	0.5	0.58	0.64	0.68	0.7	0.6	**0.52**
M	1	0.39	0.49	0.58	0.65	0.68	0.71	0.59	**0.53**
	2	0.39	0.48	0.58	0.64	0.68	0.7	0.57	**0.53**
	3	0.37	0.47	0.56	0.63	0.67		0.54	**0.52**
N	1	0.37	0.49	0.59	0.66	0.7	0.73	0.59	**0.55**
	2	0.37	0.5	0.61	0.68	0.72	0.75	0.58	**0.56**
	3	0.37	0.48	0.6	0.68	0.72	0.74	0.57	**0.55**
μ		0.35	0.44	0.53	0.59	0.62	0.65	0.56	0.48
σ^2		0.001311	0.001593	0.0026	0.003028	0.003278	0.00351	0.002973	0.002533
σ		0.036202	0.039912	0.050994	0.055023	0.057251	0.059247	0.054524	0.050327
δ		0.031327	0.036327	0.046071	0.047959	0.050357	0.051687	0.038240	0.045

注：离散度 $\delta=\sum_{n}\left|x_i-\mu\right|/n$。

表 3.5 500℃恒温加载强度折减系数分析

钢厂	序号	$f_{0.1}/f_y$	$f_{0.2}/f_y$	$f_{0.5}/f_y$	$f_{1.0}/f_y$	$f_{1.5}/f_y$	$f_{2.0}/f_y$	E_T/E	$f_{y,T}/f_y$
A	1	0.38	0.51	0.64	0.74	0.8	0.86	0.69	**0.56**
	2	0.39	0.53	0.67	0.77	0.84	0.88	0.72	**0.59**
B	1	0.46	0.63	0.82	0.94	1.02	1.09	0.76	**0.73**
	2	0.44	0.59	0.79	0.93	1.01	1.07	0.72	**0.7**
	3	0.44	0.59	0.79	0.92	1	1.07	0.69	**0.71**
C	1	0.39	0.52	0.66	0.76	0.83	0.88	0.67	**0.6**
	2	0.4	0.54	0.68	0.78	0.86	0.9	0.62	**0.61**
	3	0.41	0.52	0.67	0.77	0.83	0.88	0.63	**0.59**
D	1	0.41	0.56	0.71	0.83	0.89	0.96	0.67	**0.64**
	2	0.41	0.57	0.72	0.84	0.92	0.98	0.62	**0.65**
	3	0.43	0.57	0.71	0.82	0.89	0.95	0.63	**0.64**
E	1	0.41	0.56	0.68	0.77	0.82	0.87	0.74	**0.62**
	2	0.4	0.53	0.66	0.77	0.83	0.88	0.72	**0.59**
F	1	0.45	0.55	0.67	0.77	0.84	0.89	0.68	**0.59**
	2	0.45	0.55	0.68	0.78	0.85	0.9	0.67	**0.62**
	3	0.46	0.55	0.68	0.79	0.86	0.9	0.67	**0.6**
H	1	0.41	0.56	0.76	0.87	0.96	1.01	0.7	**0.68**
	2	0.39	0.54	0.74	0.86	0.94	1	0.69	**0.66**
	3	0.4	0.56	0.76	0.88	0.94	1	0.7	**0.67**
G	1	0.48	0.63	0.79	0.92	1	1.07	0.68	**0.71**
	2	0.49	0.64	0.82	0.94	1.02	1.09	0.7	**0.73**
	3	0.49	0.62	0.8	0.93	1.01	1.07	0.68	**0.71**
M	1	0.47	0.62	0.79	0.91	0.99	1.04	0.72	**0.71**
	2	0.43	0.58	0.78	0.92	1	1.06	0.65	**0.7**
	3	0.46	0.62	0.81	0.93	1.01	1.07	0.74	**0.73**
N	1	0.46	0.64	0.83	0.96	1.04	1.11	0.7	**0.74**

续表

钢厂	序号	$f_{0.1}/f_y$	$f_{0.2}/f_y$	$f_{0.5}/f_y$	$f_{1.0}/f_y$	$f_{1.5}/f_y$	$f_{2.0}/f_y$	E_T/E	$f_{y,T}/f_y$
N	2	0.47	0.65	0.85	0.98	1.06	1.14	0.74	**0.76**
	3	0.44	0.62	0.83	0.97	1.05	1.13	0.71	**0.74**
μ		0.43	0.58	0.74	0.86	0.93	0.99	0.69	0.66
σ^2		0.001088	0.001786	0.004294	0.006047	0.007138	0.008632	0.001381	0.00349
σ		0.032982	0.042256	0.065525	0.077762	0.084486	0.092909	0.037167	0.05908
δ		0.028571	0.036327	0.058929	0.069719	0.075893	0.082423	0.02898	0.052143

表 3.6　400℃恒温加载强度折减系数分析

钢厂	序号	$f_{0.1}/f_y$	$f_{0.2}/f_y$	$f_{0.5}/f_y$	$f_{1.0}/f_y$	$f_{1.5}/f_y$	$f_{2.0}/f_y$	E_T/E	$f_{y,T}/f_y$
A	1	0.47	0.7	0.83	0.94	1.03	1.11	0.88	**0.75**
	2	0.48	0.65	0.77	0.86	0.94	1.02	0.90	**0.71**
B	1	0.46	0.63	0.87	1.02	1.13	1.22	0.74	**0.78**
	2	0.48	0.64	0.88	1.02	1.13	1.21	0.79	**0.78**
	3	0.5	0.66	0.87	1	1.1	1.2	0.79	**0.79**
C	1	0.5	0.65	0.8	0.91	0.99	1.06	0.86	**0.72**
	2	0.45	0.59	0.76	0.88	0.96	1.03	0.74	**0.68**
	3	0.47	0.62	0.76	0.86	0.93	1	0.81	**0.68**
D	1	0.45	0.73	0.84	0.9	1.03	1.12	0.91	**0.69**
	2	0.45	0.71	0.83	0.89	1.01	1.1	0.9	**0.7**
	3	0.47	0.7	0.82	0.88	0.99	1.09	0.9	**0.69**
E	1	0.49	0.73	0.91	1	1.09	1.15	0.89	**0.85**
	2	0.47	0.7	0.84	0.91	1	1.08	0.86	**0.8**
	3	0.48	0.66	0.8	0.88	0.97	1.02	0.85	**0.75**
F	1	0.49	0.62	0.77	0.9	0.98	1.06	0.7	**0.68**
	2	0.51	0.64	0.79	0.91	1	1.07	0.74	**0.7**
	3	0.52	0.65	0.79	0.93	1.01	1.09	0.75	**0.7**

续表

钢厂	序号	$f_{0.1}/f_y$	$f_{0.2}/f_y$	$f_{0.5}/f_y$	$f_{1.0}/f_y$	$f_{1.5}/f_y$	$f_{2.0}/f_y$	E_T/E	$f_{y,T}/f_y$
H	1	0.42	0.61	0.83	0.97	1.05	1.14	0.75	**0.75**
	2	0.44	0.65	0.86	0.97	1.07	1.15	0.72	**0.8**
	3	0.43	0.64	0.86	0.99	1.08	1.16	0.76	**0.78**
G	1	0.57	0.73	0.91	1.04	1.15	1.24	0.83	**0.82**
	2	0.61	0.74	0.9	1.01	1.12	1.23	0.86	**0.83**
	3	0.54	0.72	0.93	1.04	1.16	1.25	0.76	**0.86**
M	1	0.55	0.73	0.93	1.04	1.14	1.24	0.83	**0.85**
	2	0.57	0.74	0.93	1.04	1.14	1.23	0.88	**0.85**
	3	0.48	0.68	0.9	1.03	1.14	1.21	0.73	**0.81**
N	1	0.51	0.71	0.93	1.08	1.17	1.25	0.8	**0.84**
	2	0.53	0.74	0.94	1.08	1.18	1.26	0.84	**0.86**
	3	0.52	0.73	0.93	1.07	1.17	1.27	0.84	**0.85**
μ		0.49	0.68	0.85	0.97	1.06	1.15	0.81	0.77
σ^2		0.002002	0.002135	0.003468	0.005142	0.006125	0.007158	0.004147	0.004142
σ		0.044743	0.046208	0.058894	0.071709	0.078263	0.084604	0.064394	0.064361
δ		0.035077	0.041403	0.050535	0.063734	0.069512	0.073555	0.056409	0.05648

表 3.7 300℃恒温加载强度折减系数分析

钢厂	序号	$f_{0.1}/f_y$	$f_{0.2}/f_y$	$f_{0.5}/f_y$	$f_{1.0}/f_y$	$f_{1.5}/f_y$	$f_{2.0}/f_y$	E_T/E	$f_{y,T}/f_y$
A	1	0.52	0.85	0.87	0.9	0.93	1.01	0.95	**0.86**
	2	0.51	0.84	0.84	0.88	0.92	1	0.94	**0.85**
B	1	0.52	0.73	0.92	1.03	1.13	1.21	0.91	**0.84**
	2	0.56	0.84	0.95	1.05	1.15	1.24	0.95	**0.88**
	3	0.57	0.84	0.94	1.08	1.2	1.28	0.95	**0.84**
C	1	0.56	0.74	0.83	0.92	0.97	1.04	0.95	**0.77**
	2	0.56	0.7	0.82	0.91	0.97	1.03	0.88	**0.76**
	3	0.55	0.69	0.8	0.9	0.96	1.01	0.95	**0.73**

续表

钢厂	序号	$f_{0.1}/f_y$	$f_{0.2}/f_y$	$f_{0.5}/f_y$	$f_{1.0}/f_y$	$f_{1.5}/f_y$	$f_{2.0}/f_y$	E_T/E	$f_{y,T}/f_y$
D	1	0.48	0.86	0.86	0.88	0.99	1.07	0.92	**0.87**
	2	0.48	0.87	0.88	0.92	1.01	1.13	0.92	**0.89**
	3	0.48	0.85	0.87	0.91	1	1.09	0.91	**0.85**
E	1	0.49	0.9	0.91	0.95	0.98	1.01	0.93	**0.88**
	2	0.5	0.86	0.87	0.91	0.93	1.02	0.93	**0.85**
F	1	0.62	0.72	0.82	0.91	0.98	1.04	0.87	**0.75**
	2	0.61	0.73	0.83	0.93	0.99	1.06	0.89	**0.75**
	3	0.64	0.73	0.84	0.92	0.99	1.05	0.89	**0.76**
H	1	0.53	0.84	0.95	1.01	1.1	1.14	0.94	**0.83**
	2	0.52	0.85	0.94	0.99	1.06	1.16	0.95	**0.85**
	3	0.52	0.74	0.9	0.99	1.07	1.14	0.93	**0.84**
G	1	0.67	0.92	0.99	1.01	1.15	1.24	0.94	**0.92**
	2	0.64	0.85	0.95	1.01	1.13	1.22	0.94	**0.91**
	3	0.65	0.86	0.95	1.01	1.14	1.22	0.93	**0.9**
M	1	0.56	0.8	0.9	0.99	1.09	1.18	0.89	**0.84**
	2	0.6	0.85	0.95	1.03	1.11	1.18	0.94	**0.9**
	3	0.56	0.76	0.94	1.04	1.12	1.22	0.9	**0.87**
N	1	0.56	0.82	0.93	1.04	1.1	1.21	0.92	**0.86**
	2	0.56	0.82	0.92	1.02	1.1	1.2	0.9	**0.84**
	3	0.61	0.86	0.95	1.08	1.18	1.23	0.95	**0.85**
μ		0.56	0.81	0.90	0.97	1.05	1.13	0.92	0.84
σ^2		0.002993	0.004139	0.00274	0.00398	0.007023	0.008137	0.000595	0.002718
σ		0.054708	0.064332	0.052342	0.063091	0.083801	0.090205	0.024395	0.052134
δ		0.042755	0.055306	0.045408	0.05699	0.07523	0.080408	0.02051	0.038469

表 3.8　200℃恒温加载强度折减系数分析

钢厂	序号	$f_{0.1}/f_y$	$f_{0.2}/f_y$	$f_{0.5}/f_y$	$f_{1.0}/f_y$	$f_{1.5}/f_y$	$f_{2.0}/f_y$	E_T/E	$f_{y,T}/f_y$
A	1	0.54	0.88	0.89	0.92	0.93	1	0.97	**0.89**
	2	0.53	0.89	0.89	0.92	0.93	0.97	1.00	**0.89**
B	1	0.58	0.93	0.95	0.99	1.07	1.11	0.99	**0.92**
	2	0.56	0.93	0.95	1	1.07	1.14	0.99	**0.94**
	3	0.58	0.95	0.96	1.01	1.07	1.14	0.98	**0.94**
C	1	0.57	0.94	0.96	0.99	1.02	1.06	0.98	**0.96**
	2	0.58	0.86	0.88	0.93	0.95	0.98	1.01	**0.87**
	3	0.56	0.86	0.88	0.92	0.96	1	0.99	**0.88**
D	1	0.51	0.95	0.92	0.91	0.96	1.02	1	**0.91**
	2	0.49	0.99	0.92	0.91	0.93	1.02	0.95	**0.93**
E	1	0.53	0.83	0.88	0.93	0.98	1.03	0.96	**0.87**
	2	0.51	0.88	0.87	0.9	0.93	0.95	0.98	**0.86**
F	1	0.62	0.93	0.94	0.96	0.99	1.04	0.88	**0.93**
	2	0.63	0.82	0.91	0.97	1	1.04	0.97	**0.79**
	3	0.66	0.88	0.92	0.97	1	1.05	0.96	**0.89**
H	1	0.53	0.95	0.97	1	1.05	1.11	0.96	**0.87**
	2	0.56	0.92	0.98	1.02	1.07	1.12	0.99	**0.87**
G	1	0.68	0.96	0.99	1.05	1.09	1.15	0.98	**0.94**
	2	0.69	0.95	0.96	0.99	1.08	1.12	0.98	**0.94**
	3	0.65	0.96	1	1.03	1.09	1.15	0.95	**0.95**
M	1	0.67	0.99	0.99	1.02	1.1	1.16	1.01	**0.97**
	2	0.63	0.97	1.03	1.03	1.09	1.14	0.96	**0.97**
N	1	0.59	0.95	0.97	1.04	1.11	1.18	0.99	**0.95**
	2	0.58	0.94	0.98	1.02	1.09	1.16	0.93	**0.96**
μ		0.58	0.92	0.94	0.98	1.02	1.08	0.97	0.91
σ^2		0.003304	0.002264	0.001994	0.002285	0.00418	0.004962	0.000788	0.001965
σ		0.057482	0.047577	0.044654	0.047805	0.064651	0.070444	0.028079	0.044329
δ		0.046563	0.039271	0.037813	0.041563	0.058333	0.063333	0.020278	0.03691

表 3.9　100℃恒温加载强度折减系数分析

钢厂	序号	$f_{0.1}/f_y$	$f_{0.2}/f_y$	$f_{0.5}/f_y$	$f_{1.0}/f_y$	$f_{1.5}/f_y$	$f_{2.0}/f_y$	E_T/E	$f_{y,T}/f_y$
A	1	0.53	0.94	0.93	0.94	0.96	0.97	1.02	**0.94**
	2	0.54	0.95	0.97	0.97	0.98	0.99	0.98	**0.96**
B	1	0.59	0.99	1.03	1.04	1.08	1.15	0.97	**0.93**
	2	0.58	1	1	1.05	1.09	1.16	0.98	**0.93**
	3	0.61	1.03	1.03	1.05	1.08	1.16	0.99	**1.03**
C	1	0.58	0.95	0.98	1	1.02	1.04	0.99	**0.98**
	2	0.58	0.91	0.94	0.96	1	1.04	0.99	**0.93**
	3	0.57	0.9	0.92	0.94	0.96	1	0.99	**0.9**
D	1	0.52	0.93	0.95	0.95	0.98	1.03	0.99	**0.93**
	2	0.49	0.94	0.97	0.99	1.02	1.07	0.97	**0.96**
F	1	0.67	0.97	1.03	1.06	1.08	1.11	0.98	**1**
H	1	0.54	0.95	1	1.03	1.08	1.15	0.98	**0.95**
G	1	0.73	1.02	1.04	1.09	1.12	1.18	0.97	**1**
M	1	0.64	0.98	1.06	1.06	1.1	1.15	0.98	**0.99**
N	1	0.57	0.88	0.93	0.96	1.03	1.09	0.97	**0.97**
μ		0.58	0.96	0.99	1.01	1.04	1.09	0.98	0.96
σ^2		0.003764	0.00184	0.002084	0.002583	0.002955	0.005026	0.000167	0.001229
σ		0.06135	0.042895	0.045649	0.050822	0.054362	0.070892	0.01291	0.035051
δ		0.043556	0.033867	0.039022	0.045067	0.047911	0.0616	0.009333	0.028

二、恒温加载材料模型的构建

1. 高温材料弹性模量计算模型

由实验获得的钢材高温应力-应变曲线可知，钢材在屈服前塑性变形均很小，仍然有一近似的直线段。按照常温弹性模量的定义将钢材高温应力-应变曲线上该近似直线段的斜率定义为高温弹性模量 E_T。取值标准：统一取应变 0.01%～0.1%范围内的应力与应变的比值。

高温弹性模量实验结果见表 3.3 所示。表 3.3 中对应的 E 和 E_T 是用同一根试件前后分别测得的结果。

定义钢材在实验温度 T 时的高温弹性模量 E_T 与常温弹性模量 E 之比为弹性模量折减系数 k_E。因钢材品种不同、实验误差等原因，钢材的弹性模量折减系数 k_E 具有一定程度的离散性。通过对数据的整理分析，得到弹性模量折减系数 k_E 的数字特征如均值 μ、方差 σ^2、均方差 σ、离散度 δ 列于表 3.10。

表 3.10　弹性模量折减系数 k_E 的数字特征

项目	100℃	200℃	300℃	400℃	500℃	600℃
μ	0.98	0.97	0.92	0.81	0.69	0.57
k_E[式(3.1)]	0.979	0.976	0.914	0.813	0.692	0.571
σ^2	0.000167	0.000788	0.000595	0.004891	0.001381	0.001587
σ	0.01291	0.028079	0.024395	0.07	0.037167	0.039839
$\mu-2\sigma$	0.9542	0.9138	0.8712	0.670	0.6157	0.49
k_E[式(3.2)]	0.952	0.927	0.837	0.713	0.590	0.497
δ	0.009333	0.020278	0.02051	0.062041	0.02898	0.029877
(δ/μ)/%	0.9	2.1	2.3	7.7	4.2	5.3
样本数 n	15	24	28	29	28	28

从表 3.10 可知，钢材的高温弹性模量随温度升高而逐渐降低；在 200℃范围内，弹性模量降低较小；在 200℃到 600℃范围内，弹性模量降低速度增大。虽然钢材样本来自 10 个钢厂，但其离散性并不大，最大离散度发生在 400℃时，为 0.062041，相对离散度为 7.7%，平均相对离散度为 3.8%。这表明各温度下的高温弹性模量与其均值的偏离程度较小，说明弹性模量的取值比较集中。这也说明实验测得的数据重复性较好。

高温弹性模量实验值散点图及随温度的变化趋势如图 3.2 所示。

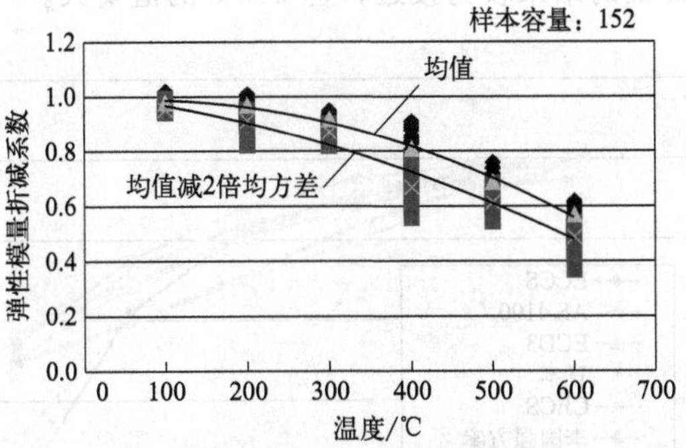

图 3.2　弹性模量实验值散点图及随温度的变化趋势

由于实验数据具有一定的离散性，假定其服从正态分布，分别对其均值和下 97.7%分位值进行回归，钢材弹性模量随温度的变化规律为：

$$k_E = 3.24074\times10^{-9}T^3 - 4.88492\times10^{-6}T^2 + 1.21\times10^{-3}T + 0.90333 \quad (T\leqslant600℃) \tag{3.1}$$

式中，T 为钢材所受温度，℃。相关系数 $R^2=0.9944$，平均相对计算误差为 0.37%。

若取均值减 2 倍均方差，保证率为 97.7%，变化规律为：

$$k_E = 5.3287\times10^{-9}T^3 - 6.4314\times10^{-6}T^2 + 1.3\times10^{-3}T + 0.88147 \quad (T\leqslant600℃) \tag{3.2}$$

式中，T 为钢材所受温度，℃。相关系数 $R^2=0.9772$，平均相对计算误差为 2.95%。

当钢材弹性模量取值增大对结构抗力有利时，如计算稳定承载力时，建议按式(3.2) 取值；否则，如计算温度应力时建议按式(3.1) 取值。

将国内外几种典型方案的钢材高温弹性模量结果与本课题结果进行比较，各种方案的钢材弹性模量与温度的关系曲线绘于图 3.3。当钢材温度超过 500℃时，各方案的弹性模量相差较大。课题组给出的弹性模量均值方案与日本和 CECS 方案的结果较为接近，下分位值方案与 ECD3 方案的结果较为接近，但 600℃的值要大。

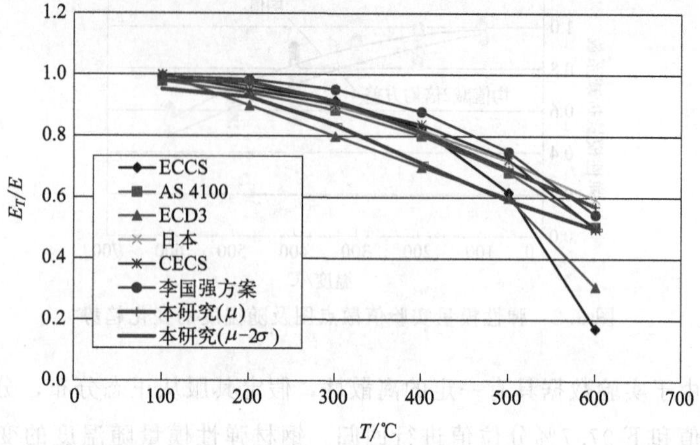

图 3.3　各方案钢材弹性模量与温度的关系曲线对比

2. 高温材料膨胀系数计算模型

材料膨胀系数是计算钢结构温度应力的重要参数之一。本课题恒温加载过程中所实测的 500mm 范围内的膨胀变形数据列于表 3.11。对于恒温区的热变形伸长量修正需要环境温度值和变温区引伸计刀口的温度值，各次实验的环境温度列于表 3.12，引伸计刀口处平均温度列于表 3.13。

表 3.11　膨胀变形原始数据 Δ　　单位：mm

温度/℃	A	B	C	D	E	F	H	G	M	N
100	0.195	0.175	0.200	0.190		0.180	0.190	0.165		0.155
100	0.200	0.165	0.185	0.200						
100		0.175	0.215							
200	0.500	0.450	0.460	0.455	0.455	0.465	0.455	0.440	0.440	0.410
200	0.500	0.430	0.510	0.450	0.440	0.450	0.460	0.445	0.445	0.415
200		0.440	0.465			0.425		0.445		
300	0.920	0.810	0.830	0.850	0.820	0.785	0.835	0.850	0.835	0.770
300	0.855	0.800	0.815	0.855	0.810	0.775	0.855	0.810	0.785	0.765

续表

温度/℃	A	B	C	D	E	F	H	G	M	N
300		0.810	0.840	0.830		0.785	0.805	0.780	0.765	0.785
400	1.515	1.340	1.295	1.310	1.330	1.320	1.515	1.470	1.350	1.265
400	1.435	1.305	1.385	1.310	1.310	1.340	1.335	1.410	1.310	1.310
400		1.370	1.335	1.325	1.320	1.330	1.460	1.285	1.300	1.295
500	2.165	2.060	2.155	2.110	2.065	2.080	2.130	2.170	2.085	2.055
500	2.095	2.045	2.130	2.090	2.075	2.130	2.205	2.205	2.085	2.060
500		2.090	2.180	2.195		2.085	2.200	2.190	2.115	2.025
600	2.930	2.850	2.870	2.910	2.885	2.895	2.855	2.925	2.865	2.925
600	2.895	2.890	2.890	2.940	2.885	2.875	2.905	2.925	2.940	2.815
600		2.845	2.925	2.910		2.890	2.985	2.940	2.880	2.850

表 3.12 环境温度原始数据 单位：℃

温度	A	B	C	D	E	F	H	G	M	N
100	30	30	24	21		28	17	23		26
100	31	33	21	22						
100		29	20							
200	26	29	23	27	23	17	19	27	26	26
200	26	30	23	20	24	30	20	22	30	27
200		32	22			20		28		
300	28	39	26	22	21	22	23	30	37	32
300	27	34	27	22	24	31	21	20	26	27
300		29	21	20		21	23	23	31	31
400	24	28	27	23	24	18	23	23	30	28
400	34	30	26	29	21	20	16	28	32	33
400		34	31	21	24	17	17	23	27	26
500	36	29	25	21	24	32	29	31	31	33
500	31	35	24	28	32	21	22	22	26	25
500		27	22	19		31	33	31	36	32

续表

温度	A	B	C	D	E	F	H	G	M	N
600	30	30	24	22	25	20	34	21	27	30
600	35	29	26	20	20	30	20	27	34	40
600		35	31	25		20	21	22	26	27

表 3.13　高温实验时刀口处平均温度　　　　单位：℃

实验温度	100	200	300	400	500	600
刀口温度	21.5	23.92	28.52	36.37	45	57.13

将修正后的线胀系数及其特征值列于表 3.14。修正后的线胀系数按式(3.3) 计算：

$$\alpha=\frac{\Delta}{350(T_1-T_0)}\quad (1/℃\times10^{-5}) \tag{3.3}$$

表 3.14　线胀系数修正结果 α

项目	100℃	200℃	300℃	400℃	500℃	600℃
A/(10^{-5}/℃)	0.673	0.678	0.796	0.941	1.102	1.197
	0.702	0.678	0.736	0.921	1.044	1.196
B/(10^{-5}/℃)	0.604	0.623	0.737	0.843	1.022	1.164
	0.601	0.6	0.711	0.827	1.03	1.178
	0.593	0.619	0.704	0.88	1.031	1.175
C/(10^{-5}/℃)	0.624	0.611	0.711	0.813	1.058	1.158
	0.55	0.677	0.702	0.866	1.043	1.171
	0.63	0.613	0.707	0.849	1.073	1.198
D/(10^{-5}/℃)	0.565	0.621	0.716	0.811	1.025	1.169
	0.604	0.585	0.72	0.827	1.034	1.176
			0.693	0.815	1.061	1.177
E/(10^{-5}/℃)		0.604	0.688	0.826	1.011	1.166
		0.588	0.688	0.806	1.037	1.154
				0.82		

续表

项目	100℃	200℃	300℃	400℃	500℃	600℃
F/(10^{-5}/℃)	0.6	0.593	0.661	0.805	1.04	1.158
		0.628	0.679	0.822	1.035	1.175
		0.553	0.658	0.808	1.039	1.156
H/(10^{-5}/℃)	0.532	0.588	0.706	0.938	1.056	1.176
		0.599	0.717	0.809	1.074	1.162
			0.681	0.887	1.102	1.197
G/(10^{-5}/℃)	0.506	0.601	0.742	0.91	1.082	1.173
		0.587	0.676	0.888	1.074	1.188
		0.612	0.66	0.796	1.092	1.181
M/(10^{-5}/℃)		0.597	0.752	0.855	1.039	1.163
		0.621	0.673	0.835	1.026	1.211
			0.67	0.816	1.068	1.167
N/(10^{-5}/℃)	0.499	0.556	0.678	0.796	1.03	1.195
		0.567	0.659	0.838	1.011	1.175
			0.688	0.81	1.012	1.157
μ/(10^{-5}/℃)	0.591643	0.608292	0.700321	0.843379	1.04825	1.175464
α[式(3.4)]/(10^{-5}/℃)	0.595	0.599	0.700	0.858	1.033	1.184
σ^2	0.003361	0.001106	0.001044	0.00183	0.000705	0.000229
σ	0.057978	0.033251	0.032304	0.042776	0.026559	0.015138
$\mu+2\sigma$	0.708	0.675	0.765	0.929	1.102	1.206
α[式(3.5)]/(10^{-5}/℃)	0.709	0.672	0.768	0.933	1.101	1.210
δ	0.043745	0.024149	0.025179	0.034566	0.022232	0.011745
(δ/μ)/%	7.4	4.0	3.6	4.1	2.1	1.0
样本数 n	14	24	28	29	28	28

从表 3.14 可见，钢材的线胀系数随温度升高而逐渐增大。虽然

钢材样本来自10个钢厂，但其离散性并不大，在100℃时，离散度最大，仅为0.044，相对离散度为7.4%。温度越高，离散度越小。平均相对离散度为3.7%。这表明各温度下的线胀系数与其均值的偏离程度较小，说明线胀系数的取值比较集中，也说明实验测得的数据重复性较好。

国内各批次Q345钢材各温度下的平均线胀系数实验值散点图及随温度的变化趋势如图3.4所示。

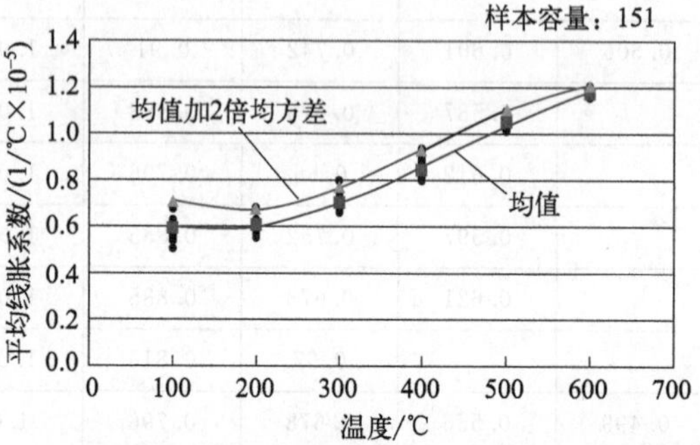

图3.4 平均线胀系数实验值散点图及随温度的变化趋势

由于实验数据具有一定的离散性，假定其服从正态分布，分别对其均值和上97.7%分位值进行回归，线胀系数随温度的变化规律为：

$$\alpha = -6.7222\times10^{-9}T^3 + 8.8976\times10^{-6}T^2 - 2.16\times10^{-3}T + 0.729 \quad (T\leqslant600℃) \tag{3.4}$$

式中，T为钢材所受温度，℃。相关系数$R^2=0.9979$，平均相对计算误差为1.01%。

若取均值加2倍均方差，保证率为97.7%，变化规律为：

$$\alpha = -1.0796\times10^{-8}T^3 + 1.3161\times10^{-5}T^2 - 3.57\times10^{-3}T + 0.94567 \quad (T\leqslant600℃) \tag{3.5}$$

式中，T为钢材所受温度，℃。相关系数$R^2=0.9988$。式(3.5)与实验值平均相对误差为0.29%。

在结构分析中，一般地说线胀系数越大对结构越不利。所以建议按其上分位数即均值加2倍均方差亦即式(3.5)取值。

将国内外几种典型方案的钢材线胀系数计算结果与本课题的上97.7%分位数方案比较结果绘于图3.5。各方案的线胀系数计算结果相差较大，本研究给出的线胀系数计算结果变化趋势与其他方案相同，但数值上除美国方案外比其他取值均小。

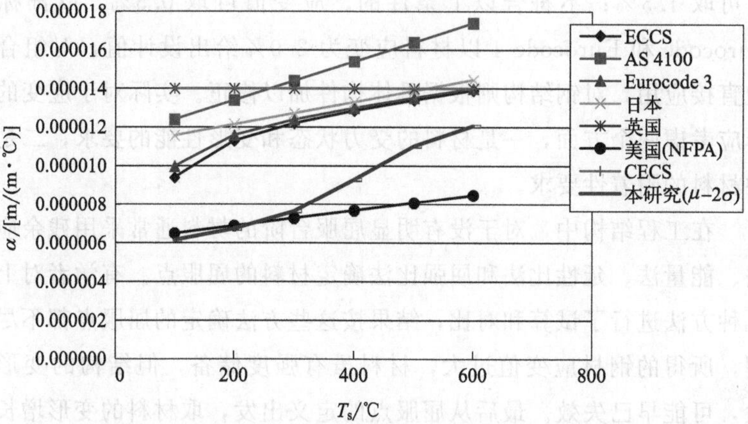

图 3.5　各方案钢材线胀系数与温度的关系曲线对比

NFPA—美国消防协会

3. 高温材料屈服强度计算模型

钢材的屈服强度是决定结构承载力的主要因素，是结构设计中能加以利用的钢材的强度限值。常温下，从钢材应力-应变曲线的屈服台阶上很容易确定屈服点，常温屈服强度就是下屈服点所对应的应力值。但随着温度的升高，钢材的屈服平台逐渐消失，这时钢材强度统称为有效屈服强度，简称屈服强度。当应力-应变曲线仍然有屈服平台的时候，屈服强度的取值和常温的一样。而当屈服平台消失以后，有效屈服强度的确定就变得较为困难。因此，利用高温下材料的应力-应变曲线图来确定其屈服强度参数必须先确定合理的原则。

（1）常用屈服强度的取值原则　目前，在国内外的研究中，关于钢材高温下有效屈服强度的取值问题还没有取得统一的看法，对于有效屈服强度的取值在国际上也尚无统一标准。ECCS 采用应变为

0.5%时的应力为屈服应力。英国标准 BS 5950：Part8 是以恒温加载方法测定钢材的屈服强度，以材料应变为 0.5%、1.5%、2.0%给出设计值，对不同的构件分别采用。对于有防火材料被覆的抗弯组合构件，应变值可取 2.0%；对于有或无防火材料被覆的抗弯构件，应变值可取 1.5%；不符合以上条件的，应变值可取 0.5%。欧洲标准 Eurocode 和 Eurocode 4 以材料应变为 2.0%给出设计值，对组合结构直接应用，对钢结构则根据具体构件加以修正。实际对于应变的选择应考虑两个方面，一是材料的受力状态和变形性能的要求，二是保护材料的附着性要求。

在工程结构中，对于没有明显屈服台阶的材料通常采用残余应变法、能量法、延性比法和屈强比法确定材料的屈服点。有学者对上述几种方法进行了试算和对比，结果按这些方法确定的屈服点都不尽合理，所得的钢材应变值过大，材料虽有强度储备，但结构的变形过大，可能早已失效。最后从屈服点的定义出发，取材料的变形增长率突然增大的开始点为屈服点。具体标准和方法如下。

将实验中实测的应力-应变曲线，按照一定的应力增量 $\Delta\sigma$ 进行划分，计算相应的各级应变增量 $\Delta\varepsilon_i$。对从零开始的应力和应变增量都逐级增加，当第 $n+1$ 级的应变增长率超过前一级应变增长率的若干倍 (α) 时，应力-应变曲线的斜率显著减小，形成转折。可以认为：从该点开始，材料的变形加快发展，将该点确定为材料的理论屈服点。该点即

$$\frac{\Delta\varepsilon_{n+1}}{\Delta\sigma}\Big/\frac{\Delta\varepsilon_n}{\Delta\sigma}=\frac{\Delta\varepsilon_{n+1}}{\Delta\varepsilon_n}\geqslant\alpha$$

显然，该取值原则与分级的数目和 α 值有关。

(2) 本课题采用的屈服强度取值原则——切线交点法　从应力-应变曲线来看，当屈服平台未消失时，钢材是从弹性状态突然转化为塑性状态，屈服点是屈服平台水平线与原点切线的交点，材料模型为理想的弹性-塑性模型，如图 3.6(a) 所示。

从物理意义来看，屈服点是材料从一种变形状态（弹性）突变为另一种变形状态（塑性）的分界点。当屈服平台消失后，钢材是从弹

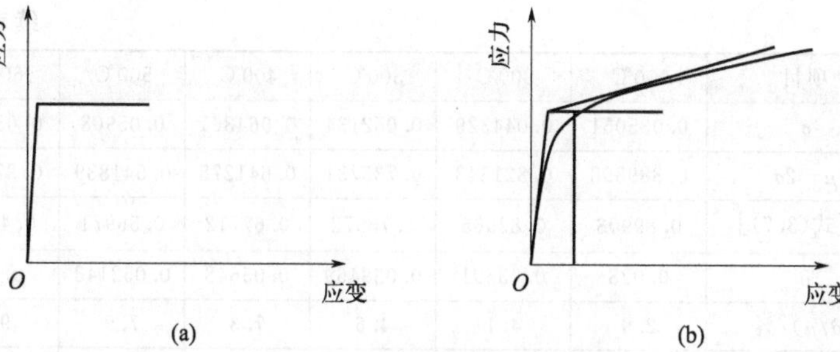

图 3.6　切线交点法取值示意图

性状态逐渐过渡到强化状态。因此，可以考虑把材料的这种逐渐过渡集中处理：对钢材有效屈服强度采用切线交点法进行取值，即强化后应力-应变曲线切线与原点切线的交点所对应的应力值，如图 3.6(b) 所示。

显然，这种取值原则把没有屈服点的钢材的“屈服点”定义为弹性状态与强化状态的分界点，因而更符合屈服点的物理意义。材料模型为理想的弹性-强化模型。强化后切线取 $\varepsilon=1.0\%$ 和 $\varepsilon=1.5\%$ 两点应力值连线。

虽然本研究采用切线交点法对屈服强度取值，但由于实验数据的珍贵，仍按前人方法按应变为 0.1%、0.2%、0.5%、1%、1.5%和 2%进行取值存档，见表 3.3。

钢材在温度 T 时的屈服强度 $f_{y,T}$ 与常温屈服强度 f_y 之比为屈服强度折减系数 k_s。由于钢材品种不同、实验误差等原因，钢材的屈服强度折减系数 k_s 具有一定程度的离散性。通过对数据的整理分析，将所得屈服强度折减系数 k_s 的数字特征如均值 μ、方差 σ^2、均方差 σ、离散度 δ 列于表 3.15。

表 3.15　屈服强度折减系数 k_s 的数字特征

项目	100℃	200℃	300℃	400℃	500℃	600℃
μ	0.96	0.91	0.84	0.77	0.66	0.48
k_s[式(3.6)]	0.962	0.903	0.846	0.77	0.656	0.481
σ^2	0.001229	0.001965	0.002718	0.004142	0.00349	0.002533

续表

项目	100℃	200℃	300℃	400℃	500℃	600℃
σ	0.035051	0.044329	0.052134	0.064361	0.05908	0.050327
$\mu-2\sigma$	0.889898	0.821343	0.735731	0.641278	0.541839	0.379346
k_s[式(3.7)]	0.89903	0.82965	0.75972	0.67712	0.56971	0.42536
δ	0.028	0.03691	0.038469	0.05648	0.052143	0.045
$(\delta/\mu)/\%$	2.9	4.1	4.6	7.3	7.9	9.4
样本数 n	15	24	28	29	28	28

由表3.15可见，钢材的高温屈服强度随温度升高而逐渐降低，在200℃范围内，屈服强度降低较小；在200℃到600℃范围内，屈服强度降低速度增大。最大离散度发生在400℃时，为0.056，相对离散度为7.3%，平均相对离散度为5.9%，离散性比弹性模量稍大。现以各钢厂为单位进行离散性分析，计算结果列于表3.16。

表3.16　钢厂厂内相对离散度　　单位：%

项目	100℃	200℃	300℃	400℃	500℃	600℃	厂内平均值	10厂平均值
A	1.1	0	0.6	2.7	2.6	1.2	1.37	1.63
B	4.6	1	2.1	0.6	1.6	0	1.65	
C	3.1	4.2	2.1	2.6	1.1	1	2.35	
D	1.6	1.1	1.5	0.6	0.7	2.8	1.38	
E		0.6	1.7	4.2	2.5	0	1.8	
F		6.1	0.6	1.3	1.8	4.3	2.82	
H		0	0.8	2.3	1	3.8	1.58	
G		0.5	0.7	1.9	1.2	1.7	1.2	
M		0	2.3	2.1	1.6	0.8	1.36	
N		0.5	0.8	0.8	1.2	0.8	0.82	
10厂平均值	2.6	1.4	1.32	1.91	1.53	1.64	各温度平均1.73	

注：当试件为1根时，各厂平均相对离散度计算值中未计入。

表3.16表明实验测得的屈服强度数据重复性较好，10个钢厂的组内平均离散度仅为1.63%，该值反映了同一钢厂的各试件之间的

材质差别和实验误差。整体分析的平均相对离散度为5.9%，该值反映了同一钢厂的各试件之间的材质差别、实验误差，更重要的是还包括钢厂之间的材质差别。总体来说，虽然钢材样本来自10个钢厂，但其离散性并不大。

各温度下各批次的钢材屈服强度折减系数的散点图如图3.7所示，回归可得到高温屈服强度随温度变化的经验公式，即屈服强度材料模型。

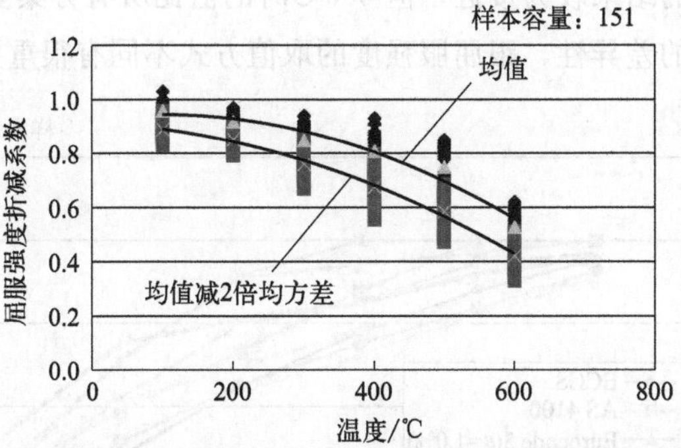

图3.7 屈服强度折减系数实验值散点图及随温度的变化趋势

由于实验数据具有一定的离散性，假定其服从正态分布，分别对其均值和下97.7%分位值进行回归，钢材屈服强度随温度 T 的变化规律为：

$$k_s=1.043-9.935\times10^{-4}T+2.151\times10^{-6}T^2-3.426\times10^{-9}T^3\quad(T\leqslant600℃)\tag{3.6}$$

相关系数 $R^2=0.9993$，平均相对计算误差为0.42%。

若取均值减2倍均方差，保证率为97.7%，变化规律为：

$$k_s=0.980-9.0808\times10^{-4}T+1.186\times10^{-6}T^2-2.022\times10^{-9}T^3\quad(T\leqslant600℃)\tag{3.7}$$

相关系数 $R^2=0.9975$，平均相对计算误差为0.8%。

在耐火设计或评估中，当结构构件截面上应力均匀分布时，如轴心受拉和受压，截面屈服会产生严重后果，建议屈服强度取均值减2倍均方差，即按式(3.7)取值；否则，当结构构件截面上应力不均匀分布，如计算受弯、压弯和拉弯构件时建议屈服强度取均值，即按式(3.6) 取值。

为分析该材料模型的合理性，在此基础上，课题组将国内外几种典型方案的钢材高温屈服强度结果与本研究方案比较结果绘于图 3.8。可见先前国内外各方案的屈服强度相差较大，本课题给出的屈服强度的两种方案介于所有方案之间，其中下分位值方案与日本和同济大学李国强方案的结果较为接近，但 600℃时的值比所有方案要大。材料屈服强度模型的差异性，跟屈服强度的取值方式不同有很重要的关系。

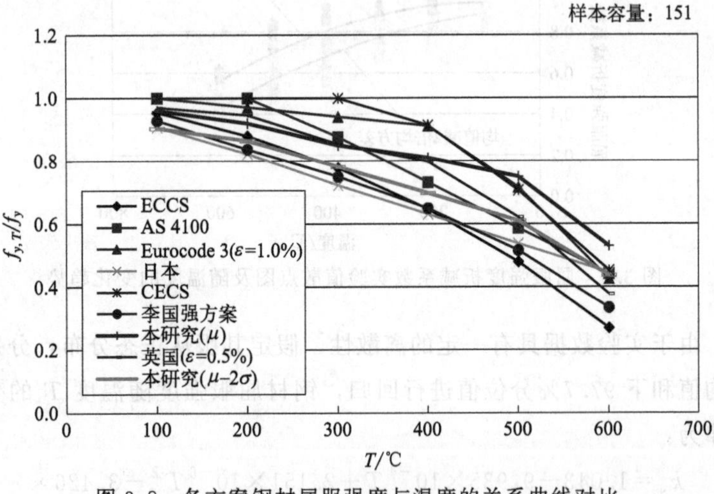

图 3.8 各方案钢材屈服强度与温度的关系曲线对比

第三节

结构用钢（Q345）恒载升温实验结果及材料模型

一、恒载升温实验结果及数据处理

在实际工程结构中，构件在常温下先承受一定的应力作用。当发生火灾时，火灾的高温作用有可能使结构构件产生一定的温度应力。因此，高温下钢材的应力-温度途径实际上是十分复杂的。对于每一种结构，每一种受火情况，其应力-温度途径也是不一样的。不可能针对每一种应力-温度途径都进行实验，因此，需要对实际受约束的构件材料的应力-应变-温度材料模型进行系统理论研究，这需要采用与恒温加载途径相反的另一种应力-温度途径即恒载升温方式。

为此，课题组开展的结构用钢（Q345）恒载升温实验规模超大，一共选取国内 10 个钢厂生产的材料进行实验合计 427 次，每个钢厂生产的材料有较大差异，实验次数分别从 25 次到 54 次不等，温度分别为 100℃、200℃、300℃、350℃、400℃、450℃、500℃、550℃、600℃，一共 9 个温度水平，恒载范围从 0.15、0.2、0.25、…、0.9、0.95 一共 17 个应力水平。

由于实验规模较大，结果数据量太多，下面仅展示几类典型的实验曲线图及原始数据。

1. 恒载升温典型实验曲线图

恒载升温实验是先给试件预加初始荷载，并且在整个加热升温过程中，荷载始终保持恒定不变，因此试件在受热过程中，变化的是其变形量，随着温度的升高，温度与荷载的共同作用使试件变形量不断增大。根据材料屈服的理论特征，假如材料在荷载-温度的共同作用下没有屈服破坏，那么当温度恒定足够长时间后，变形量也将保持不变（微弱的波动是热膨胀效果），如果材料在荷载-温度的共同作用下出现屈服，那么当升温一段时间后，其变形量会出现快速变大，或者出现明显的拐点，在此温度水平下，大于该荷载水平的试件肯定会屈服破坏，由此判断该温度下的临界荷载水平。同理可以判断某荷载水平下的临界温度。

图 3.9～图 3.18 为几个典型的恒载升温过程曲线图（变形-时间曲线）。

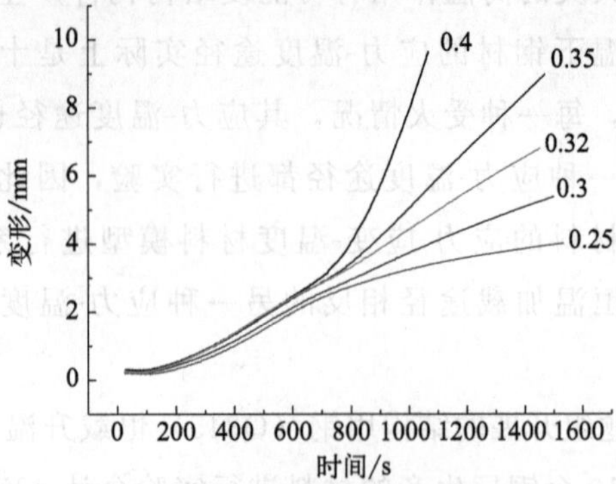

(a) 600℃变形-时间曲线图

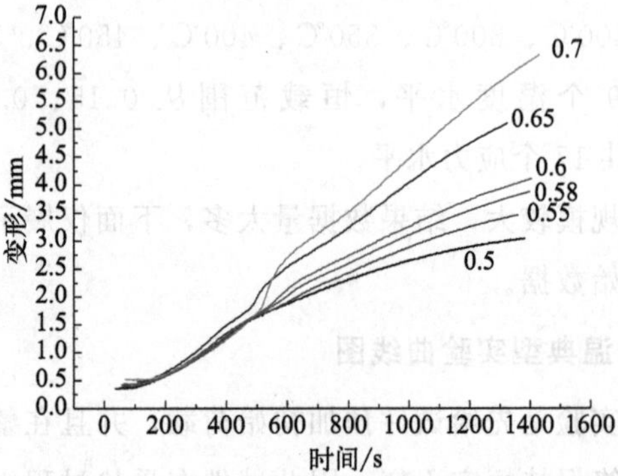

(b) 500℃变形-时间曲线图

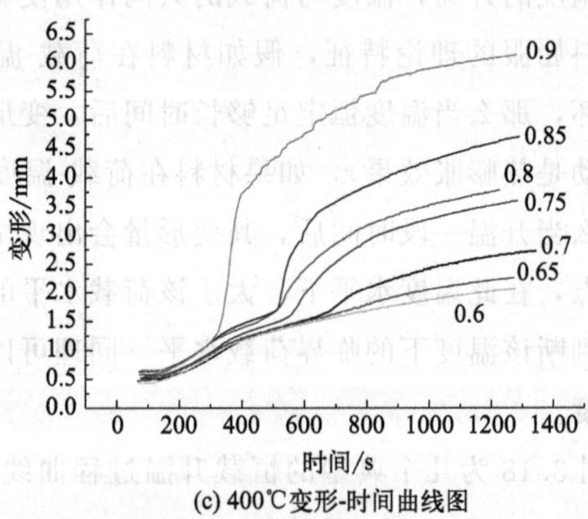

(c) 400℃变形-时间曲线图

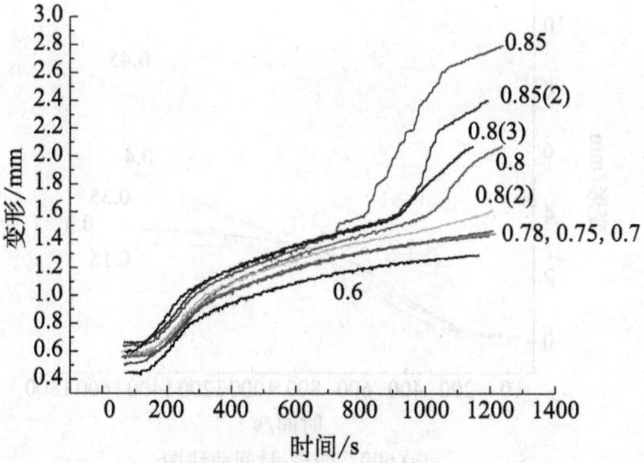

(d) 300℃变形-时间曲线图

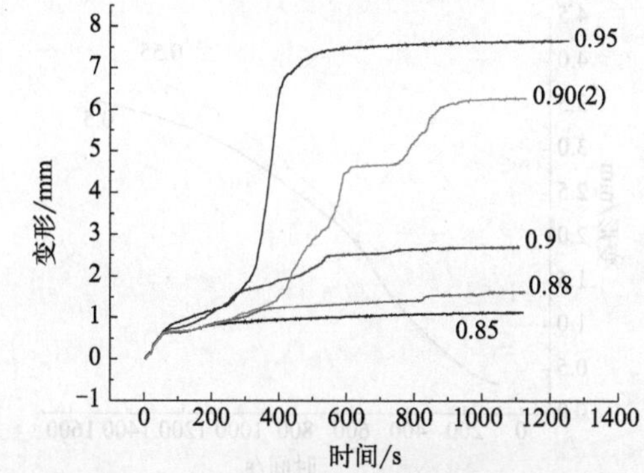

(e) 200℃变形-时间曲线图

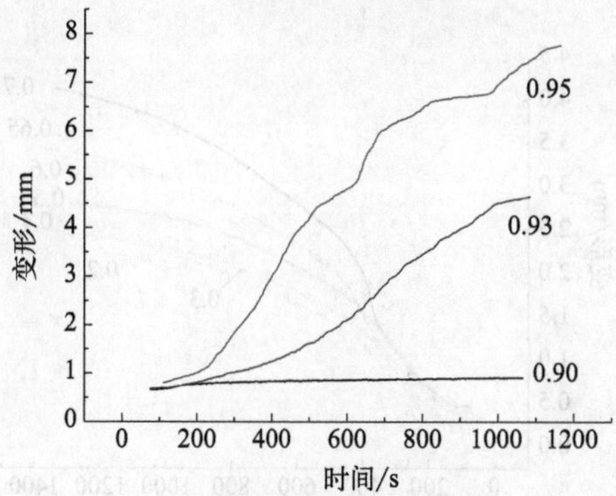

(f) 100℃变形-时间曲线图

图 3.9 A 厂钢材恒载升温下典型系列变形-时间曲线

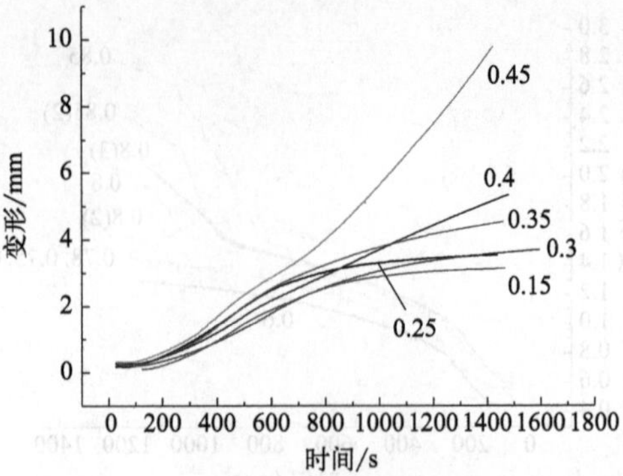

(a) 600℃变形-时间曲线图

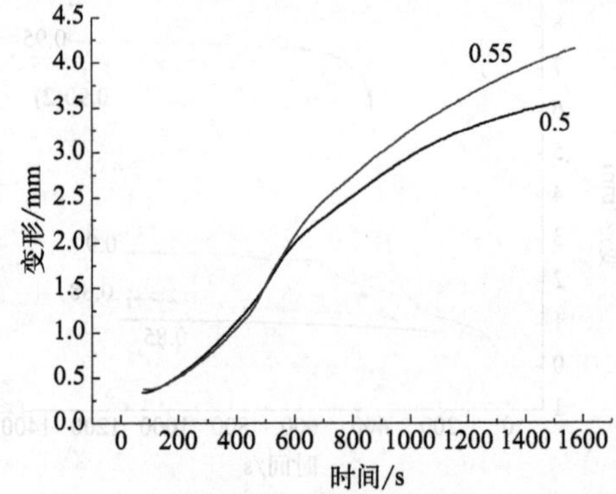

(b) 550℃变形-时间曲线图

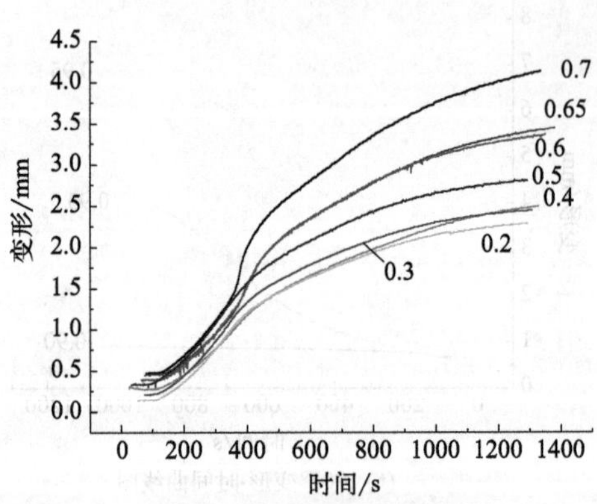

(c) 500℃变形-时间曲线图

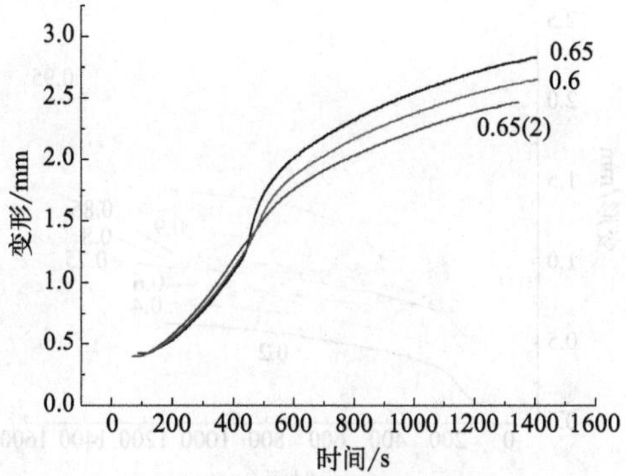

(d) 450℃变形-时间曲线图

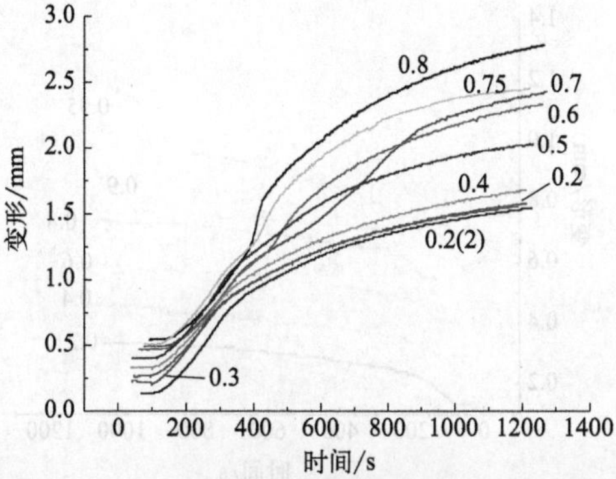

(e) 400℃变形-时间曲线图

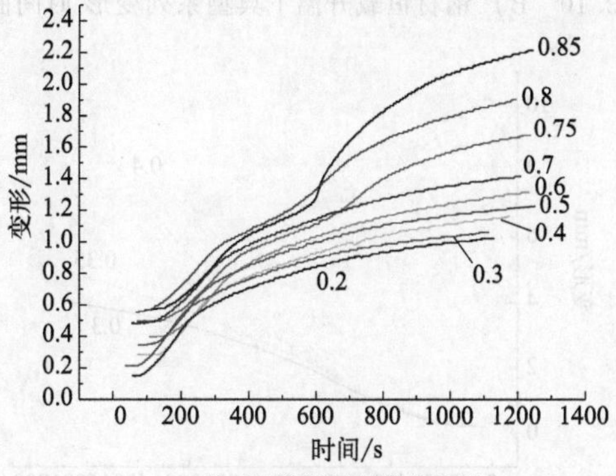

(f) 300℃变形-时间曲线图

图 3.10

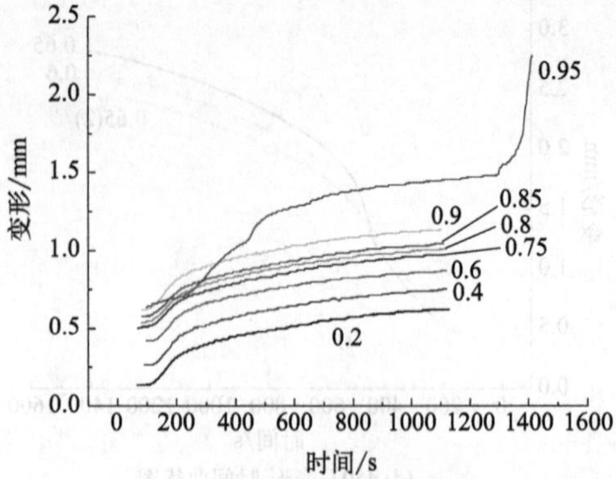

(g) 200℃变形-时间曲线图

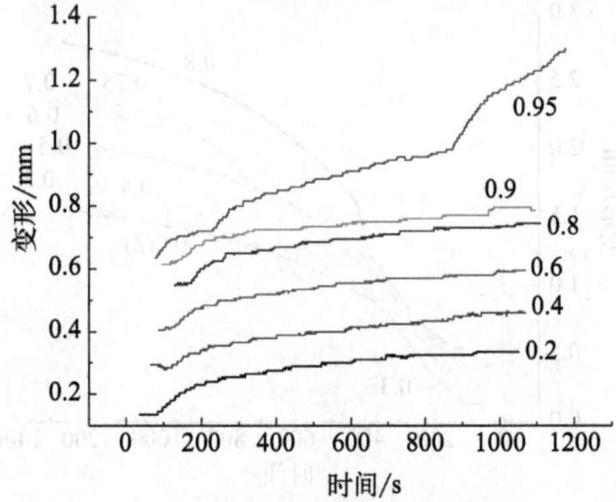

(h) 100℃变形-时间曲线图

图 3.10　B厂钢材恒载升温下典型系列变形-时间曲线

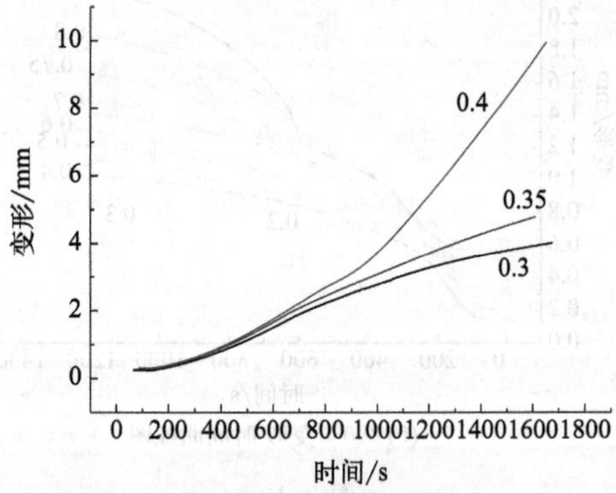

(a) 600℃变形-时间曲线图

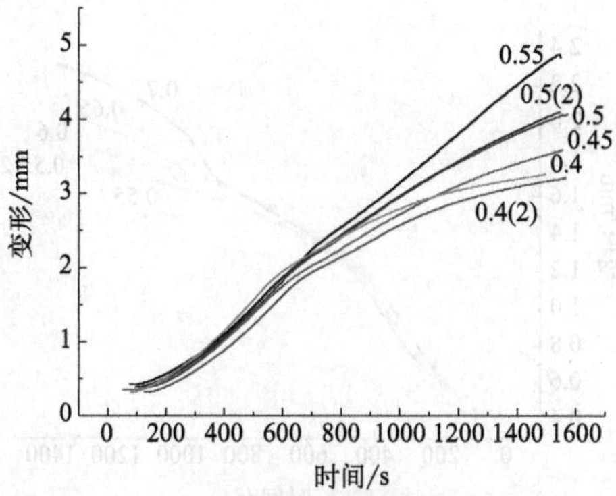

(b) 550℃变形-时间曲线图

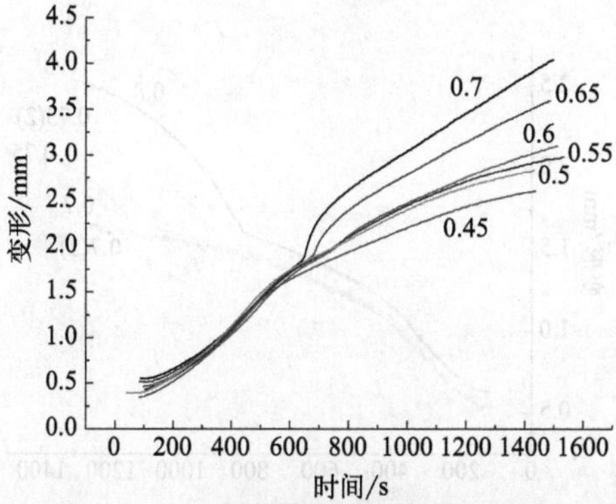

(c) 500℃变形-时间曲线图

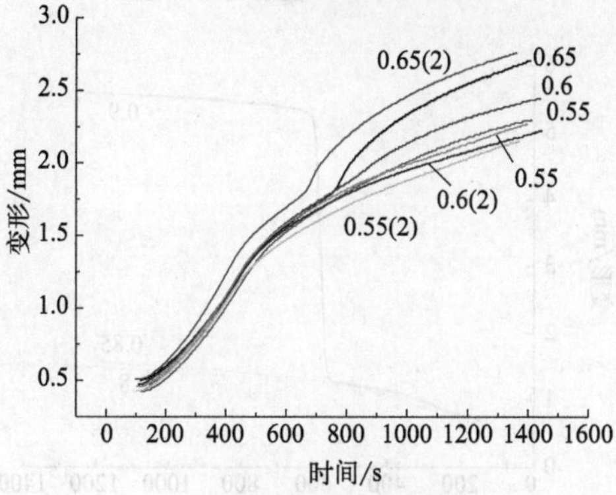

(d) 450℃变形-时间曲线图

图 3.11

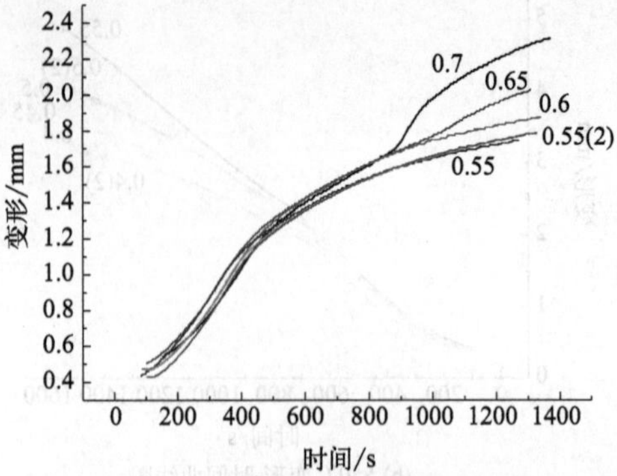

(e) 400℃变形-时间曲线图

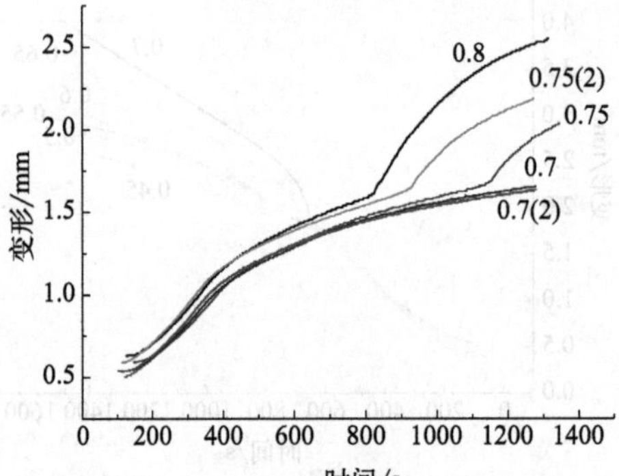

(f) 350℃变形-时间曲线图

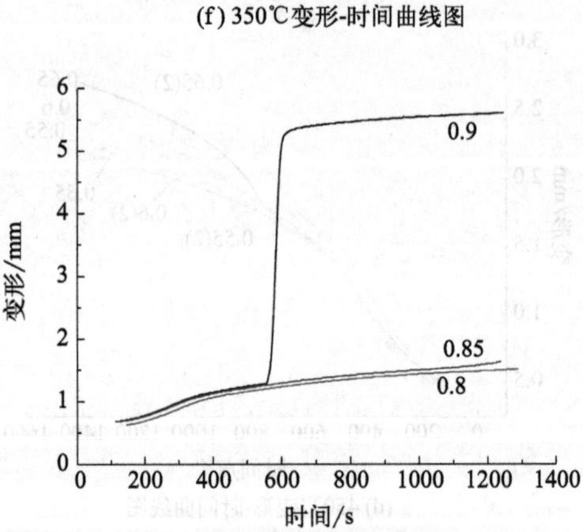

(g) 300℃变形-时间曲线图

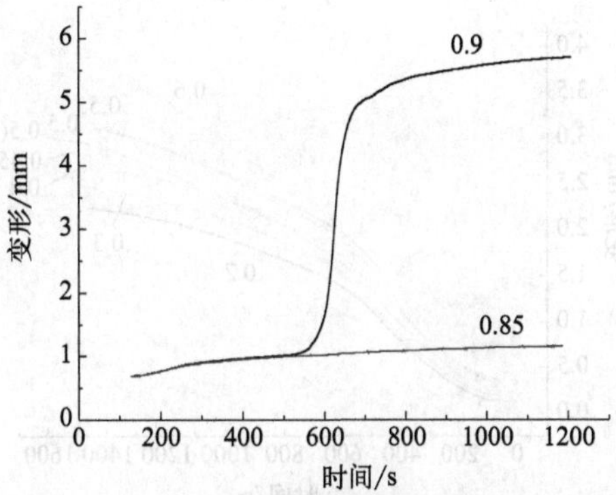

(h) 200℃变形-时间曲线图

图 3.11　D厂钢材恒载升温下典型系列变形-时间曲线

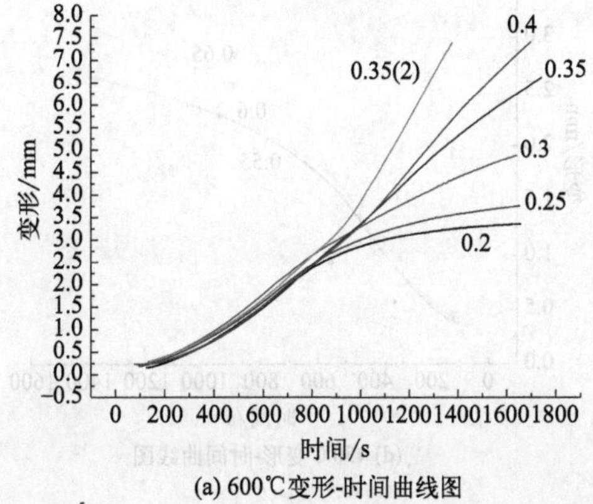

(a) 600℃变形-时间曲线图

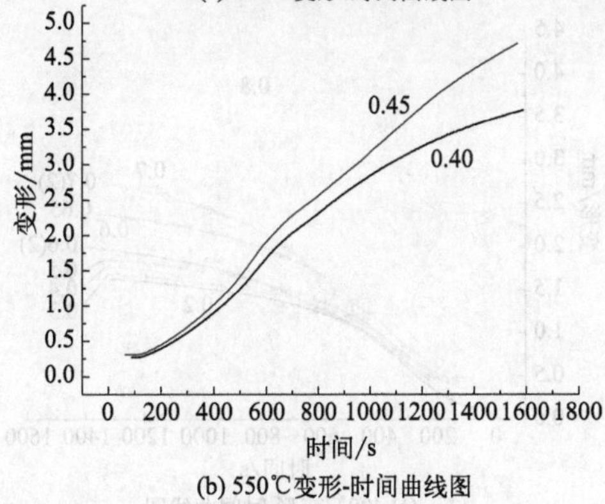

(b) 550℃变形-时间曲线图

图 3.12

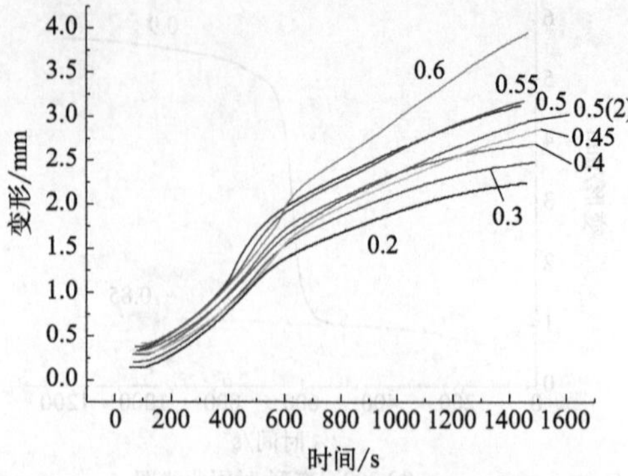

(c) 500℃变形-时间曲线图

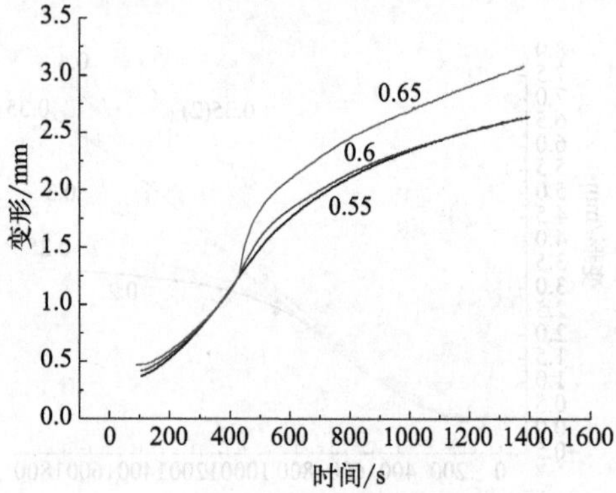

(d) 450℃变形-时间曲线图

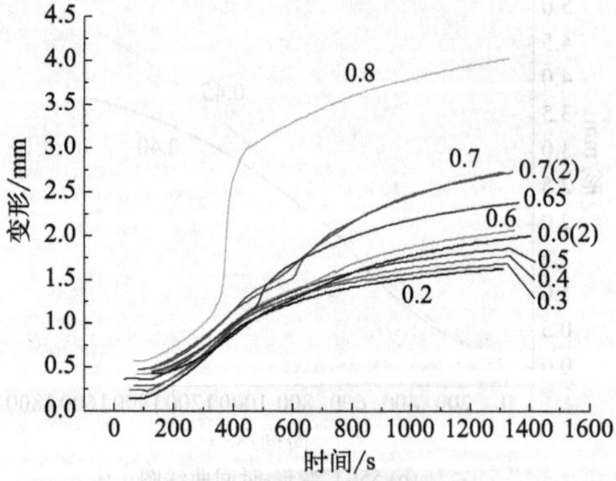

(e) 400℃变形-时间曲线图

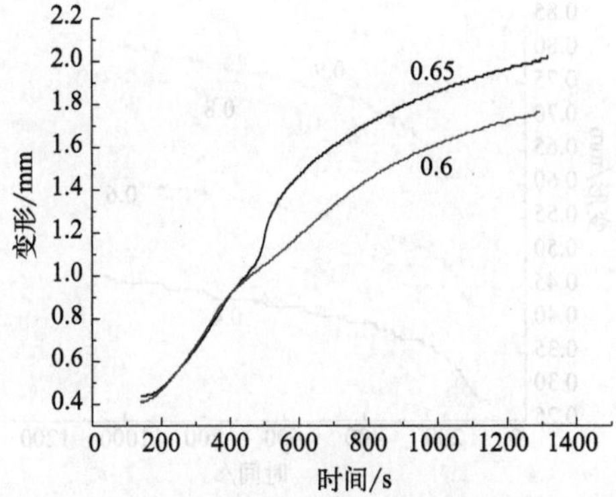

(f) 350℃变形-时间曲线图

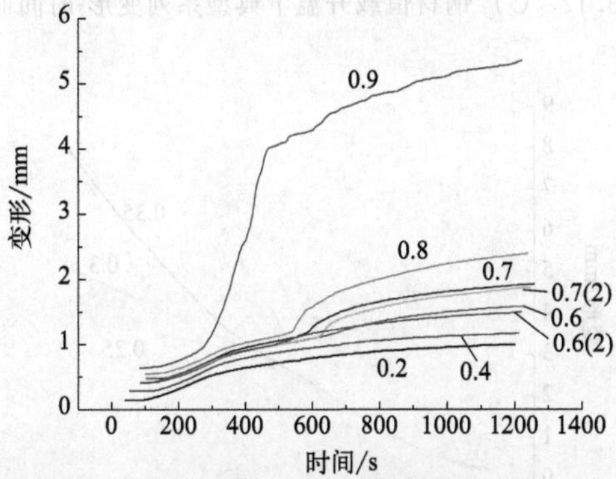

(g) 300℃变形-时间曲线图

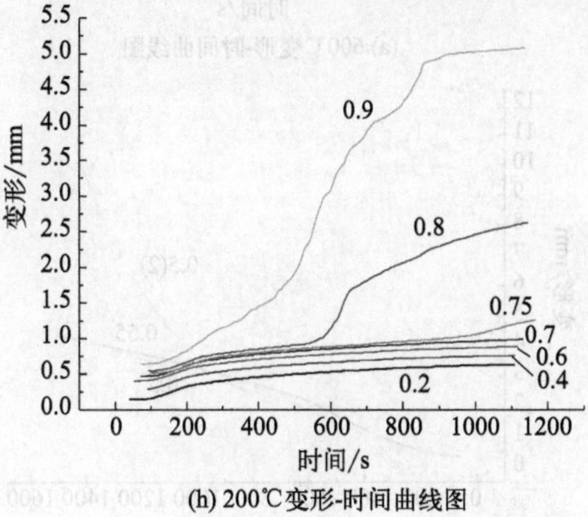

(h) 200℃变形-时间曲线图

图 3.12

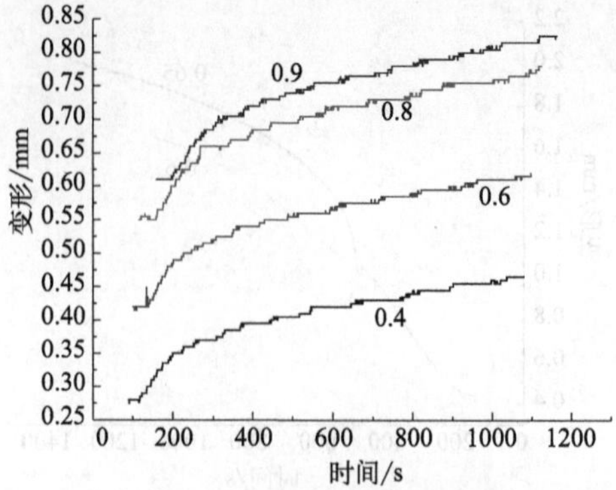

(i) 100℃变形-时间曲线图

图 3.12　C 厂钢材恒载升温下典型系列变形-时间曲线

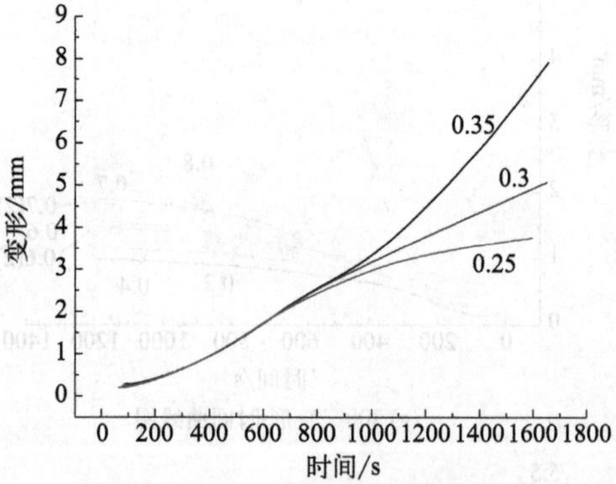

(a) 600℃变形-时间曲线图

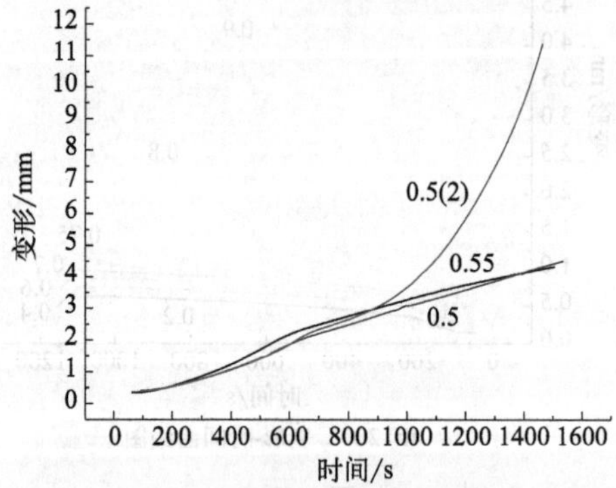

(b) 550℃变形-时间曲线图

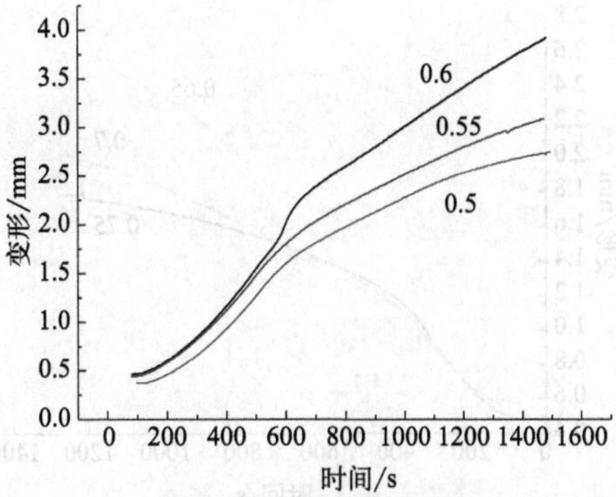

(c) 500℃变形-时间曲线图

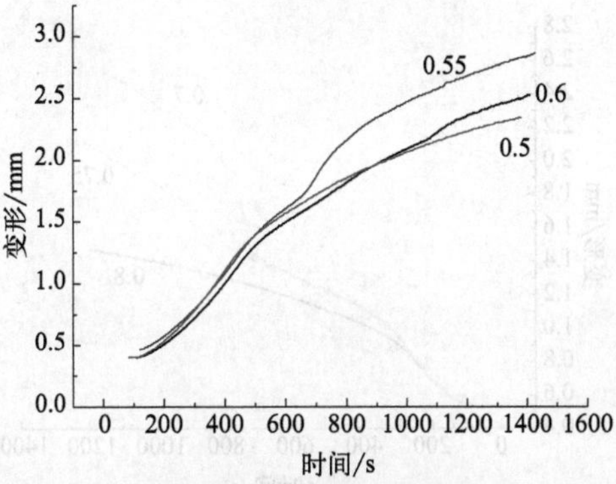

(d) 450℃变形-时间曲线图

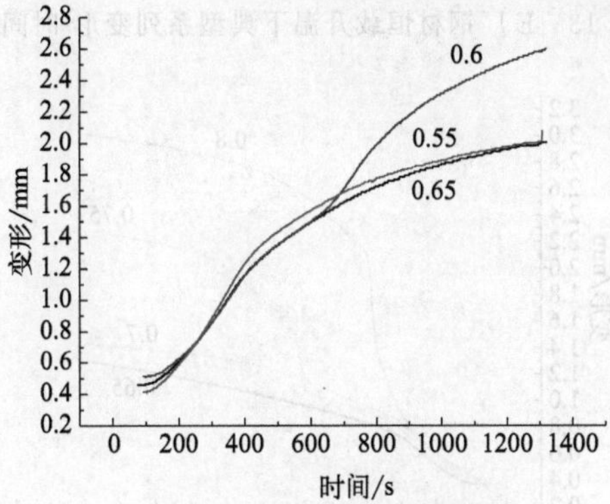

(e) 400℃变形-时间曲线图

图 3.13

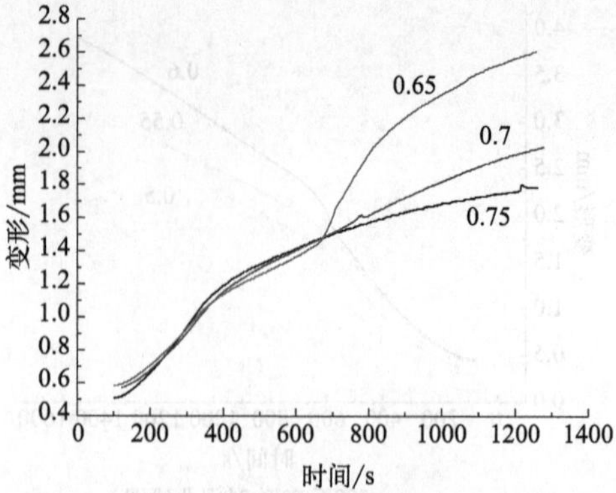

(f) 350℃变形-时间曲线图

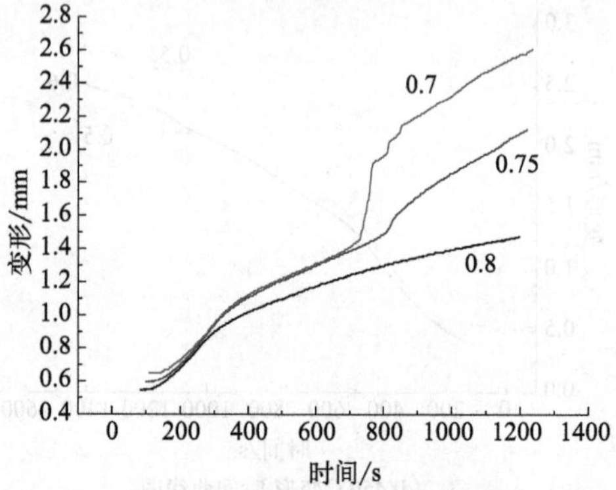

(g) 300℃变形-时间曲线图

图 3.13 E厂钢材恒载升温下典型系列变形-时间曲线

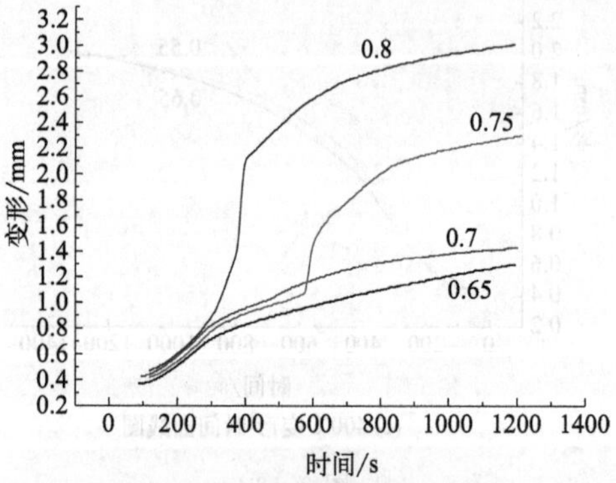

(a) 300℃变形-时间曲线图

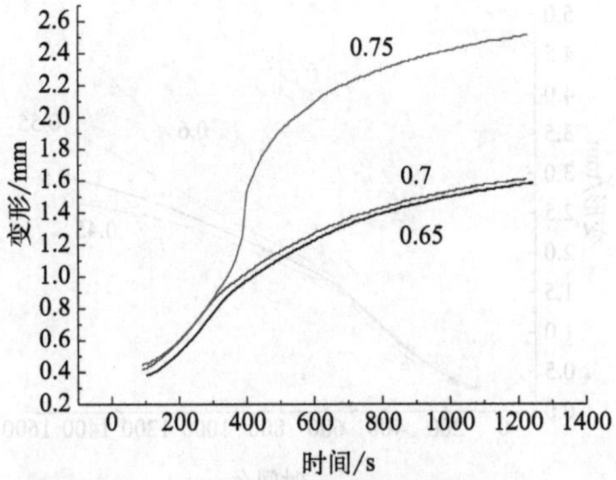

(b) 350℃变形-时间曲线图

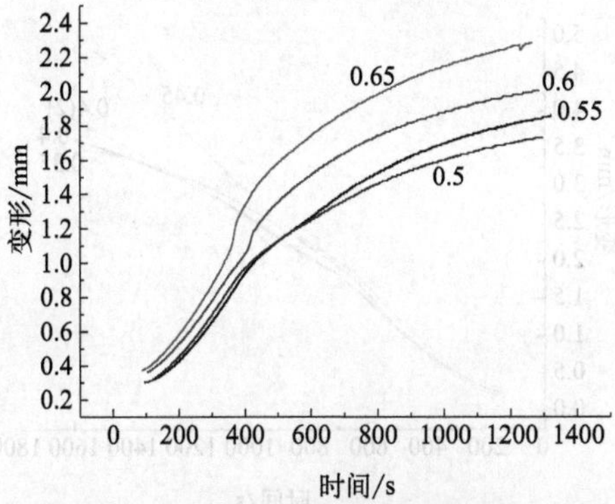

(c) 400℃变形-时间曲线图

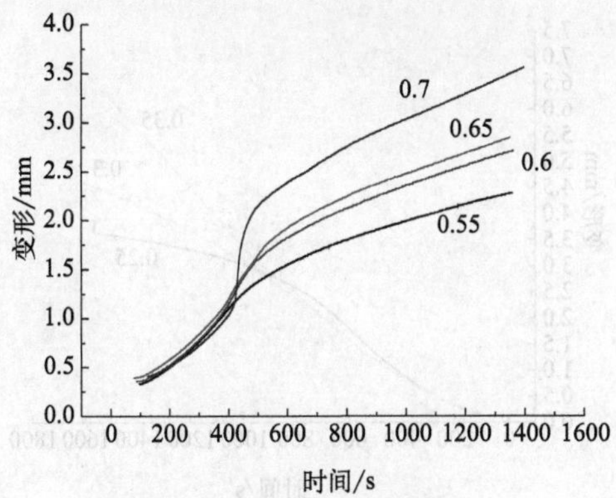

(d) 450℃变形-时间曲线图

图 3.14

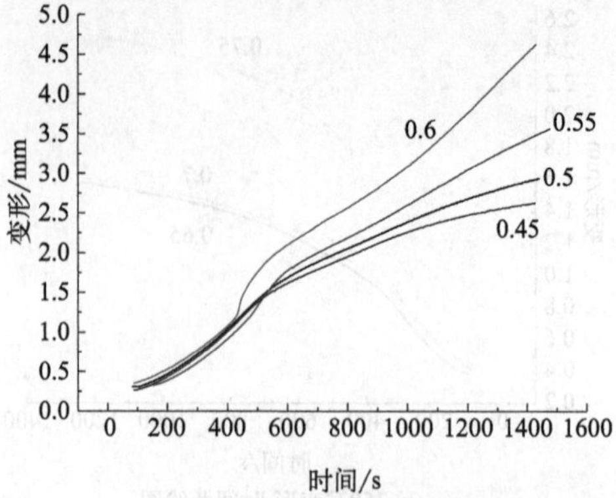

(e) 500℃变形-时间曲线图

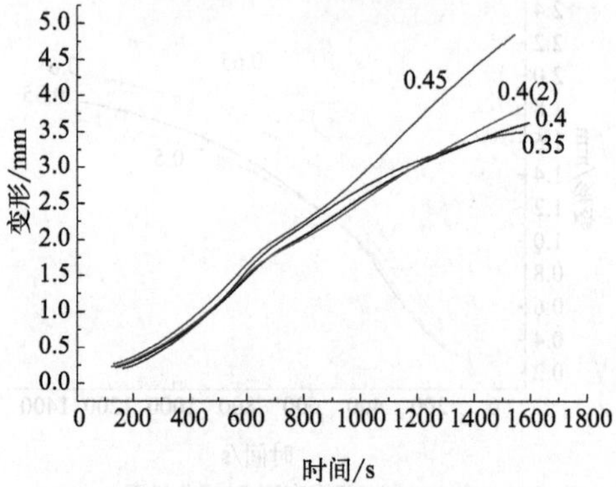

(f) 550℃变形-时间曲线图

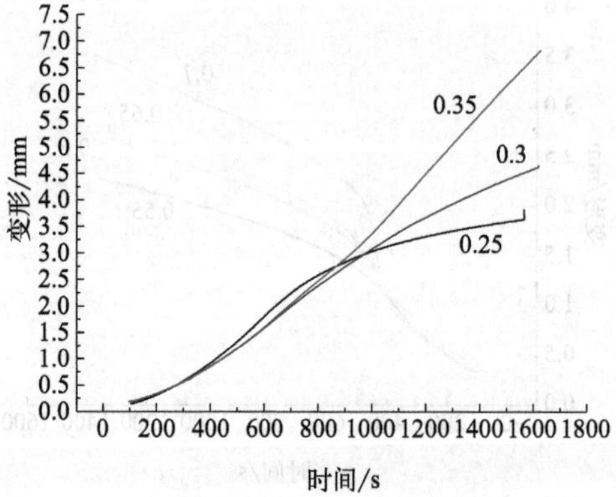

(g) 600℃变形-时间曲线图

图 3.14 F厂钢材恒载升温下典型系列变形-时间曲线

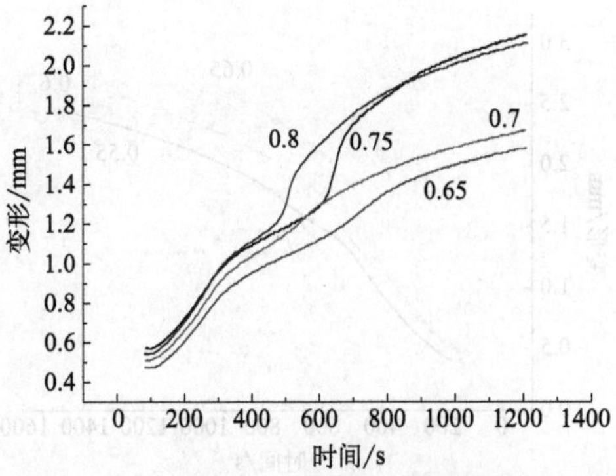

(a) 300℃变形-时间曲线图

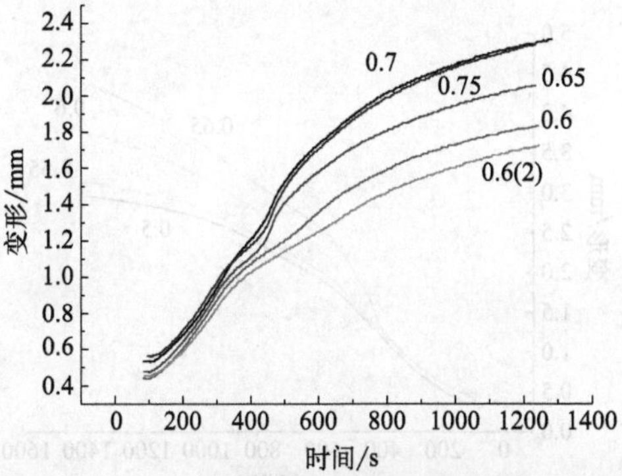

(b) 350℃变形-时间曲线图

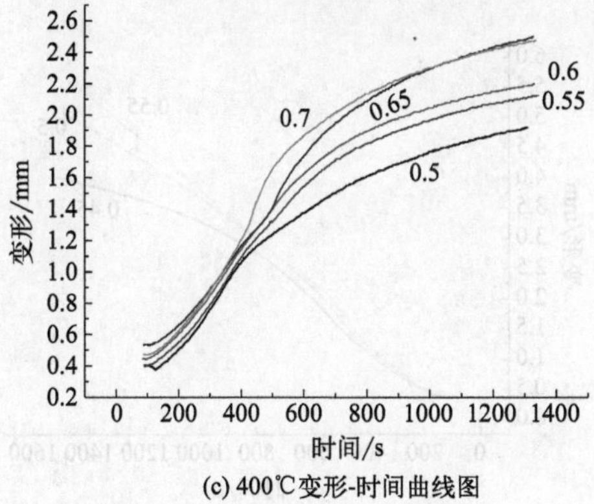

(c) 400℃变形-时间曲线图

图 3.15

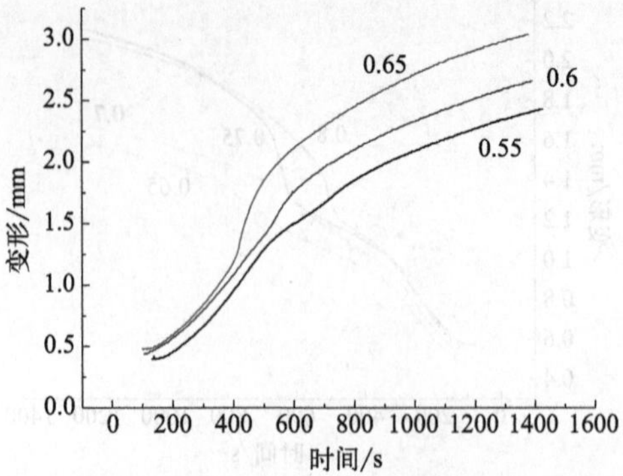

(d) 450℃变形-时间曲线图

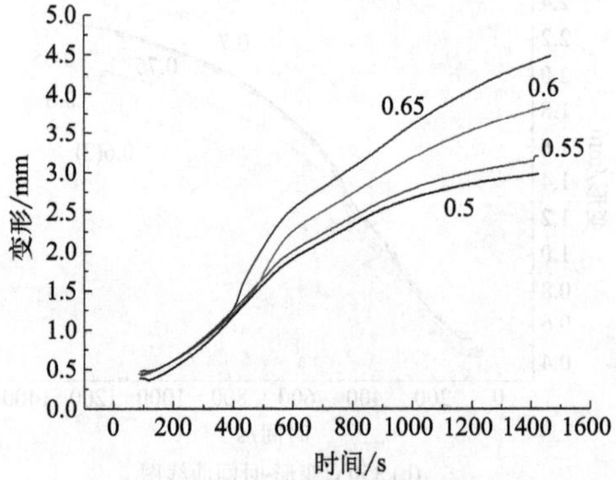

(e) 500℃变形-时间曲线图

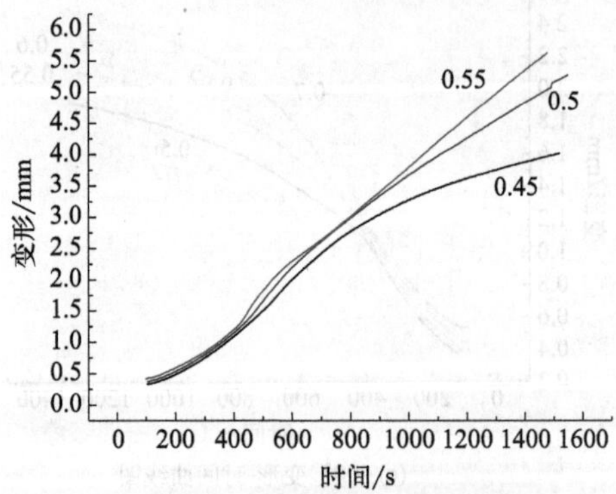

(f) 550℃变形-时间曲线图

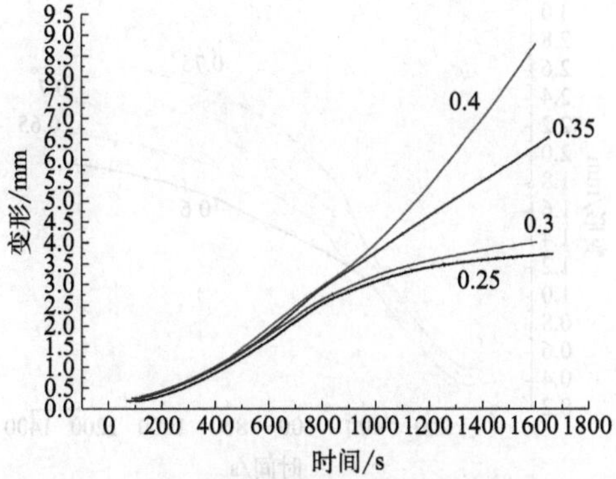

(g) 600℃变形-时间曲线图

图 3.15 H 厂钢材恒载升温下典型系列变形-时间曲线

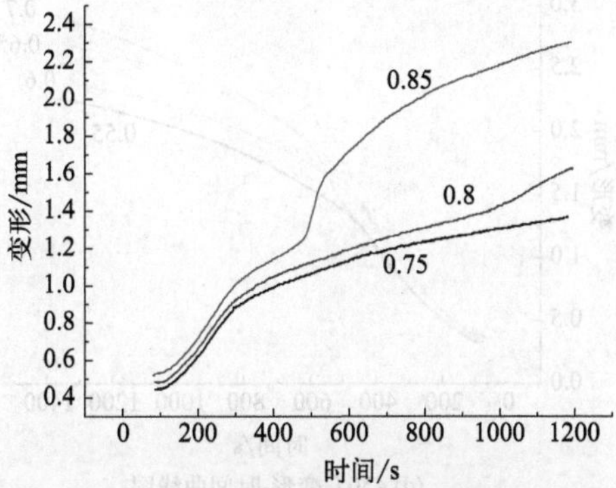

(a) 300℃变形-时间曲线图

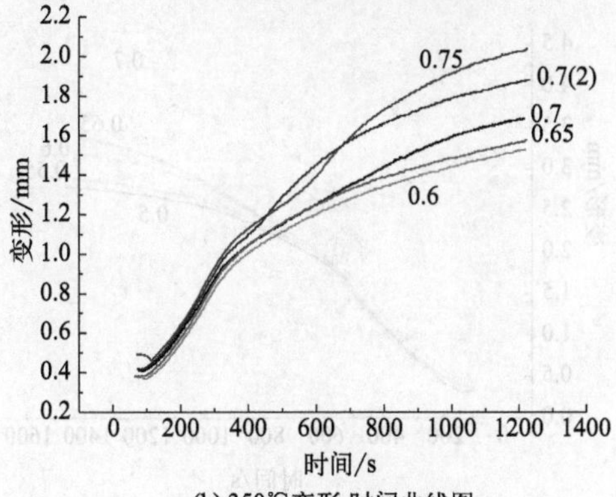

(b) 350℃变形-时间曲线图

图 3.16

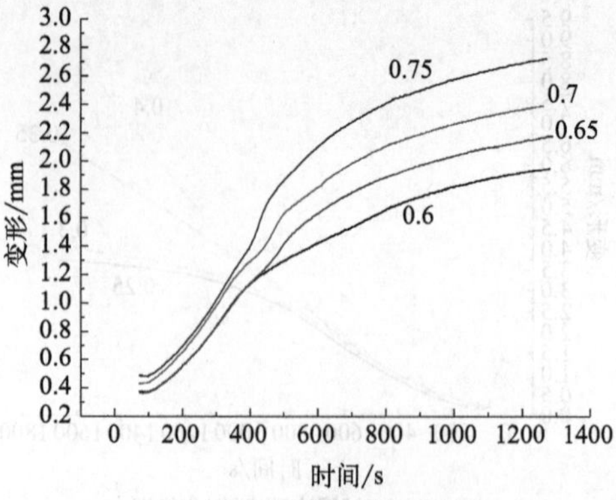

(c) 400℃变形-时间曲线图

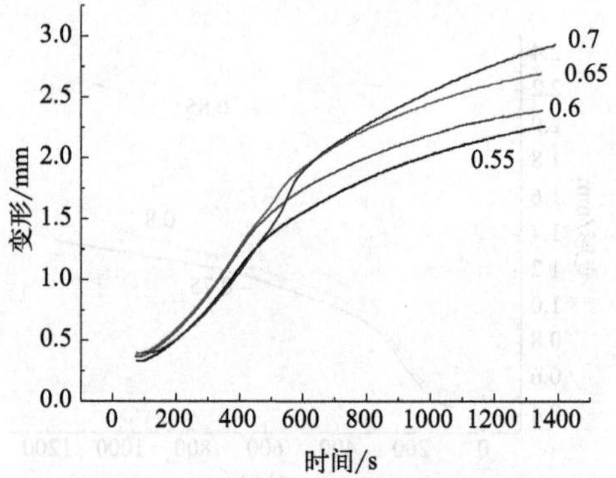

(d) 450℃变形-时间曲线图

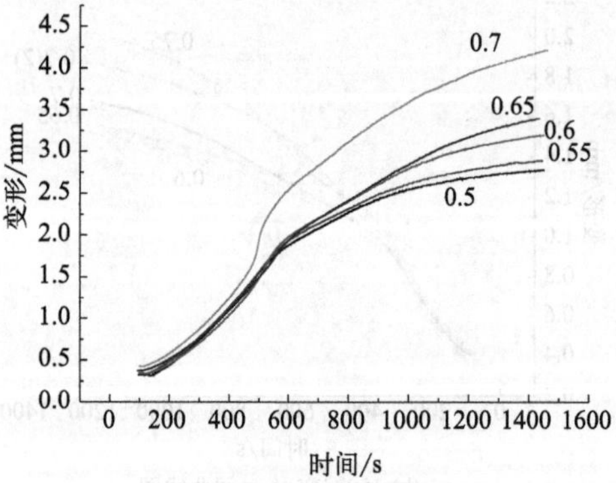

(e) 500℃变形-时间曲线图

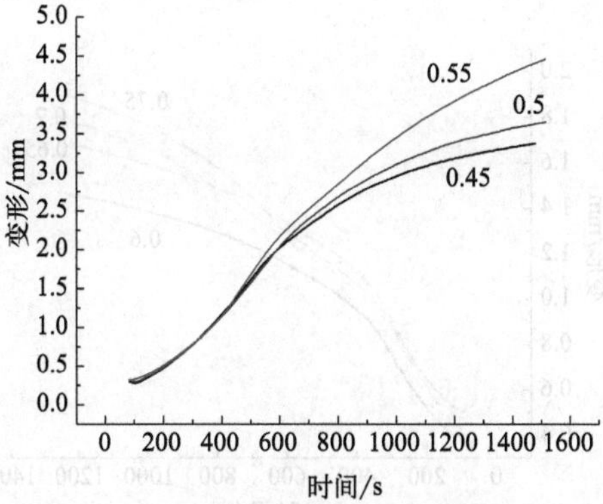

(f) 550℃变形-时间曲线图

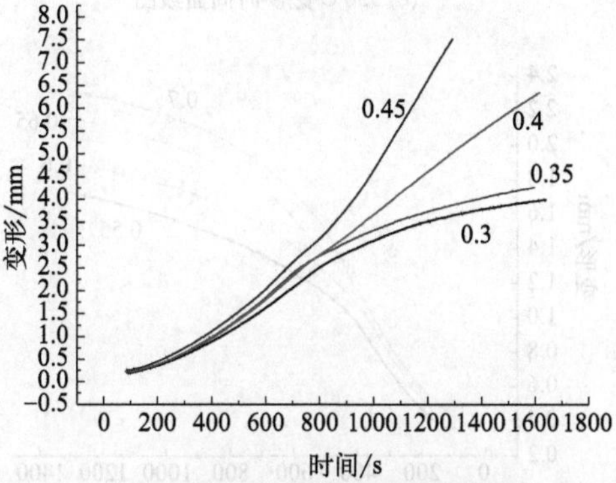

(g) 600℃变形-时间曲线图

图 3.16　G厂钢材恒载升温下典型系列变形-时间曲线

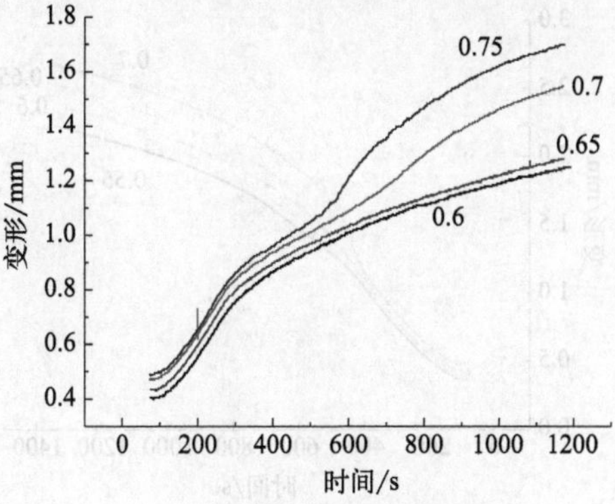

(a) 300℃变形-时间曲线图

图 3.17

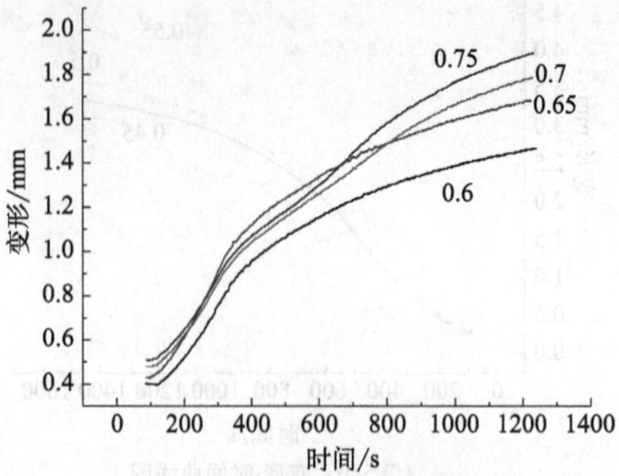

(b) 350℃变形-时间曲线图

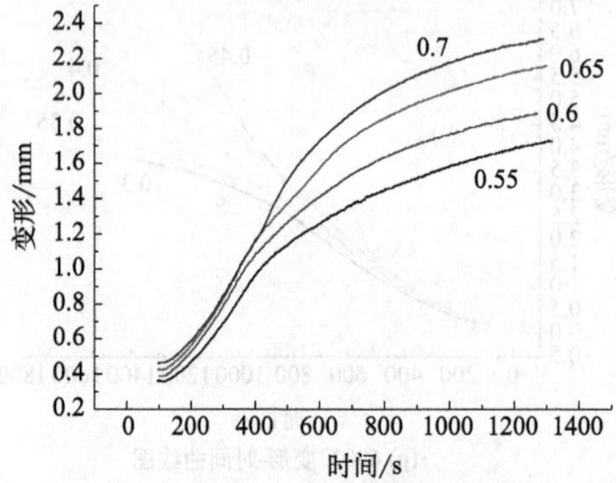

(c) 400℃变形-时间曲线图

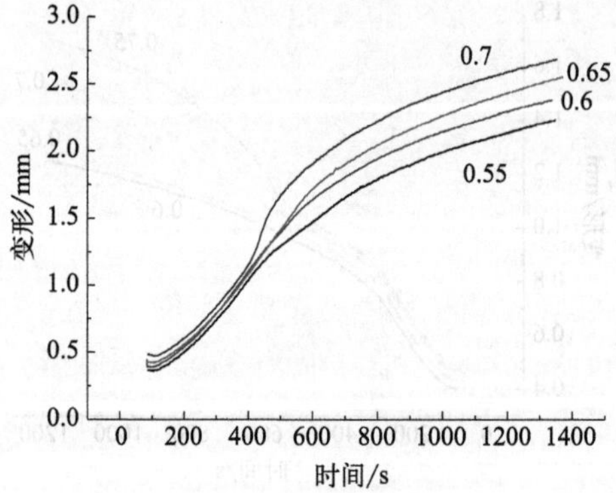

(d) 450℃变形-时间曲线图

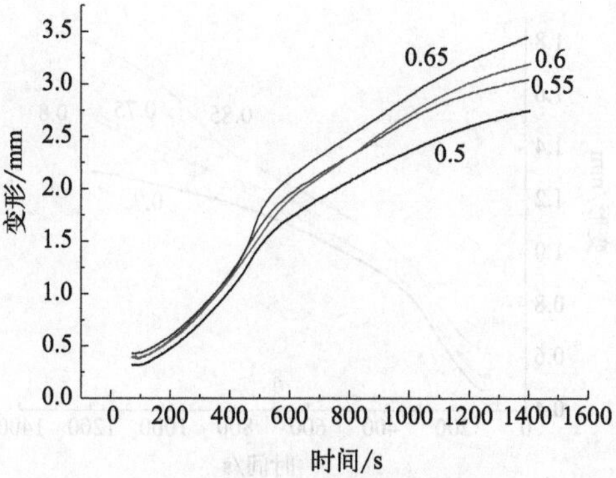

(e) 500℃变形-时间曲线图

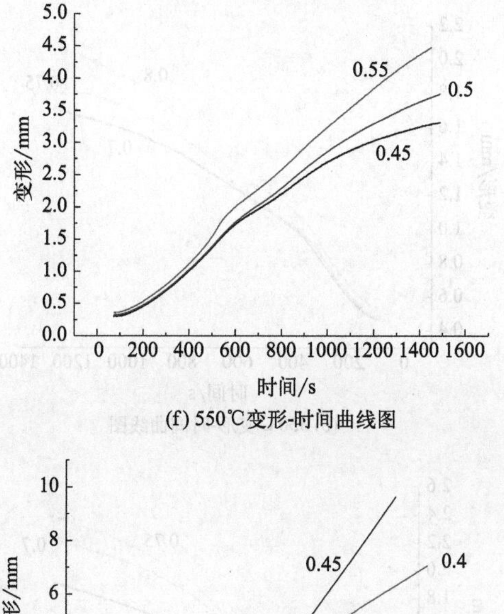

(f) 550℃变形-时间曲线图

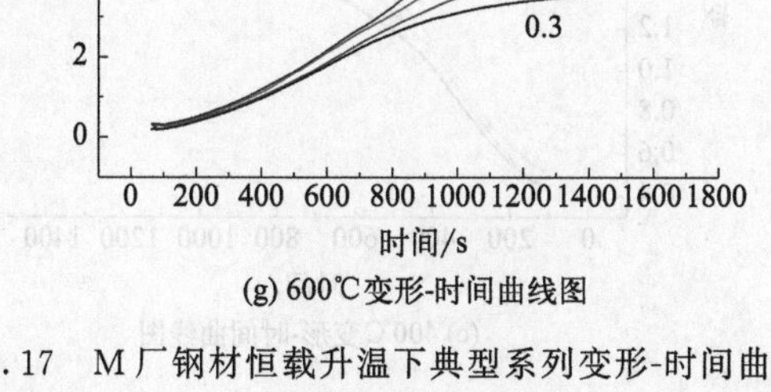

(g) 600℃变形-时间曲线图

图 3.17 M厂钢材恒载升温下典型系列变形-时间曲线

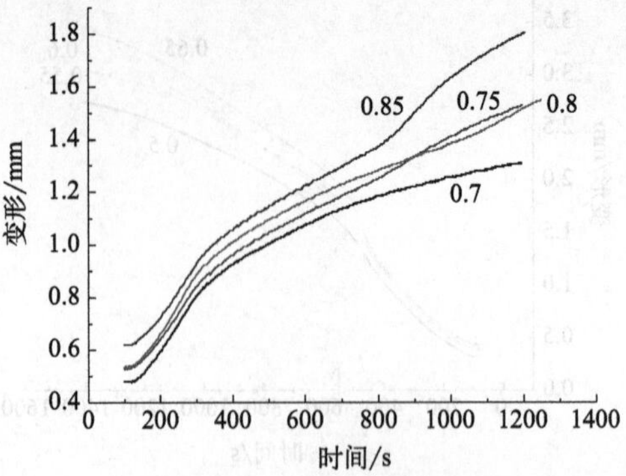

(a) 300℃变形-时间曲线图

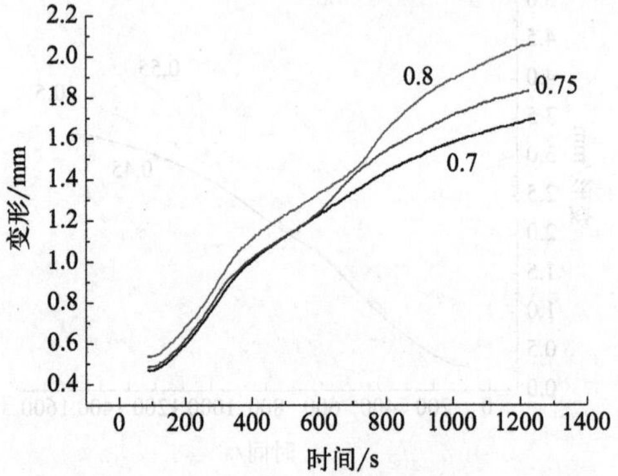

(b) 350℃变形-时间曲线图

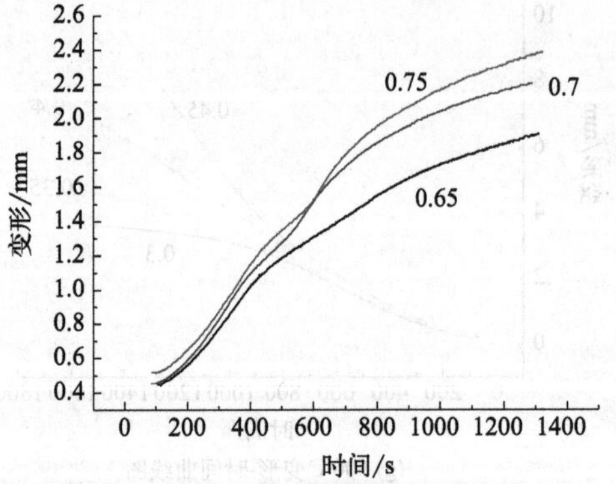

(c) 400℃变形-时间曲线图

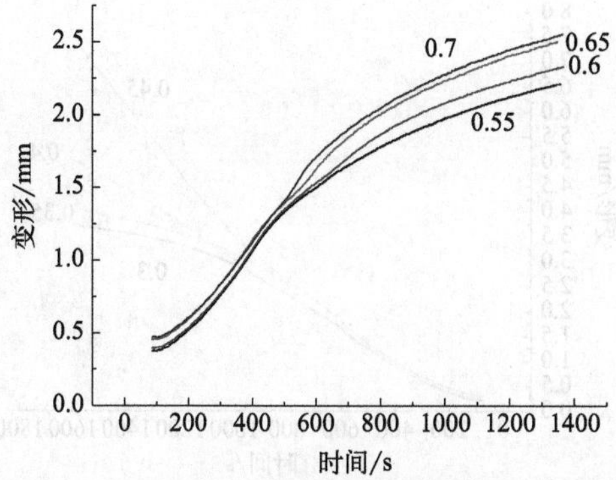

(d) 450℃变形-时间曲线图

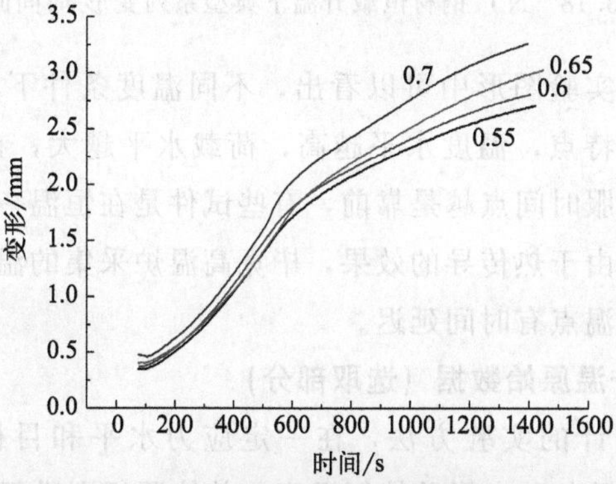

(e) 500℃变形-时间曲线图

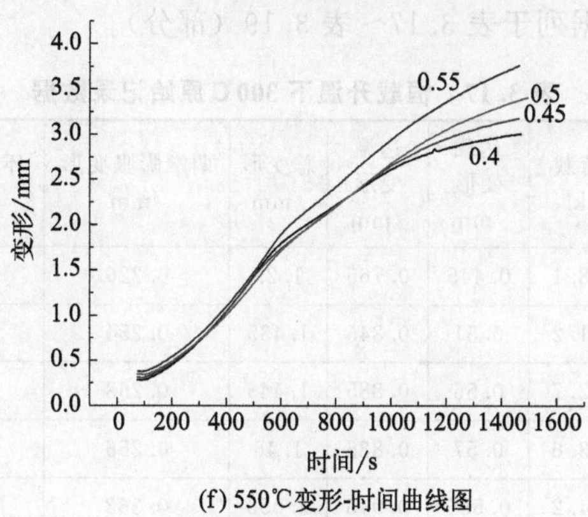

(f) 550℃变形-时间曲线图

图 3.18

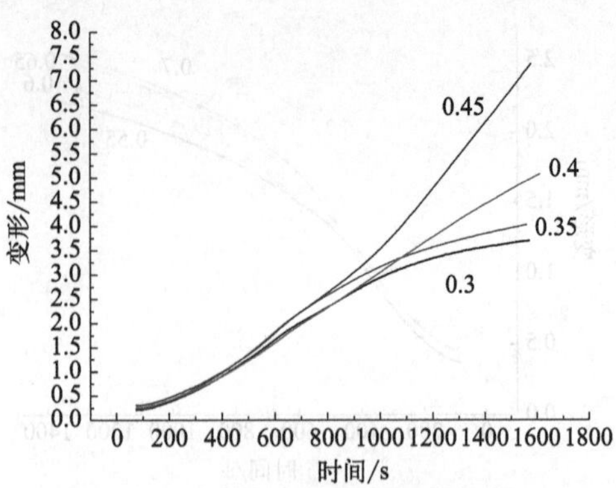

(g) 600℃变形-时间曲线图

图 3.18　N厂钢材恒载升温下典型系列变形-时间曲线

从上面的实验图形中可以看出，不同温度条件下其变形规律不同，有鲜明的特点，温度水平越高，荷载水平越大，在温度-荷载的耦合作用下屈服时间点越是靠前，有些试件是在恒温一段较长时间后屈服的，这是由于热传导的效果，毕竟高温炉采集的温度参数与试件截面内部的恒温点有时间延迟。

2. 恒载升温原始数据（选取部分）

按前面设计的实验方法，在一定应力水平和目标温度下恒温15min时，记录各种变形及特征温度，并按照规则进行变形修正，修正后的变形数据列于表3.17～表3.19（部分）。

表 3.17　恒载升温下 300℃ 原始记录数据

钢厂	应力水平	荷载/kN	达载变形/mm	达温变形/mm	总变形/mm	两端膨胀变形/mm	环境温度/℃	刀口温度/℃
A	0.6	18.1	0.445	0.765	1.29	0.226	30	28.52
	0.7	21.2	0.51	0.845	1.435	0.254	28	28.52
	0.75	22.7	0.56	0.885	1.445	0.253	31	28.52
	0.78	23.6	0.57	0.885	1.46	0.256	30	28.52
	0.8	24.2	0.585	0.945	2.055	0.362	29	28.52
	0.8	24.2	0.595	0.94	1.6	0.279	32	28.52

续表

钢厂	应力水平	荷载/kN	达载变形/mm	达温变形/mm	总变形/mm	两端膨胀变形/mm	环境温度/℃	刀口温度/℃
A	0.8	24.2	0.595	0.96	2.065	0.353	37	28.52
	0.85	25.7	0.63	0.965	2.77	0.484	31	28.52
	0.85	25.7	0.66	1.025	2.395	0.419	31	28.52
	0.85	25.7	0.645	0.985	2.745	0.484	29	28.52
	0.9	27.2	0.695	1.755	6.925	1.22	29	28.52
	0.9	27.2	0.7	1.285	4.74	0.838	28	28.52
	0.9	27.2	0.66	1.12	4.34	0.756	32	28.52
B	0.2	5.4	0.15	0.495	1.02	0.182	25	28.52
	0.3	8.1	0.215	0.54	1.06	0.177	42	28.52
	0.4	10.8	0.285	0.605	1.155	0.206	26	28.52
	0.5	13.5	0.345	0.67	1.205	0.211	30	28.52
	0.6	16.2	0.4	0.755	1.315	0.233	28	28.52
	0.7	19	0.48	0.835	1.415	0.251	27	28.52
	0.75	20.3	0.495	0.84	1.675	0.296	28	28.52
	0.8	21.7	0.555	0.905	1.905	0.339	26	28.52
	0.85	23	0.57	0.935	2.215	0.389	30	28.52
D	0.8	25.1	0.63	0.975	1.5	0.271	22	28.52
	0.85	26.7	0.665	0.99	1.54	0.28	20	28.52
	0.85	26.7	0.685	1.02	1.625	0.294	21	28.52
	0.85	26.7	0.665	0.975	1.59	0.288	21	28.52
	0.9	28.3	0.71	1.05	1.555	0.283	20	28.52
	0.9	28.3	0.7	1.035	5.605	1.009	23	28.52
C	0.2	5.5	0.145	0.48	0.99	0.179	22	28.52
	0.4	11	0.29	0.66	1.17	0.212	21	28.52
	0.6	16.5	0.415	0.775	1.58	0.285	22	28.52

续表

钢厂	应力水平	荷载/kN	达载变形/mm	达温变形/mm	总变形/mm	两端膨胀变形/mm	环境温度/℃	刀口温度/℃
C	0.6	16.5	0.41	0.79	1.495	0.27	22	28.52
	0.7	19.2	0.475	0.845	1.92	0.346	23	28.52
	0.7	19.2	0.49	0.805	1.875	0.339	22	28.52
	0.8	22	0.55	0.9	2.385	0.429	23	28.52
	0.9	24.7	0.64	1.285	5.34	0.958	24	28.52
E	0.7	21.7	0.545	0.88	1.47	0.265	22	28.52
	0.75	23.3	0.595	0.975	2.115	0.378	25	28.52
	0.8	24.8	0.65	1.01	2.6	0.463	26	28.52
	0.85	26.4	0.78	7.63	8.19	1.484	21	28.52
F	0.65	15.1	0.37	0.69	1.295	0.231	25	28.41
	0.7	16.2	0.4	0.715	1.19	0.208	31	28.41
	0.7	16.2	0.425	0.82	1.43	0.259	21	28.41
	0.75	17.4	0.42	0.785	2.295	0.417	20	28.41
	0.75	17.4	0.44	0.78	2.85	0.515	22	28.41
	0.8	18.5	0.47	0.865	3.01	0.536	26	28.41
H	0.6	17.3	0.445	0.82	1.585	0.275	33	28.41
	0.65	18.7	0.475	0.835	1.585	0.283	25	28.41
	0.7	20.1	0.515	0.915	1.74	0.319	17	28.41
	0.7	20.1	0.51	0.895	1.675	0.301	23	28.41
	0.75	21.6	0.53	0.9	1.39	0.252	21	28.41
	0.75	21.6	0.54	0.98	2.115	0.388	17	28.41
	0.75	21.6	0.525	0.89	1.71	0.302	28	28.41
	0.8	23	0.57	0.96	2.15	0.395	17	28.41
G	0.7	15.9	0.42	0.84	1.645	0.287	31	28.41
	0.7	15.9	0.42	0.795	1.475	0.253	36	28.41

续表

钢厂	应力水平	荷载/kN	达载变形/mm	达温变形/mm	总变形/mm	两端膨胀变形/mm	环境温度/℃	刀口温度/℃
G	0.75	17.1	0.445	0.835	1.365	0.23	40	28.41
	0.75	17.1	0.45	0.85	1.47	0.259	29	28.41
	0.8	18.2	0.485	0.91	1.63	0.286	30	28.41
	0.8	18.2	0.465	0.815	1.685	0.284	40	28.41
	0.85	19.4	0.525	0.98	2.305	0.41	26	28.41
M	0.6	15.1	0.405	0.725	1.24	0.219	28	28.41
	0.65	16.3	0.435	0.76	1.28	0.223	32	28.41
	0.7	17.6	0.47	0.795	1.55	0.272	30	28.41
	0.7	17.6	0.45	0.77	1.25	0.218	32	28.41
	0.7	17.6	0.45	0.765	1.39	0.245	29	28.41
	0.75	18.8	0.49	0.815	1.7	0.3	28	28.41
	0.75	18.8	0.525	0.855	1.735	0.304	30	28.41
	0.8	20.1	0.5	0.835	1.61	0.282	30	28.41
	0.8	20.1	0.575	0.92	2.11	0.374	27	28.41
N	0.7	18.5	0.48	0.795	1.31	0.232	27	28.41
	0.75	19.8	0.53	0.84	1.53	0.273	25	28.41
	0.8	21.1	0.535	0.87	1.55	0.274	28	28.41
	0.85	22.4	0.62	0.94	1.805	0.324	24	28.41

注：表中刀口温度取的是平均值，下表同。

表 3.18　恒载升温下 450℃原始记录数据

钢厂	应力水平	荷载/kN	达载变形/mm	达温变形/mm	总变形/mm	两端膨胀变形/mm	环境温度/℃	刀口温度/℃
B	0.6	16.2	0.4	1.315	2.465	0.443	33	40.68
	0.65	17.6	0.425	1.7	2.825	0.526	17	40.68
	0.65	17.6	0.43	1.585	2.65	0.492	18	40.68

续表

钢厂	应力水平	荷载/kN	达载变形/mm	达温变形/mm	总变形/mm	两端膨胀变形/mm	环境温度/℃	刀口温度/℃
D	0.55	17.3	0.425	1.305	2.295	0.42	25	40.68
	0.55	17.3	0.43	1.24	2.155	0.399	19	40.68
	0.6	18.8	0.47	1.435	2.435	0.447	23	40.68
	0.6	18.8	0.47	1.37	2.225	0.403	30	40.68
	0.6	18.8	0.46	1.38	2.275	0.423	18	40.68
	0.65	20.4	0.5	1.36	2.7	0.5	19	40.68
	0.65	20.4	0.51	1.42	2.76	0.499	30	40.68
C	0.55	15.1	0.37	1.42	2.63	0.492	15	40.68
	0.6	16.5	0.415	1.555	2.635	0.49	17	40.68
	0.65	17.9	0.47	1.705	3.08	0.573	17	40.68
E	0.5	15.5	0.405	1.33	2.345	0.421	33	40.68
	0.55	17.1	0.4	1.295	2.52	0.469	17	40.68
	0.6	18.6	0.465	1.435	2.86	0.533	16	40.68
F	0.55	12.7	0.33	1.265	2.275	0.421	17	38.33
	0.55	12.7	0.305	1.275	2.325	0.43	18	38.33
	0.6	13.9	0.34	1.21	2.25	0.395	40	38.33
	0.6	13.9	0.355	1.46	2.715	0.493	26	38.33
	0.65	15.1	0.385	1.42	2.845	0.521	22	38.33
	0.7	16.2	0.405	2.12	3.56	0.658	18	38.33
H	0.5	14.4	0.37	1.39	2.51	0.465	17	38.33
	0.5	14.4	0.365	1.42	2.41	0.443	20	38.33
	0.5	14.4	0.375	1.54	2.59	0.469	27	38.33
	0.55	15.8	0.4	1.345	2.43	0.443	24	38.33
	0.55	15.8	0.395	1.455	2.41	0.446	17	38.33
	0.6	17.3	0.435	1.35	2.655	0.492	17	38.33
	0.65	18.7	0.48	1.7	3.035	0.544	32	38.33

续表

钢厂	应力水平	荷载/kN	达载变形/mm	达温变形/mm	总变形/mm	两端膨胀变形/mm	环境温度/℃	刀口温度/℃
G	0.55	12.5	0.33	1.265	2.26	0.405	32	38.33
	0.6	13.7	0.355	1.375	2.515	0.462	21	38.33
	0.6	13.7	0.365	1.415	2.39	0.429	31	38.33
	0.65	14.8	0.385	1.285	2.57	0.465	28	38.33
	0.65	14.8	0.39	1.425	2.69	0.492	23	38.33
	0.7	15.9	0.435	1.38	2.925	0.537	21	38.33
M	0.55	13.8	0.365	1.175	2.23	0.402	29	38.33
	0.6	15.1	0.39	1.22	2.38	0.418	40	38.33
	0.6	15.1	0.38	1.235	2.32	0.415	33	38.33
	0.65	16.3	0.42	1.305	2.55	0.461	28	38.33
	0.7	17.6	0.48	1.45	2.685	0.483	30	38.33
N	0.55	14.5	0.375	1.23	2.215	0.398	31	38.33
	0.6	15.8	0.395	1.27	2.335	0.421	29	38.33
	0.65	17.2	0.455	1.55	2.645	0.484	23	38.33
	0.65	17.2	0.455	1.27	2.505	0.457	24	38.33
	0.7	18.5	0.47	1.315	2.555	0.461	29	38.33

表 3.19　恒载升温下 600℃原始记录数据

钢厂	应力水平	荷载/kN	达载变形/mm	达温变形/mm	总变形/mm	两端膨胀变形/mm	环境温度/℃	刀口温度/℃
A	0.25	7.6	0.185	2.085	4.015	0.735	36	57.13
	0.3	9.1	0.225	2.055	5.355	0.992	29	57.13
	0.32	9.7	0.23	2.085	6.74	1.248	29	57.13
	0.35	10.6	0.26	2.155	8.8	1.629	29	57.13
	0.4	12.1	0.295	2.215	12	2.222	29	57.13

续表

钢厂	应力水平	荷载/kN	达载变形/mm	达温变形/mm	总变形/mm	两端膨胀变形/mm	环境温度/℃	刀口温度/℃
	0.15	4.1	0.105	1.725	3.135	0.582	27	57.13
	0.25	6.8	0.175	2.125	3.54	0.654	30	57.13
B	0.3	8.1	0.21	2.13	3.69	0.681	31	57.13
	0.35	9.5	0.245	2.28	4.525	0.826	38	57.13
	0.4	10.8	0.27	2.07	5.33	0.985	30	57.13
	0.45	12.2	0.32	2.445	9.75	1.785	36	57.13
	0.3	9.4	0.24	2.11	4.005	0.75	22	57.13
D	0.35	11	0.27	2.19	4.71	0.884	20	57.13
	0.35	11	0.28	2.1	4.785	0.882	32	57.13
	0.4	12.6	0.315	2.435	9.905	1.857	21	57.13
	0.2	5.5	0.15	2.165	3.355	0.628	22	57.13
	0.25	6.9	0.18	2.23	3.755	0.703	22	57.13
C	0.3	8.2	0.21	2.38	4.87	0.912	22	57.13
	0.35	9.6	0.26	2.565	6.58	1.218	29	57.13
	0.35	9.6	0.235	2.355	7.35	1.386	17	57.13
	0.4	11	0.29	2.46	10	1.84	33	57.13
	0.25	7.8	0.205	2.07	3.755	0.697	27	57.13
E	0.3	9.3	0.23	2.31	5.065	0.948	22	57.13
	0.35	10.9	0.275	2.35	7.875	1.481	19	57.13
	0.25	5.8	0.145	2.1	3.63	0.675	25	55.83
	0.3	6.95	0.185	2.06	4.61	0.856	26	55.83
F	0.3	6.95	0.18	2.38	5.415	1.021	16	55.83
	0.3	6.95	0.18	2.21	5	0.928	26	55.83
	0.35	8.1	0.2	2.15	6.825	1.287	16	55.83
H	0.25	7.2	0.185	2.315	3.73	0.699	20	55.83

续表

钢厂	应力水平	荷载/kN	达载变形/mm	达温变形/mm	总变形/mm	两端膨胀变形/mm	环境温度/℃	刀口温度/℃
H	0.3	8.6	0.22	2.195	4.005	0.745	25	55.83
	0.35	10.1	0.255	2.13	4.94	0.923	22	55.83
	0.35	10.1	0.255	2.64	6.535	1.224	20	55.83
	0.4	11.5	0.305	2.445	8.73	1.613	29	55.83
G	0.3	6.8	0.2	2.22	3.99	0.728	37	55.83
	0.35	8	0.22	2.03	4.34	0.799	31	55.83
	0.35	8	0.225	2.33	4.26	0.79	27	55.83
	0.4	9.1	0.225	2.345	6.325	1.18	23	55.83
	0.4	9.1	0.25	2.32	6.39	1.183	28	55.83
	0.45	10.2	0.25	2.505			25	55.83
M	0.3	7.5	0.185	2.135	3.67	0.68	27	55.83
	0.35	8.8	0.295	2.165	4.72	0.875	27	55.83
	0.4	10	0.315	2.38	7.055	1.291	35	55.83
	0.4	10	0.255	2.355	6.765	1.238	35	55.83
	0.45	11.3					30	55.83
N	0.3	7.9	0.215	1.935	3.7	0.687	26	55.83
	0.35	9.2	0.245	2.09	4.03	0.743	30	55.83
	0.4	10.6	0.29	2.015	5.08	0.947	23	55.83
	0.45	11.9	0.335	2.145	7.335	1.355	29	55.83

3. 恒载升温数据处理结果

将所有原始实验数据按照前面的原则进行修正，得到每个试件在不同温度水平下的恒载升温应变计算结果，见表 3.20～表 3.22(部分)。

表 3.20　恒载升温下 300℃应变数据处理结果

钢厂	应力水平	总变形 /mm	线胀系数 /(10⁻⁵/℃)	耦合变形 /mm	耦合应变 /%	荷载应变 /%	膨胀应变 /%	总应变 /%
A	0.6	1.29	0.766	−0.017	−0.0049	0.1107	0.2298	0.3356
	0.7	1.435	0.766	0.063	0.018	0.1297	0.2298	0.3775
	0.75	1.445	0.766	0.023	0.0066	0.1388	0.2298	0.3752
	0.78	1.46	0.766	0.028	0.008	0.1443	0.2298	0.3821
	0.8	2.055	0.766	0.608	0.1737	0.148	0.2298	0.5515
	0.8	1.6	0.766	0.143	0.0409	0.148	0.2298	0.4187
	0.8	2.065	0.766	0.608	0.1737	0.148	0.2298	0.5515
	0.85	2.77	0.766	1.278	0.3651	0.1572	0.2298	0.7521
	0.85	2.395	0.766	0.873	0.2494	0.1572	0.2298	0.6364
	0.85	2.745	0.766	1.238	0.3537	0.1572	0.2298	0.7407
	0.9	6.925	0.766	5.368	1.5337	0.1663	0.2298	1.9298
	0.9	4.74	0.766	3.178	0.908	0.1663	0.2298	1.3041
	0.9	4.34	0.766	2.818	0.8051	0.1663	0.2298	1.2012
B	0.2	1.02	0.7173	0.063	0.018	0.034	0.2152	0.2672
	0.3	1.06	0.7173	0.038	0.0109	0.051	0.2152	0.277
	0.4	1.155	0.7173	0.063	0.018	0.068	0.2152	0.3012
	0.5	1.205	0.7173	0.053	0.0151	0.0851	0.2152	0.3154
	0.6	1.315	0.7173	0.108	0.0309	0.1021	0.2152	0.3481
	0.7	1.415	0.7173	0.128	0.0366	0.1197	0.2152	0.3715
	0.75	1.675	0.7173	0.373	0.1066	0.1279	0.2152	0.4497
	0.8	1.905	0.7173	0.543	0.1551	0.1367	0.2152	0.507
	0.85	2.215	0.7173	0.838	0.2394	0.1449	0.2152	0.5995
D	0.8	1.5	0.7097	0.025	0.0071	0.1584	0.2129	0.3785
	0.85	1.54	0.7097	0.03	0.0086	0.1685	0.2129	0.39
	0.85	1.625	0.7097	0.095	0.0271	0.1685	0.2129	0.4086
	0.85	1.59	0.7097	0.08	0.0229	0.1685	0.2129	0.4043

续表

钢厂	应力水平	总变形/mm	线胀系数/(10^{-5}/℃)	耦合变形/mm	耦合应变/%	荷载应变/%	膨胀应变/%	总应变/%
D	0.9	1.555	0.7097	0	0	0.1786	0.2129	0.3915
	0.9	5.605	0.7097	4.06	1.16	0.1786	0.2129	1.5515
C	0.2	0.99	0.7067	0.017	0.0049	0.0347	0.212	0.2516
	0.4	1.17	0.7067	0.052	0.0149	0.0693	0.212	0.2962
	0.6	1.58	0.7067	0.337	0.0963	0.104	0.212	0.4123
	0.6	1.495	0.7067	0.257	0.0734	0.104	0.212	0.3894
	0.7	1.92	0.7067	0.617	0.1763	0.121	0.212	0.5093
	0.7	1.875	0.7067	0.557	0.1591	0.121	0.212	0.4922
	0.8	2.385	0.7067	1.007	0.2877	0.1386	0.212	0.6383
	0.9	5.34	0.7067	3.872	1.1063	0.1556	0.212	1.4739
E	0.7	1.47	0.688	0.11	0.0314	0.1362	0.2064	0.374
	0.75	2.115	0.688	0.705	0.2014	0.1463	0.2064	0.5541
	0.8	2.6	0.688	1.135	0.3243	0.1557	0.2064	0.6864
	0.85	8.19	0.688	6.595	1.8843	0.1657	0.2064	2.2564
F	0.65	1.295	0.666	0.143	0.0409	0.0968	0.1998	0.3375
	0.7	1.19	0.666	0.008	0.0023	0.1038	0.1998	0.3059
	0.7	1.43	0.666	0.223	0.0637	0.1038	0.1998	0.3673
	0.75	2.295	0.666	1.093	0.3123	0.1115	0.1998	0.6236
	0.75	2.85	0.666	1.628	0.4651	0.1115	0.1998	0.7764
	0.8	3.01	0.666	1.758	0.5023	0.1186	0.1998	0.8207
H	0.6	1.585	0.7013	0.308	0.088	0.1081	0.2104	0.4065
	0.65	1.585	0.7013	0.278	0.0794	0.1169	0.2104	0.4067
	0.7	1.74	0.7013	0.393	0.1123	0.1256	0.2104	0.4483
	0.7	1.675	0.7013	0.333	0.0951	0.1256	0.2104	0.4311
	0.75	1.39	0.7013	0.028	0.008	0.135	0.2104	0.3534
	0.75	2.115	0.7013	0.743	0.2123	0.135	0.2104	0.5577

续表

钢厂	应力水平	总变形/mm	线胀系数/(10^{-5}/℃)	耦合变形/mm	耦合应变/%	荷载应变/%	膨胀应变/%	总应变/%
H	0.75	1.71	0.7013	0.353	0.1009	0.135	0.2104	0.4462
	0.8	2.15	0.7013	0.748	0.2137	0.1438	0.2104	0.5679
G	0.7	1.645	0.6927	0.412	0.1177	0.1023	0.2078	0.4278
	0.7	1.475	0.6927	0.242	0.0691	0.1023	0.2078	0.3793
	0.75	1.365	0.6927	0.107	0.0306	0.11	0.2078	0.3484
	0.75	1.47	0.6927	0.207	0.0591	0.11	0.2078	0.377
	0.8	1.63	0.6927	0.332	0.0949	0.1171	0.2078	0.4198
	0.8	1.685	0.6927	0.407	0.1163	0.1171	0.2078	0.4412
	0.85	2.305	0.6927	0.967	0.2763	0.1248	0.2078	0.6089
M	0.6	1.24	0.6983	0.04	0.0114	0.0977	0.2095	0.3186
	0.65	1.28	0.6983	0.05	0.0143	0.1055	0.2095	0.3293
	0.7	1.55	0.6983	0.285	0.0814	0.1139	0.2095	0.4048
	0.7	1.25	0.6983	0.005	0.0014	0.1139	0.2095	0.3248
	0.7	1.39	0.6983	0.145	0.0414	0.1139	0.2095	0.3648
	0.75	1.7	0.6983	0.415	0.1186	0.1217	0.2095	0.4498
	0.75	1.735	0.6983	0.415	0.1186	0.1217	0.2095	0.4498
	0.8	1.61	0.6983	0.315	0.09	0.1301	0.2095	0.4296
	0.8	2.11	0.6983	0.74	0.2114	0.1301	0.2095	0.551
N	0.7	1.31	0.675	0.057	0.0163	0.121	0.2025	0.3398
	0.75	1.53	0.675	0.227	0.0649	0.1295	0.2025	0.3969
	0.8	1.55	0.675	0.242	0.0691	0.138	0.2025	0.4096
	0.85	1.805	0.675	0.412	0.1177	0.1465	0.2025	0.4667

表 3.21　恒载升温下 450℃应变数据处理结果

钢厂	应力水平	总变形/mm	线胀系数/(10^{-5})/℃	耦合变形/mm	耦合应变/%	荷载应变/%	膨胀应变/%	总应变/%
B	0.6	2.465	0.9388	0.363	0.1037	0.1021	0.4225	0.6283

续表

钢厂	应力水平	总变形/mm	线胀系数/(10^{-5})/℃	耦合变形/mm	耦合应变/%	荷载应变/%	膨胀应变/%	总应变/%
B	0.65	2.825	0.9388	0.698	0.1994	0.1109	0.4225	0.7328
	0.65	2.65	0.9388	0.518	0.148	0.1109	0.4225	0.6814
D	0.55	2.295	0.9288	0.146	0.0417	0.1092	0.418	0.5689
	0.55	2.155	0.9288	0.001	0.0003	0.1092	0.418	0.5274
	0.6	2.435	0.9288	0.241	0.0689	0.1186	0.418	0.6054
	0.6	2.225	0.9288	0.031	0.0089	0.1186	0.418	0.5454
	0.6	2.275	0.9288	0.091	0.026	0.1186	0.418	0.5626
	0.65	2.7	0.9288	0.476	0.136	0.1287	0.418	0.6827
	0.65	2.76	0.9288	0.526	0.1503	0.1287	0.418	0.6969
C	0.55	2.63	0.9503	0.513	0.1466	0.0951	0.4276	0.6693
	0.6	2.635	0.9503	0.473	0.1351	0.104	0.4276	0.6668
	0.65	3.08	0.9503	0.863	0.2466	0.1128	0.4276	0.787
E	0.5	2.345	0.9207	0.245	0.07	0.0973	0.4143	0.5816
	0.55	2.52	0.9207	0.425	0.1214	0.1074	0.4143	0.6431
	0.6	2.86	0.9207	0.7	0.2	0.1168	0.4143	0.7311
F	0.55	2.275	0.9248	0.231	0.066	0.0814	0.4162	0.5636
	0.55	2.325	0.9248	0.306	0.0874	0.0814	0.4162	0.585
	0.6	2.25	0.9248	0.196	0.056	0.0891	0.4162	0.5613
	0.6	2.715	0.9248	0.646	0.1846	0.0891	0.4162	0.6898
	0.65	2.845	0.9248	0.746	0.2131	0.0968	0.4162	0.7261
	0.7	3.56	0.9248	1.441	0.4117	0.1038	0.4162	0.9317
H	0.5	2.51	0.9777	0.332	0.0949	0.09	0.44	0.6248
	0.5	2.41	0.9777	0.237	0.0677	0.09	0.44	0.5977
	0.5	2.59	0.9777	0.407	0.1163	0.09	0.44	0.6463
	0.55	2.43	0.9777	0.222	0.0634	0.0988	0.44	0.6022
	0.55	2.41	0.9777	0.207	0.0591	0.0988	0.44	0.5979

续表

钢厂	应力水平	总变形/mm	线胀系数/(10^{-5})/℃	耦合变形/mm	耦合应变/%	荷载应变/%	膨胀应变/%	总应变/%
H	0.6	2.655	0.9777	0.412	0.1177	0.1081	0.44	0.6658
	0.65	3.035	0.9777	0.747	0.2134	0.1169	0.44	0.7703
G	0.55	2.26	0.9737	0.142	0.0406	0.0804	0.4382	0.5591
	0.6	2.515	0.9737	0.372	0.1063	0.0881	0.4382	0.6326
	0.6	2.39	0.9737	0.237	0.0677	0.0881	0.4382	0.594
	0.65	2.57	0.9737	0.397	0.1134	0.0952	0.4382	0.6468
	0.65	2.69	0.9737	0.512	0.1463	0.0952	0.4382	0.6797
	0.7	2.925	0.9737	0.702	0.2006	0.1023	0.4382	0.741
M	0.55	2.23	0.9398	0.165	0.0471	0.0893	0.4229	0.5594
	0.6	2.38	0.9398	0.29	0.0829	0.0977	0.4229	0.6035
	0.6	2.32	0.9398	0.24	0.0686	0.0977	0.4229	0.5892
	0.65	2.55	0.9398	0.43	0.1229	0.1055	0.4229	0.6513
	0.7	2.685	0.9398	0.505	0.1443	0.1139	0.4229	0.6811
N	0.55	2.215	0.9161	0.171	0.0489	0.0948	0.4122	0.5559
	0.6	2.335	0.9161	0.271	0.0774	0.1033	0.4122	0.593
	0.65	2.645	0.9161	0.521	0.1489	0.1125	0.4122	0.6736
	0.65	2.505	0.9161	0.381	0.1089	0.1125	0.4122	0.6336
	0.7	2.555	0.9161	0.416	0.1189	0.121	0.4122	0.6521

表 3.22　恒载升温下 600℃应变数据处理结果

钢厂	应力水平	总变形/mm	线胀系数/(10^{-5}/℃)	耦合变形/mm	耦合应变/%	荷载应变/%	膨胀应变/%	总应变/%
A	0.25	4.015	1.1965	0.917	0.262	0.0465	0.7179	1.0264
	0.3	5.355	1.1965	2.217	0.6334	0.0557	0.7179	1.407
	0.32	6.74	1.1965	3.597	1.0277	0.6	0.7179	2.3456
	0.35	8.8	1.1965	5.627	1.6077	0.0648	0.7179	2.3904
	0.4	12	1.1965	8.792	2.512	0.074	0.7179	3.3039

续表

钢厂	应力水平	总变形/mm	线胀系数/(10⁻⁵/℃)	耦合变形/mm	耦合应变/%	荷载应变/%	膨胀应变/%	总应变/%
B	0.15	3.135	1.1723	0.168	0.048	0.0258	0.7034	0.7772
	0.25	3.54	1.1723	0.503	0.1437	0.0428	0.7034	0.8899
	0.3	3.69	1.1723	0.618	0.1766	0.051	0.7034	0.931
	0.35	4.525	1.1723	1.418	0.4051	0.0599	0.7034	1.1684
	0.4	5.33	1.1723	2.198	0.628	0.068	0.7034	1.3994
	0.45	9.75	1.1723	6.568	1.8766	0.0769	0.7034	2.6569
D	0.3	4.005	1.174	0.845	0.2414	0.0593	0.7044	1.0051
	0.35	4.71	1.174	1.52	0.4343	0.0694	0.7044	1.2081
	0.35	4.785	1.174	1.585	0.4529	0.0694	0.7044	1.2267
	0.4	9.905	1.174	6.67	1.9057	0.0795	0.7044	2.6896
C	0.2	3.355	1.1757	0.31	0.0886	0.0347	0.7054	0.8287
	0.25	3.755	1.1757	0.68	0.1943	0.0435	0.7054	0.9432
	0.3	4.87	1.1757	1.765	0.5043	0.0517	0.7054	1.2614
	0.35	6.58	1.1757	3.425	0.9786	0.0605	0.7054	1.7445
	0.35	7.35	1.1757	4.22	1.2057	0.0605	0.7054	1.9716
	0.4	10	1.1757	6.815	1.9471	0.0693	0.7054	2.7219
E	0.25	3.755	1.16	0.665	0.19	0.049	0.696	0.935
	0.3	5.065	1.16	1.95	0.5571	0.0584	0.696	1.3115
	0.35	7.875	1.16	4.715	1.3471	0.0684	0.696	2.1115
F	0.25	3.63	1.163	0.598	0.1709	0.0372	0.6978	0.9059
	0.3	4.61	1.163	1.538	0.4394	0.0445	0.6978	1.1817
	0.3	5.415	1.163	2.348	0.6709	0.0445	0.6978	1.4132
	0.3	5	1.163	1.933	0.5523	0.0445	0.6978	1.2946
	0.35	6.825	1.163	3.738	1.068	0.0519	0.6978	1.8177
H	0.25	3.73	1.1783	0.63	0.18	0.045	0.707	0.932
	0.3	4.005	1.1783	0.87	0.2486	0.0538	0.707	1.0094

续表

钢厂	应力水平	总变形/mm	线胀系数/(10⁻⁵/℃)	耦合变形/mm	耦合应变/%	荷载应变/%	膨胀应变/%	总应变/%
H	0.35	4.94	1.1783	1.77	0.5057	0.0631	0.707	1.2758
	0.35	6.535	1.1783	3.365	0.9614	0.0631	0.707	1.7315
	0.4	8.73	1.1783	5.51	1.5743	0.0719	0.707	2.3532
G	0.3	3.99	1.1807	0.86	0.2457	0.0437	0.7084	0.9978
	0.35	4.34	1.1807	1.19	0.34	0.0515	0.7084	1.0999
	0.35	4.26	1.1807	1.105	0.3157	0.0515	0.7084	1.0756
	0.4	6.325	1.1807	3.17	0.9057	0.0585	0.7084	1.6726
	0.4	6.39	1.1807	3.21	0.9171	0.0585	0.7084	1.6841
	0.45		1.1807					
M	0.3	3.67	1.1803	0.59	0.1686	0.0485	0.7082	0.9253
	0.35	4.72	1.1803	1.53	0.4371	0.057	0.7082	1.2023
	0.4	7.055	1.1803	3.845	1.0986	0.0647	0.7082	1.8715
	0.4	6.765	1.1803	3.615	1.0329	0.0647	0.7082	1.8057
	0.45		1.1803					
N	0.3	3.7	1.1757	0.622	0.1777	0.0517	0.7054	0.9348
	0.35	4.03	1.1757	0.922	0.2634	0.0602	0.7054	1.029
	0.4	5.08	1.1757	1.927	0.5506	0.0693	0.7054	1.3253
	0.45	7.335	1.1757	4.137	1.182	0.0778	0.7054	1.9652

各应力水平和温度下实测应变均值的修正结果汇总于表3.23。

表3.23 实测应变均值汇总 单位：%

应力水平	100℃	200℃	300℃	350℃	400℃	450℃	500℃	550℃	600℃
0.15									0.777
0.20	0.102	0.167	0.259		0.403		0.559		0.829
0.25									0.939
0.30			0.277		0.405		0.614		1.139

续表

应力水平	100℃	200℃	300℃	350℃	400℃	450℃	500℃	550℃	600℃
0.35								0.883	1.56
0.40	0.125	0.198	0.299		0.459		0.645	0.862	2.083
0.45							0.674	0.999	2.311
0.50			0.315		0.46	0.613	0.729	1.078	
0.55					0.475	0.585	0.794	1.46	
0.60	0.165	0.23	0.368	0.413	0.507	0.619	0.938		
0.65			0.358	0.454	0.584	0.697	0.976		
0.70		0.26	0.395	0.465	0.634	0.751	1.233		
0.75		0.296	0.467	0.573	0.716				
0.80	0.205	0.46	0.527	0.602	0.941				
0.85		0.428	0.726		1.265				
0.90	0.227	0.855	1.309		1.677				

二、恒载升温材料模型的构建

1. 材料的应变-温度-应力模型

恒载升温过程不仅仅有应力-应变关系，更重要的是要考虑荷载-温度的耦合作用，所以要构建出真实的升温过程应变-温度-应力的材料模型。

在钢结构耐火设计与评估中，计算结构温度应力和变形时必须使用钢材的应变-温度-应力关系曲线。目前，国内外尚未有此类研究成果发表，更没有符合结构实际工作条件即以恒载升温实验为基础而构建的材料模型。本课题将以大规模恒载升温实验数据为基础，构建钢材的应变-温度-应力材料模型。

为此，需要将钢材在恒载升温实验下的总应变分离为三部分：加载后受热前由荷载产生的初始应变 ε_0，由温度产生的热膨胀应变 ε_T 和由温度-荷载共同作用所产生的耦合应变 $\varepsilon_{p,T}$，则总应变 ε 为

$$\varepsilon=\varepsilon_0+\varepsilon_T+\varepsilon_{p,T} \tag{3.8}$$

分析实验数据发现，应力水平为 k，当温度不超过表 3.24 中的数值 T_p 时，只产生初始应变 ε_0 和膨胀应变 ε_T，不产生耦合应变 $\varepsilon_{p,T}$。对表 3.24 中数据回归得到式(3.9)。

表 3.24　产生耦合应变的最低温度

k	0.80	0.75	0.70	0.60	0.40	0.15
T_p/℃	100	200	300	400	500	600

$$T_p=-3873.2k^3+4317.3k^2-1841.1k+792.27 \tag{3.9}$$

初始应变 ε_0 经回归可表达为：

$$\varepsilon_0=0.1616k \tag{3.10}$$

膨胀应变 ε_T 经回归可表达为：

$$\varepsilon_T=(-6.722\times10^{-9}T^4+8.8976\times10^{-6}T^3-2.16\times10^{-3}T^2+0.729T)/1000 \quad (T\leqslant600℃) \tag{3.11}$$

从总应变中扣除初始应变 ε_0 和膨胀应变 ε_T 后所剩耦合应变 $\varepsilon_{p,T}$ 列于表 3.25。

表 3.25　耦合应变均值 $\varepsilon_{p,T}$

应力水平	ε_0/%	100℃	200℃	300℃	350℃	400℃	450℃	500℃	550℃	600℃
		0.060%	0.120%	0.210%	0.271%	0.343%	0.426%	0.517%	0.613%	0.710%
0.15	0.026	0	0	0	0	0	0			**0**
0.20	0.035	0	0	0	0	0	0	0		0.089
0.25	0.043	0	0	0	0	0	0			0.19
0.30	0.052	0	0	0	0	0	0	0	0.10	0.434
0.35	0.060	0	0	0	0	0	0	**0**	0.226	0.737
0.40	0.069	0	0	0	0	0	0	0.055	0.185	1.307
0.45	0.078	0	0	0	0	**0**	0.030	0.074	0.311	1.529
0.50	0.086	0	0	0	0	0.034	0.087	0.117	0.378	

续表

应力水平	ε_0/%	100℃	200℃	300℃	350℃	400℃	450℃	500℃	550℃	600℃
		0.060%	0.120%	0.210%	0.271%	0.343%	0.426%	0.517%	0.613%	0.710%
0.55	0.095	0	0	0	**0**	0.047	0.066	0.181	0.753	
0.60	0.104	0	0	**0**	0.042	0.066	0.093	0.31		
0.65	0.112	0	0	0.045	0.075	0.132	0.162	0.338		
0.70	0.121	0	**0**	0.068	0.082	0.172	0.217	0.583		
0.75	0.130	0	0.041	0.129	0.175	0.247				
0.80	0.138	0	0.194	0.176	0.202	0.45				
0.85	0.147	0	0.146	0.354		0.736				
0.90	0.155	**0**	0.573	0.919		1.139				

对表 3.25 数据取正常情况下 $k=0.4\sim0.8$ 之间的数据回归得到式(3.12)

$$\varepsilon_{p,T}=\begin{cases}0 & (T\leqslant T_p)\\ a\times\exp\left(\dfrac{T-T_p}{b}\right) & (600℃\geqslant T>T_p)\end{cases} \tag{3.12}$$

$$a=-0.68163+9.71297k-53.3944k^2+152.54141k^3-240.14709k^4+197.05333k^5-65.68889k^6 \tag{3.13}$$

$$b=-5283.67121+59217.30045k-272592.36408k^2+664808.11688k^3-907575.70208k^4+657838.82784k^5-197460.31746k^6 \tag{3.14}$$

式中，k 为应力水平，取值在 0.4～0.8 之间；T 为温度，℃。由式(3.12) 所得恒载升温条件下钢材总应变随温度的变化趋势绘于图 3.19。

由式(3.12) 所得恒载升温条件下钢材总应变随应力水平的变化趋势绘于图 3.20。

2. 恒载升温实验强度与临界温度计算模型

从应变的发展情况来看，钢材的破坏有一个过程。当温度低于

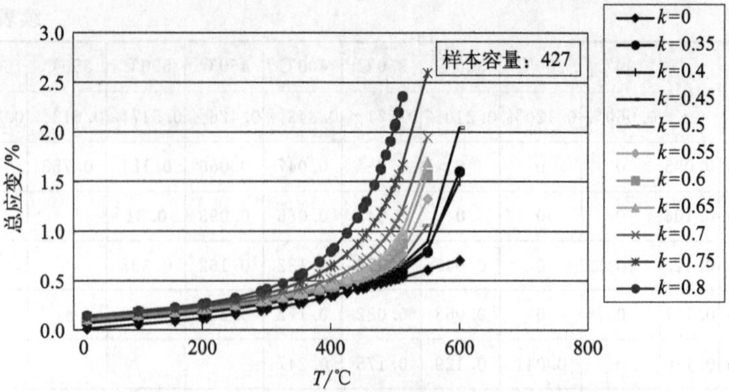

图 3.19　总应变随温度的变化趋势（见彩插）

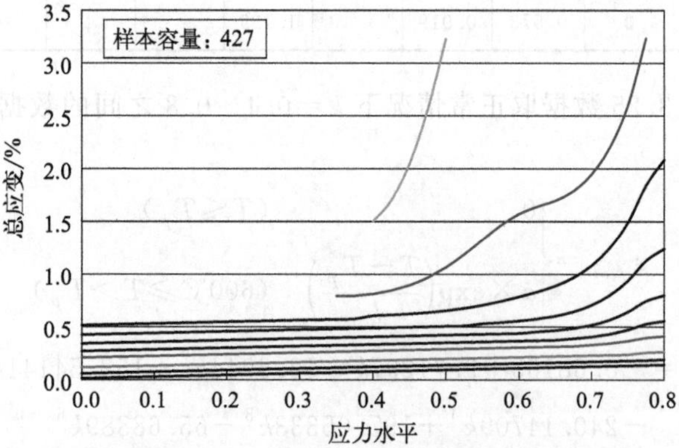

图 3.20　总应变随应力水平的变化趋势

由上之下依次为 600℃，500℃，400℃，…，100℃，20℃

T_p 时，钢材应变在初始应变基础上只产生膨胀应变，并不产生耦合应变，材料内部不产生晶格变化，材料不发生破坏，所以可认为开始产生耦合应变的最低温度 T_p 是钢材开始破坏的温度。当温度高于 T_p 时，钢材开始产生耦合应变，内部晶格开始变化，钢材进入破坏过程。随温度升高，耦合应变或总应变急剧发展，钢材很快失去承载力而断裂。

在恒温加载实验中，钢材依照切线交点法所得强度大约为钢材应变的0.5%，这已达到常温下屈服应变的3.3倍，所以本课题推荐0.5%为钢材的破坏应变。令 $\varepsilon_p=0.5$，可导出钢材强度折减系数（即应力水平 k）与临界温度 T_c 的关系为：

$$T_c=T_p+b\ln\left(\frac{0.5-0.1616k}{a}\right) \tag{3.15}$$

式(3.15)给出了钢材临界温度的表达式，给定钢材温度 T_c，可迭代解出钢材的强度折减系数。式(3.15)计算得到的温度与强度的关系列于表3.26，强度随温度的变化趋势绘于图3.21，临界温度随应力水平的变化趋势绘于图3.22。

表3.26 临界温度与强度的关系

T_c/℃	400	405	410	415	420	425	430	435	440	445
k(恒载升温)	0.8	0.795	0.785	0.78	0.775	0.77	0.763	0.76	0.757	0.755
k(恒温加载)	0.825	0.822	0.819	0.816	0.812	0.809	0.805	0.801	0.797	0.792
T_c/℃	450	455	460	465	470	475	480	485	490	495
k(恒载升温)	0.75	0.745	0.74	0.735	0.73	0.725	0.715	0.71	0.705	0.695
k(恒温加载)	0.788	0.783	0.778	0.773	0.768	0.762	0.756	0.751	0.744	0.738
T_c/℃	500	505	510	515	520	525	530	535	540	545
k(恒载升温)	0.685	0.675	0.665	0.65	0.63	0.605	0.585	0.56	0.545	0.525
k(恒温加载)	0.731	0.725	0.717	0.710	0.702	0.694	0.686	0.678	0.669	0.660
T_c/℃	550	555	560	565	570	575	580	585		
k(恒载升温)	0.51	0.495	0.48	0.465	0.45	0.435	0.42	0.4		
k(恒温加载)	0.651	0.641	0.631	0.621	0.610	0.599	0.588	0.575		

3. 恒载升温与恒温加载实验强度和临界温度对比

对比表3.26，图3.21和图3.22可见，恒载升温与恒温加载实验下的强度与临界温度具有较大的差别：恒载升温实验比恒温加载实验的强度要小，临界温度要低。两种实验下的强度差别列于表3.27，变化趋势如图3.23所示。

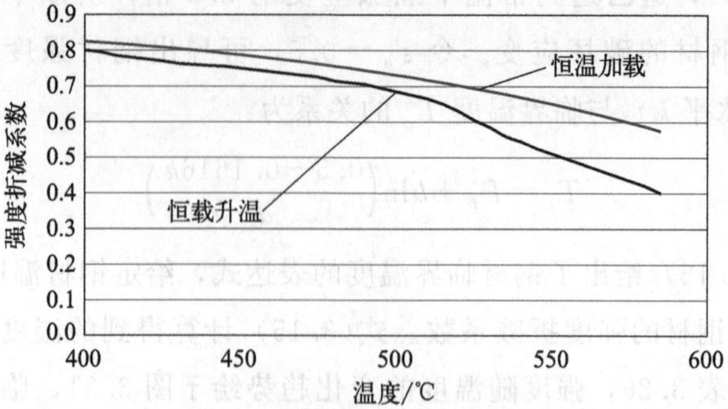

图 3.21　强度随温度的变化趋势

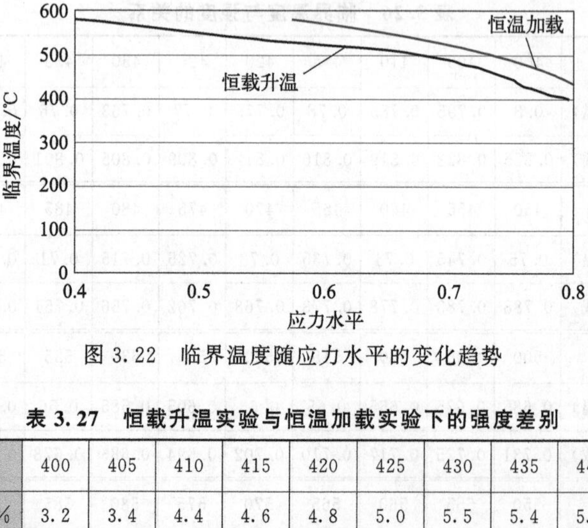

图 3.22　临界温度随应力水平的变化趋势

表 3.27　恒载升温实验与恒温加载实验下的强度差别

T_c/℃	400	405	410	415	420	425	430	435	440	445
强度差别/%	3.2	3.4	4.4	4.6	4.8	5.0	5.5	5.4	5.2	4.9
T_c/℃	450	455	460	465	470	475	480	485	490	495
强度差别/%	5.0	5.1	5.2	5.2	5.2	5.1	5.8	5.7	5.6	6.2
T_c/℃	500	505	510	515	520	525	530	535	540	545
强度差别/%	6.8	7.4	7.9	9.2	11.5	14.8	17.3	21.0	22.7	25.7
T_c/℃	550	555	560	565	570	575	580	585		
强度差别/%	27.6	29.5	31.4	33.5	35.6	37.8	40.0	44.1		

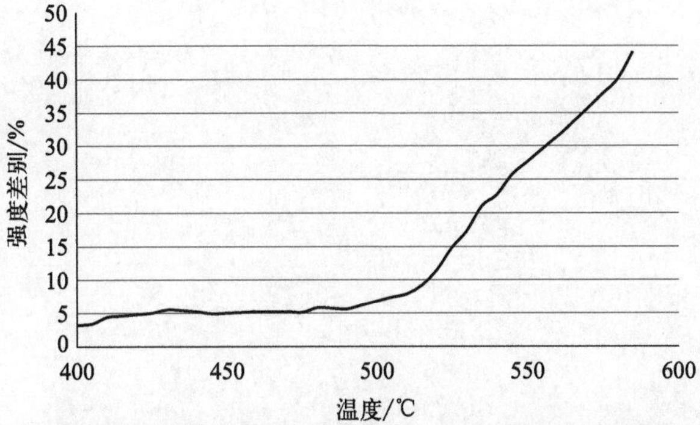

图 3.23 恒载升温实验与恒温加载实验的强度差别

国内学者研究结果表明，300℃以内钢材的力学性能变化不大。本书研究结果如表 3.27 所示，在 400℃以上，随温度升高，强度差别逐渐加大。400℃相差 3.2%，450℃相差 5%，500℃相差 6.8%，550℃就已相差 27.6%，585℃相差达到 44.1%。

由此可见，恒载升温实验强度低于恒温加载实验，而恒温加载实验不符合钢结构在火灾时的工作条件，所以课题组建议，如无其他更为科学的方法，应用恒载升温实验结果对钢结构进行耐火设计与评估。

第四章

钢框架中柱温度应力计算

第三章介绍了笔者所在课题组对我国主要建筑用钢材开展的高温力学性能实验，总结了国产钢结构用 Q345（16Mn）钢在恒温加载和恒载升温两种不同热-力路径实验条件下的钢材高温力学性能。从本章开始，我们将讨论以上实验结果所建立的材料模型在钢结构全时程分析中的应用。由于篇幅有限，我们以钢框架中柱温度应力的计算为分析目标。

第一节 温度应力及其研究现状

一、温度应力的产生及其重要性

建筑结构体系是由多个构件组成的，而结构往往为超静定结构。超静定结构各杆件在受到不均匀温度作用下将产生不均匀膨胀，但由于存在多余约束，膨胀较大的构件受到与之相连的构件的约束，该构件将会产生温度内力，而在其截面上会产生温度应力。

以图 4.1 所示结构为例，当结构受火作用时，由于目标钢柱和其相邻构件的受火面积、防火保护等受火条件不同，会使其产生不同的温升，这种不同的温升会使各构件产生不同程度的膨胀变形。而因为各构件的膨胀量不同，且构件之间存在相互约束，就会在目标钢柱和

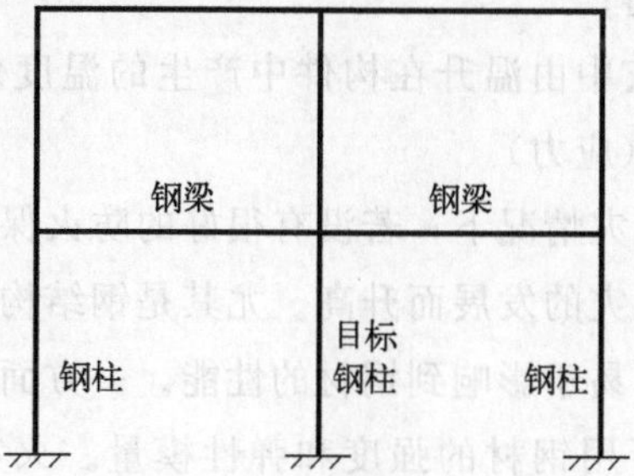

图 4.1　结构示意图

其他构件之间产生附加的温度内力，在其截面上产生附加的温度应力。

以目标钢柱的温度应力为研究目标，需要考察在火作用下，其膨胀变形的大小；需要考察除了目标钢柱之外的结构体系（同样受火作用）在不同时刻（不同温度下）给予目标钢柱约束作用的大小；另外，由于温度内力的产生和室内火灾温度的不断发展，目标钢柱同时受到火作用和力作用的连续耦合作用，因此，需要研究在这种耦合作用下的材料模型；此外，根据已有实验研究，目标钢柱在计算温度应力时，其初始应力水平也是考察其增长的重要因素。综上所述，对于温度应力的分析计算是一个相对复杂的过程，也是目前诸多学者研究的热点和难点问题。

建筑结构承受荷载作用之后，结构本身将产生内力和变形，这些由荷载引起的结构的内力与变形统称为荷载效应。当结构构件的截面尺寸和强度等级确定以后，构件截面便具有了一定的抵抗荷载效应的能力，这种抵抗荷载效应的能力就称为结构的抗力。结构处于可靠状态的前提就是荷载效应 S_f 不超过结构的抗力 R_f，即：

$$S_f \leqslant R_f \tag{4.1}$$

钢结构在火灾中的荷载效应分为两部分，其表达式为：

$$S_f = S_0 + S_T \tag{4.2}$$

式中 S_0——钢构件在火灾时由有效重力荷载所产生的荷载效应，一般认为在火灾过程中保持不变，由结构力学分析可得；

S_T——火灾中由温升在构件中产生的温度效应，亦即温度内力（应力）。

当结构处于火灾情况下，若没有很好的防火保护措施，结构构件的温度就会随着火灾的发展而升高。尤其是钢结构建筑，由于钢材本身的特性，温度更易于影响到钢材的性能。一方面，钢结构的抗力很大程度上取决于所用钢材的强度和弹性模量。火灾下，构件温度升高，引起钢材强度和弹性模量等性能参数降低，从而降低结构抗力

R_f。另一方面，不均匀温升会在构件截面上产生温度应力，从而增加荷载效应 R_f。也就是说，结构在受火过程中，不但自身抗力在下降，而且结构本身由于温度应力的产生还会有一个自加载过程，使得施加在结构上的荷载增大。当 $S_f \geqslant R_f$ 时，结构就会失效倒塌。

目前，对于钢结构由于温升所引起的结构抗力下降的研究已经较为完善，而对于温度应力所引起的结构自加载研究还远远不够。在温度应力的分析计算方面大多采用的是结构力学弹性分析的方法或非线性有限元计算方法。没有考虑或者是充分考虑材料非线性、温度非线性和几何非线性问题，仅仅适用于构件弹性阶段的分析，与实际情况不符。所采用的材料模型大多也都以恒温加载为基础。实际过程中，材料的热-力路径是非常复杂的，所采用模型大多与实际构件受火过程所呈现出的热-力路径有着较大的差别。根据研究，随温度升高，热-力作用路径对钢材的力学性能影响逐渐增大。选用与实际偏差较大的材料模型，必然导致分析计算结果与实际结果有较大的偏差。在实验研究方面，大多都注意到了温度应力对于构件的影响，但并未直接测量温度应力，用实验结果构造温度应力函数。

目前对于温度应力的研究还有待于进一步深入，而温度应力对结构保持极限状态的判定又有着重要的作用，它是钢结构在火灾中受到的最重要的作用效应之一，其准确的计算或测量，对结构在火灾中的安全设计与评估意义重大，也成为钢结构耐火设计的核心热点问题。因此，本书相关研究内容对于钢结构抗火评估与计算具有重要的理论和现实意义。

二、温度应力的研究现状

随着钢结构建筑的广泛应用以及诸多钢结构建筑在火灾中倒塌案例的发生，国内外越来越多的学者和机构重视对钢结构耐火稳定性的研究，取得了大量意义重大的研究成果。钢结构耐火稳定性研究内容非常丰富，其中温度应力的研究当属目前核心热点问题，下面简要介绍钢构件温度应力的研究现状。

1. 国内研究现状

国内同济大学、哈尔滨工业大学、上海交通大学等单位针对温度应力开展了较为深入的研究工作。同济大学李国强教授和蒋首超等人对钢结构在高温下的性能研究较为深入。目前我国所应用的CECS 200—2006《建筑钢结构防火技术规范》中关于温度应力的计算就是采用李国强教授所提出的结构整体分析方法。该方法计算钢结构中某一构件受火升温温度应力及变形时采用等效作用力的方法，如图4.2所示。

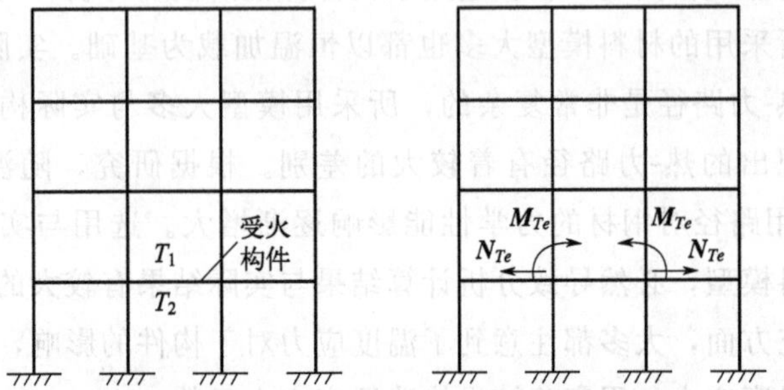

图 4.2　温度内力计算模型示意图

这种计算方法将受火构件的温度效应等效为杆端作用力，并将其作用于该杆端对应的结构节点上，然后按照常温下分析方法进行结构分析，得到该构件升温所产生的温度应力和变形。按照该方法，受火构件的温度内力可按式(4.3)～式(4.6)确定。

$$N_T = N_{Te} - N_f \tag{4.3}$$

$$M_{Ti} = M_{Te} - M_{fi} \tag{4.4}$$

$$N_{Te} = \alpha_s E_T A\left(\frac{T_1 + T_2}{2} - T_0\right) \tag{4.5}$$

$$M_{Te} = \frac{E_T I}{h}\alpha_s (T_2 - T_1) \tag{4.6}$$

式中　N_T——受火构件的轴向温度内力（压力）；

M_{Ti}——受火构件的杆端温度弯矩（方向与图4.2所示M_{Te}方

向相反）；

N_f——按等效作用力分析得到的受火构件的轴力（受拉为正）；

M_{fi}——按等效作用力分析得到的受火构件的杆端弯矩（方向与图 4.2 所示 M_{Te} 方向一致为正）；

T_1、T_2——受火构件两侧或上下翼缘的温度，对于有防火保护层的钢构件取 $T_1=T_2$；

T_0——受火前构件的温度；

E_T——温度为 $(T_1+T_2)/2$ 时钢材的弹性模量；

A——受火构件的截面面积；

I——受火构件的截面惯性矩；

α_s——高温下钢的热膨胀系数；

h——受火构件的截面高度。

按图 4.2 所示，以 N_{Te} 为钢柱截面平均温升所引起的温度应力，M_{Te} 为截面温差所引起的温度弯矩，计算实质是考虑这两种力共同作用下钢柱的温度应力。但值得注意的是，由式(4.3)～式(4.6) 可以看出，这种分析方法属于结构力学弹性分析法，没有考虑材料非线性、温度非线性和几何非线性问题，仅仅适用于构件弹性阶段的分析。

我国现行《有色金属工程设计防火规范》(GB 50630—2010) 计算钢柱温度应力的具体方法为：分别给出钢柱在本层梁和上层梁约束下温度轴力的计算方法，按式(4.7) 计算钢柱的温度应力水平

$$\sigma_T=N_T/(A\varphi) \tag{4.7}$$

式中 φ——验算钢柱的稳定系数，当常温设计下验算钢柱底截面的最大正应力（不计地震作用）设计值与强度设计值之比（k_0）由强度控制时取 $\varphi=1.0$，当 k_0 由强轴稳定控制时取 $\varphi=\varphi_x$，当 k_0 由弱轴稳定控制时取 $\varphi=\varphi_y$；

A——验算钢柱的毛截面面积，mm^2；

N_T——验算钢柱在框架梁约束下的温度轴力，N。

$$N_T=N_{T1}+N_{T2} \tag{4.8}$$

式中　N_{T1}——验算钢柱在本层框架梁约束下的温度轴力，N；

N_{T2}——验算钢柱在上一层框架梁约束下的温度轴力，N。

验算钢柱在本层和上一层框架梁约束下的温度轴力不应超过式(4.9) 和式(4.10)：

$$N_{T1\max}=\sum_{n_1}\frac{1.75k_nA_\mathrm{w}hk_\mathrm{s}f_y}{l_1}-0.8Q_1 \tag{4.9}$$

$$N_{T2\max}=\sum_{n_2}\frac{1.75k_nA_\mathrm{w}hk_\mathrm{s}f_y}{l_2}-0.8Q_2 \tag{4.10}$$

式中　n_1——与验算钢柱相连的本层两端支承梁数目；

n_2——与验算钢柱相连的上一层两端支承梁数目；

k_n——系数，梁与柱两端刚接取 2，一端铰接，一端刚接取 1，两端铰接取 0（当远端支承在梁上时，视为铰接）；

l_1——与验算钢柱相连的本层两端支承梁的净跨度，当梁与柱设有斜撑时，取斜撑节点之间的距离，mm；

l_2——与验算钢柱相连的上一层两端支承梁的净跨度，当梁与柱设有斜撑时，取斜撑节点之间的距离，mm；

h——与验算钢柱相连的本层或上一层两端支承梁的截面高度，mm；

A_w——与验算钢柱相连的本层或上一层两端支承梁的腹板面积，mm^2；

k_s——与验算钢柱相连的本层两端支承梁钢材的屈服强度折减系数；

f_y——钢材常温的屈服强度（或屈服点），$\mathrm{N/mm}^2$；

Q_1——与验算钢柱相连的本层两端支承梁在常温设计下（不计地震作用），在验算钢柱一侧的梁端剪力，N；

Q_2——与验算钢柱相连的上一层两端支承梁在常温设计下（不计地震作用），在验算钢柱一侧的梁端剪力，N；

0.8——考虑偶然组合的系数。

验算钢柱在本层框架梁约束下的温度轴力可按下式计算：

$$N_{T1}=\sum_{n_1}\frac{h_1\alpha(T_{m1}-T_{m2})}{\dfrac{h_1}{E_{Tm}A}+\dfrac{1}{k_{T1}}} \tag{4.11}$$

式中 k_{T1}——与验算钢柱相连的本层两端支承梁的抗剪刚度，N/mm；

h_1——验算钢柱底截面到梁顶面的高度，如果对柱底进行保护，则为未保护部分高度，mm；

T_{m1}——验算钢柱的最高平均温度，℃；

T_{m2}——与验算钢柱相连的本层两端支承梁的远端支承柱的最高平均温度，℃；

α——钢材的线胀系数，取1.2×10^{-5}/℃；

E_{Tm}——验算钢柱在其最高平均温度时的弹性模量，N/mm^2。

验算钢柱在上一层框架梁约束下的温度轴力可按下式计算：

$$N_{T2}=\sum_{n_2}\frac{h_1}{\dfrac{h_1}{E_{Tm}A}+\dfrac{h_2}{ET_mA_2}+\dfrac{1}{k_{T2}}}\left(\alpha T_{m1}-\alpha T_{m2}-\frac{N_{T1}}{E_{Tm}A}\right) \tag{4.12}$$

式中 h_2——验算钢柱上一层层高，mm；

k_{T2}——与验算钢柱相连的上一层两端支承梁的抗剪刚度，N/mm；

A_2——验算钢柱上一层的毛截面面积，mm^2。

在《高温下结构钢的材料特性》一文中，李国强和蒋首超就系统地介绍了高温下钢的热力学和机械力学性能、应力-应变关系模型和徐变模型，并对各国规范或标准所采用的强度和弹性模量公式进行概括和比较，对国内开展这方面研究和进行温度应力分析有重要参考价值。

对于温度应力的计算，李国强等人根据结构力学原理和方法提出确定钢框架中构件杆端约束刚度的方法，通过将钢框架中的构件简化成带弹性杆端约束的杆件的方法来计算其升温时的温度内力，构件杆端约束的大小与构件在钢框架中所处的位置、与之相连的构件的刚度大小等因素有关，并通过与对钢框架进行整体全过程反应分析的结果进行对比，验证该方法的可靠性。李国强等提出了一种计算局部火灾下钢框架温度内力的实用计算方法。在《局部火灾下钢框架中上翼缘无侧移工字梁的极限状态计算》和《火灾时钢框架结构的极限状态分析》中，李国强等人将等截面构件温度内力的计算表达为：

$$N=\alpha_s(T_s-T_{s0})E_TA \tag{4.13}$$

式中 α_s——高温下钢的热膨胀系数；

E_T——高温下钢材的弹性模量；

A——横截面面积；

T_s——钢材在高温下的温度；

T_{s0}——钢材的初始温度。

以上关于钢结构温度应力的计算，采用的是结构力学的方法，实际是弹性分析法。在温度比较低的时候采用这种方法得到的计算值和实验测得的数据符合较好，但是当温度继续升高，构件截面进入弹塑性发展状态，如果仍使用弹性方法，计算值和实验值差别较大。由于钢材在高温下具有明显的弹塑性性质，当温度较高时必然过高地估计了构件的温度内力，过低地估计了临界温度。

对于钢结构温度应力非线性问题的研究，李国强和王培军基于轴线可伸长梁理论，用勒让德多项式作为基函数逼近梁柱轴向和横向变形，根据平衡方程误差平方和最小的条件确定多项式系数的方法，分析了轴向约束钢柱在火灾引起的沿截面线性分布温度场下的受力和变形性能。考虑了温度梯度、轴向约束刚度比、荷载比、构件长度等参数的影响和升温条件下钢材的弹塑性性能的影响。研究表明，随着荷载比的增大，构件的临界温度迅速降低，轴向约束刚度、温度梯度和构件长度仅影响构件的变形，对构件的临界温度影响较小。李国强还基于广义 clough 模型建立了高温下的钢结构单元切线刚度方程，该方程考虑了材料非线性和几何非线性的影响，同时考虑了温度沿单元截面非均匀分布的影响，并用等效温度荷载较好地考虑了热膨胀效应。蒋首超等人通过求解不平衡力作用下的结构反应来模拟结构的实际火灾反应过程，进行火灾下钢框架结构非线性反应分析。该方法可模拟结构的实际升温过程，考虑材料非线性和几何非线性的影响，并可考虑截面温度的非均匀分布。此外他们还进行了三榀大比例平面钢框架抗火实验。通过实验进行分析，验证了其方法的有效性和可靠性。以上对钢结构温度应力的非线性问题研究，对钢结构抗火有着重要的意义，但是，选用的材料模型与实际热-力路径下的材料模型还有一定差距。

李国强等人还对我国建筑钢结构中常用的Q345钢进行了高温下的材料性能实验，得到了应力-应变曲线、屈服强度、极限强度、弹性模量和延伸率等数据。根据实验结果建立了可用于理论分析的高温钢材模型，并与其他国家推荐的高温钢材模型进行了比较。但该实验研究所采用的钢材品种单一，不能有效说明我国建筑钢材的整体高温力学性能，且对钢材进行恒温加载实验，与实际结构的热-力路径有较大差别。

哈尔滨工业大学的董毓利教授和李晓东教授等人对钢结构的抗火性能做了大量的实验研究。他们对4根用端板连接的H型钢梁进行火灾行为的实验研究，全部火灾实验在自行研制的火灾试验炉上进行，采用足尺实验形式，考虑跨度、荷载大小两个主要因素，得出钢梁的温度场分布、变形情况及端板连接、轴向约束对钢梁的影响。结果表明：H型钢梁在火灾作用下发生局部屈曲和弯扭屈曲现象；端板连接、轴向约束对H型钢梁的火灾行为影响明显；钢梁进入大变形阶段后，轴向约束压力变为轴向约束拉力，轴向拉力有阻止钢梁自身进一步变形的作用，即发生了悬链线作用。在对单层钢框架火灾行为的实验研究中，范明瑞和董毓利等人对单层足尺钢框架进行恒载下受火的实验研究，通过实验得出了单层钢框架在受火过程中梁、板及柱的温度场分布规律和变形情况，分析了钢框架在恒载和温度共同作用下的破坏特征、耐火极限以及影响它们的各种因素。实验结果表明：钢框架结构的整体结构行为与未受约束的标准试验炉的单个构件的受力性能是完全不同的，构件间的相互作用也是标准火灾实验所不能模拟的，特别是钢梁、柱与混凝土板等组合结构的相互作用。对于钢柱的耐火性能，董毓利教授等人对2根H形截面钢柱进行了火灾行为的实验研究。实验柱长3300mm，钢柱在实验过程中限制轴向变形。通过实验，得出了钢柱在火灾下的侧向变形和轴向约束力情况。实验表明：限制轴向变形对钢柱火灾行为产生明显的影响，二次受火钢柱极限温度明显降低。通过对2根一端固定一端铰接H形截面钢柱进行火灾行为的实验研究，得出了钢柱在火灾下的侧向变形和轴向变形情况，为钢结构火灾行为研究提供依据。结果表明：①四面受火情况下，一端固定一端铰接H形截面钢柱发生整体失稳破坏的形式是弯扭失稳。由于弱轴方向长细比大于强轴方向长细比，首先发生沿弱轴方向的侧向变形，且随钢柱温度升高沿弱轴方向侧向变形逐渐加大，最后导致钢柱整体失稳破坏。②钢柱受到的外加荷载越大，其极限温度越低。③钢柱受火时，轴向变形明显地分为膨胀阶段和收缩阶段。收缩阶段很短，一旦进入收缩阶段，钢柱很快破坏。他们还对4根H形截面钢柱进行了火灾行为的实验研究。实验中钢柱轴心受压，其中两个限制轴向变形，另两个不限制轴向变形。柱两端采用单向刀口支座，允许钢柱绕强轴转动。钢柱实验中考虑荷载大小和是否限制轴向变形两个因素。通过实验，得出了钢柱在火灾下的侧向变形和轴向变形随温度变化情况。虽然在钢结构耐火方面做了大量实验，取得了可喜的成果，充分证明了钢结构整体火灾行为与单个构件的火灾行为有很大的不同，但是并没有深入分析和测量温度应力。

上海交通大学赵金城等人长期从事钢结构抗火分析工作。他们就《建筑钢结构防火技术规范》中结构抗火计算方法和有限元数值计算方法，按不同结构抗火计算方法对算例进行对比计算研究。计算结果表明，规范中所给内力公式计算的结果较保守。发生火灾时，处于高温环境下的钢结构，其承载和变形性能都将发生显著的变化，甚至达到极限状态导致结构破坏。这主要是由于钢材的性能特别是力学性能对温度的敏感性很大。因此，研究高温下钢材性能的变化是进行钢结构抗火反应分析的重要内容之一，对高温下钢材各项力学性能指标如何取值将直接影响到结构抗火反应分析最后结果的可靠性。赵金城和沈祖炎为了分析高温下钢材力学性能的变化对结构抗火性能的影响，对基于不同力学性能模型下的结构分析结果进行了比较。结果表明：①高温下钢材力学性能模型的确定对结构抗火分析结果有较大影响，特别是对于单个构件分析，影响程度更大。②ECCS推荐的高温下材性模型比较保守。③应通过适当的实验研究找出适合我国建筑钢材的力学性能模型，为结构抗火分析提供可靠的依据。赵金城等人还进行了一系列钢材高温材性实验，基于对实验结果的分析，提出了便于应用的钢材三折线高温材料模型，为较精确地进行结构火灾反应分析奠定了基础。徐彦和赵金城进行了不同应力-温度路径下Q235钢材性能的实验，以研究应力-温度历史对钢材应变的影响。通过对实验数据进行回归分析，得到了不同应力-温度路径下Q235钢的应力、温度、应变三者之间的本构关系。研究了Q235钢经过恒载升降温自然冷却到常温时的材料力学性能，并与以往的研究结果进行了比较。杨祎和赵金城采用考虑温度-应力路径影响的高温下钢材的应力-应变关系，并考虑构件截面上温度非线性的分布状况，对火灾中钢结构的反应进行非线性分析，旨在尝试提出一种更加符合实际情况的钢结构抗火分析新方法。根据已有的实验结果，对高温材性实验数据进行了回归分析，得到Q235钢在升温恒载、升温加载、升温降载3种基本温度-应力路径的本构关系式。根据有限元原理，提出截面上温度分布的瞬态分析方法，并与欧洲规范、SAFIR程序进行对照，验证其正确性，为结构抗火全过程分析提供了参考。

国内还有其他学者对钢结构耐火性能做了大量的研究工作。武汉大学的杨锐玲和朱以文采用ECCS建议热膨胀系数、屈服强度和弹性模量确定折线式应力-应变曲线方程。高温下结构钢的变形分为瞬态应力变形、瞬态热应变和短期高温蠕变。他们在此基础上建立了温度-应力耦合本构关系及高温下的钢结构梁单元切线刚度方程，为钢结构的高温（抗火）分析提供依据。上海伊腾建筑设计有限公司的张燕星和邓芝娟考虑高温下加卸载过程钢材材性的变化，通过实验及数值拟合得到不同应力-温度路径下钢材的应力-温度-应变三者的本构关系，对今后钢结构抗火的研究提供参考和依据。浙江工业大学的於一明、徐伟良和钱铮利用大型有限元结构分析程序对变截面构件在火灾下的温度内力进行了计算分析，研究了由此得到的楔形变截面钢构件温度内力变化规律，导出了等效截面系数 β 的表达式，并在对现有等截面构件温度内力公式进行修正的基础上，得出了变截面钢构件在火灾下的温度内力计算公式。天津理工大学杨秀萍和郝淑英等人建立了钢框架结构的三维整体模型，采用有限元法对整体结构在火灾下的响应进行了数值模拟。对钢构件的应力和变形进行了弹塑性分析，得到了变形及应力随时间变化的云图和内力及挠度随时间变化的曲线。同时将不同约束条件下以及构件采取不同的保护措施时整体结构的响应进行了对比。为基于整体结构的耐火设计提供了有效的数值模拟方法。中南建筑设计院的刘开国采用三 Δ 方程法及现有有限元分析程序对火作用下钢框架结构的温度内力也进行了分析研究。湖南工业大学的欧蔓丽和曹伟军对建筑常用的 Q235 钢在火灾情况下的力学性能进行了分析，获得了 Q235 钢在高温下的屈服强度、极限强度、弹性模量、伸长率等力学性能指标的变化规律，并在恒温加载和恒载加温两种实验下对 Q235 钢进行强度对比。天津大学王岚和韩庆华考虑静力荷载和温度应力的影响，利用 ANSYS 有限元分析软件对平面钢框架的抗火极限状态进行了数值分析。

以上学者对钢结构在高温下的性能研究做了大量工作，但由于其要么实验次数过少，要么采用的材料模型与实际情况不相符，因此有待于进一步深入研究。

中国人民武装警察部队学院的屈立军教授等人，通过对工字钢短柱在有轴向位移约束和无轴向位移约束两种升温情况下进行的高温强度实验研究，得出如下结论：①试件所受温度越高，其屈服强度越低；②有轴向约束的构件，高温时产生温度应力，且温度越高，温度应力越大；③温度应力可导致构件破坏，所以对超静定结构耐火设计时必须考虑；④常温下可保证局部稳定性的型钢截面，高温时可产生局部失稳，进而引发构件整体失稳。此研究说明了温度应力对于钢构件高温下的耐火性能有着非常大的影响。对两端固定的工字钢短柱的温度应力进行实验研究，结果表明：①在钢材屈服前，把轴心受压钢构件视为弹性体，其温度应力的增长近似按式(4.14) 来估算：

$$\sigma_T = 0.0025(\Delta T)^{1.9632} \tag{4.14}$$

在构件总应力（初应力与温度应力之和）达到屈服强度后，把构件视为塑性体，其应力保持不变。②在钢材屈服前，初应力的大小并不影响温度应力的增长，但可以决定构件何时进入塑性状态。③构件进入塑性状态后直至破坏，可经历较长时间和进一步温升，这为超静定钢结构在火灾时充分利用内力重分布提供了较大空间。但由于该实验研究过程中测量的温度并非构件自身的温度，且试件过短并不能推广到一般钢柱构件。

在此后的研究工作中，作者所在研究团队利用自行设计开发的温度轴力测量装置，采用恒载升温实验方法，开展了轴向受约束钢管柱的温度应力实验研究。该研究取得以下 3 项创新性成果：①自行设计开发了杆系结构构件的温度轴力测量装置，可以真实模拟实际火灾中轴心受力构件的工作状态，首次搭建了杆系结构构件温度应力实验平台。②改变钢柱约束刚度、长细比、初应力水平，对约束钢柱开展大规模耐火实验，首次定量研究温度应力，获得其变化规律。③首次依据实验数据建立了温度应力的三段式计算模型。该模型可较为准确地估计轴心受压钢构件在火灾下的温度应力，也可推断该类构件在火灾下的临界温度。在以上温度应力实验过程中，仅目标钢柱受火作用，与之相连的周围钢柱和钢梁均保持常温，也就是目标柱的温差变化只考虑自身温度与室温的差值，未能考虑与其他构件由于不均匀温升引起的温差，这与钢结构受火过程的实际情况不符，实际工程中，当约束构件受到较大的火作用，材料弹性模量降低，约束刚度变化较大时，直接应用以上计算公式计算，可能会过高地估计温度应力。

2. 国外研究现状

火灾条件下钢结构（构件）温度应力研究是一个非常复杂的过

程，需要考虑诸多因素，涉及许多变量，如火灾的燃烧升温曲线、结构内瞬态温度场分布、各构件的相互约束影响、材料性质和力学性能随着温度的变化等。国际上普遍采用的是欧洲规范 3（Eurocode 3）和欧洲钢结构协会（ECCS）提出的抗火设计中考虑由于热作用和变形而产生的内应力。而欧洲钢结构协会（ECCS）关于材料高温特性的研究是基于弹性分析的，并未考虑材料在高温时候的非线性，因而对于温度应力的计算与实际情况不符。欧洲规范 3（Eurocode 3）在钢结构设计中虽然也考虑到了温度应力的影响，但实际计算中并没有具体的温度应力计算方法，而仅是在结构分析时，引入了高温下钢材的强度折减系数 $k_{y,\theta}$、火灾下材料性质的分项系数 $\gamma_{M,fi}$ 和高温稳定系数 χ_{fi} 来处理。分析计算结果与实际也有相当大的差距。

常见的国外关于钢结构耐火设计的规范还有澳大利亚规范（AS 4100—1990）和英国规范（BS 5950）等。同样，澳大利亚抗火设计规范仅仅是在抗火设计过程中，通过高温下材料的热特性验算出结构在高温下的极限承载力，没有明确进行温度应力的分析计算。英国规范同欧洲规范 3 一样，只是引入了高温下结构材料的强度折减系数以考虑温度的作用，也没有温度应力的具体分析方法。

国外还有许多学者对钢结构火反应进行了大量研究。比利时 Liege 大学的 Franssen JM.、Talamona D. 和 Kruppa J. 等人对两个钢柱分别做了大偏心和小偏心的耐火稳定性实验，综合前人实验数据，在已有曲率公式的基础之上提出了 P-M（轴力-弯矩）曲线并给出极限荷载和临界温度公式。C. G. Baily 和 D. B. Moore 通过钢结构的实验，发现在钢框架受火过程中，由于钢梁的作用，对钢柱施加一个水平力，这个力可以使得柱子产生非常大的横向位移。这种由梁传递给柱子的横向位移对结构刚度和内力影响很大。其论文中指出：当前的规范都忽略了由于温度作用而产生的梁传给柱子的力。建议对此进行进一步的研究，以保证钢柱在受火过程中的稳定性。法国人 J. C. Valente 和 I. C. Neves 研究了火灾中产生的轴向约束和侧向约束对钢柱耐火性能的影响，认为轴向约束降低钢柱的临界温度，而侧向约束却会提高临界温度。当轴向约束比较大而侧向约束比较小时，钢柱的实际临界温度比根据欧洲规范 3 简化后计算的临界温度低很多。A. M. Sanad 和 J. M. Rotter 等人研究了室内火灾中二维楼板和组合梁的响应行为。认为对于高次超静定结构，局部屈服和大偏转可以降低火灾对整个结构的破坏。Z. F. Huang 和 K. H. Tan 发展了传统的朗金公式，合并考虑柱子的边界约束和蠕变变形，预测轴向约束钢柱的临界温度。认为轴向约束会大大降低柱子的耐火性能。以上各学者对于钢结构在高温下的耐火实验和研究都有效地证明了框结构中温度应力对于构件的影响，但没有对温度应力进行深入的研究和实验测量，没有提出温度应力的计算方法。

第二节

轴心受压约束钢柱温度应力实验

本章最终将重点介绍笔者所在研究团队建立的钢框架中柱温度应力数值计算模型。但评估该计算模型的有效性和准确性也是不可或缺的内容。为此，本节首先介绍笔者开展的轴心受压约束钢柱温度应力实验。其实验结果可为后续章节分析所建立的计算模型的有效性和科学性提供支撑。

笔者所在研究团队对我国 3 个钢厂生产的 Q345（16Mn）无缝钢管所制作的试件，进行较大规模的实验研究。实验采用连续升温，共设置 3 个初始应力水平、14 级约束刚度和 6 种长细比，共计 262 次实验，其中常温实验 12 次，高温实验 250 次。实验结果揭示了初始应力水平、轴向约束刚度、长细比和温升 4 个因素对轴向受约束钢管柱的温度应力的影响变化规律。由于篇幅有限，且仅为验证计算模型的有效性，本节只介绍其中 3 组实验。

一、实验设备

实验研究时采用课题组自行设计的杆系结构构件温度内力（应力）测量装置。实验设备主要包括加热控温系统、加载系统和系统控制与数据采集存储系统，如图 4.3 所示。

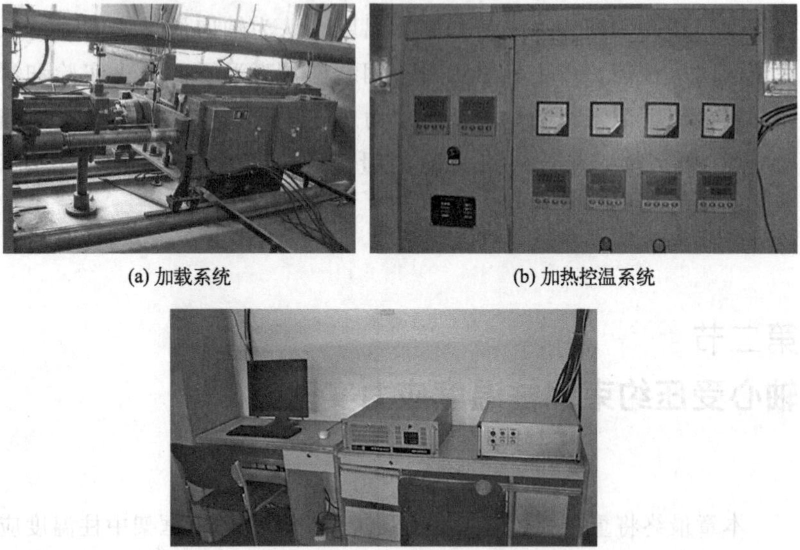

(a) 加载系统　　(b) 加热控温系统

(c) 系统控制与数据采集存储系统

图 4.3　杆系结构构件温度内力（应力）测量装置

实验设备具有如下功能：

① 维持恒定荷载。火灾时，钢构件上承受一定量值的重力荷载，并在火灾过程中保持不变。

② 水平和竖向对中。本研究的对象是轴心受力构件，所受荷载与构件轴线重合，要求设备能在水平和竖向双向对中。

③ 轴向约束能力。本研究的目的是计算温度内力，所以设备必须具有约束构件轴向变形的功能，所提供杆端的约束力可随需要在 0～∞之间变化，以此模拟分离出来的单一构件在原来结构体系中的实际受力情况。

④ 升温。按一定程序升温可模拟构件在实际火灾中的热作用。

⑤ 各类参数测量。实验中应能测定构件所受初始轴力、温度轴力、杆端变形、构件自身和炉内温度等。

二、试件

试件采用从国内三个钢铁生产厂家选取的 Q345 无缝钢管，按钢结构施工验收规范加工成长度为 2000mm 的圆管试件，试件常温主要性能参数见表 4.1。为加载方便，在钢柱两端焊接厚度为 20mm 的矩形端板，端板长宽尺寸随不同规格试件而不同。如图 4.4 即为单个试件照片，图 4.5 为试件简图。

表 4.1　试件常温主要性能参数

外径×壁厚 /(mm×mm)	长细比 λ	短柱强度 f'_y /(N/mm²)	长柱强度 f_y /(N/mm²)	密度 ρ /(kg/m³)
73×6	84	437	342	7850

图 4.4　单个试件照片

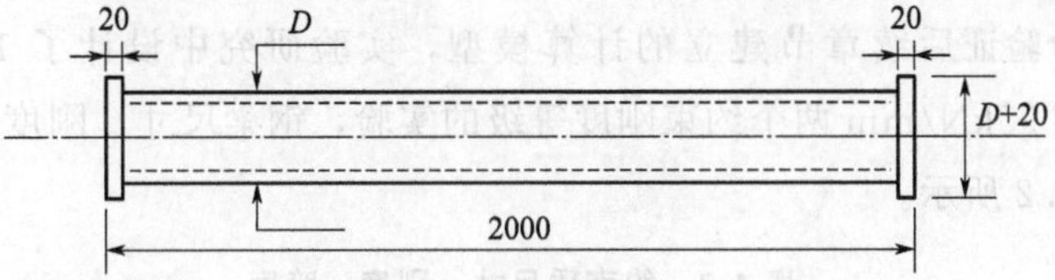

图 4.5　试件简图

三、实验方案

考虑到钢柱在升温过程中所产生的温度应力与约束其变形的连接

构件的刚度有关，因此，在实验中引入影响因素约束刚度 K_T；钢柱自身的刚度也是影响温度应力的重要因素，因此引入钢柱的长细比 λ；另外，钢柱所承受的初始应力对其在升温过程中的变形至关重要，引入初始应力水平 k_0；同时引入决定性因素，钢柱的温度 T。因此，本实验研究内容就在于充分考虑钢柱的约束刚度、长细比、初应力、温度对温度应力的影响。

刚度的大小反映了构件的抗变形能力。对轴心受压约束钢柱进行实验研究，试件钢柱在受热过程中会产生膨胀而伸长，而结构的其他构件由于没有受到高温作用，相对于钢柱就会产生一个变形差，在这个过程中膨胀钢柱就会受到其上部钢梁的约束作用。通过调整上部钢梁的跨度及尺寸就可以改变钢柱的约束刚度。

由结构力学可知，约束梁的约束刚度由式(4.15) 确定：

$$K_T=\frac{48EI}{l^3} \tag{4.15}$$

式中 E——弹性模量，取 $2.06\times10^5\text{N/mm}^2$；

l——钢梁跨度，mm；

$$I=\frac{h^3b}{12}$$

其中 I——惯性矩，mm^4；

h——钢梁厚度，mm；

b——钢梁宽，mm。

为验证后续章节建立的计算模型，实验研究中设计了 162kN/mm 和 95kN/mm 两个约束刚度等级的实验，钢梁尺寸、刚度、跨度如表 4.2 所示。

表 4.2　约束梁尺寸、刚度、跨度

$b\times h/\text{mm}^2$	跨长/mm	约束刚度/(kN/mm)
300×80	920	162
300×80	1100	95

初应力是指，在实验开始对钢柱进行加温之前，对其所施加的初始应力值，该参数代表实际结构受火前所承受的有效重力荷载的大小。初应力的大小会影响到其受热过程中应力的变化与破坏过程。实验研究中，根据钢柱的屈服强度，将初始作用力的大小以初应力水平 k_0 的形式表达。实验对试件进行 0.3、0.4 和 0.5 三个级别的初始应力水平的加载。

初始应力水平由式(4.16) 确定：

$$k_0=\frac{N_0}{Af_y} \tag{4.16}$$

式中 N_0——初始荷载，N；

A——试件的实测横截面积，mm^2；

f_y——长柱屈服强度，N/mm^2。

实验过程中，需由式(4.16) 来确定初始施加在钢柱上的荷载值。f_y 根据表 4.1 确定。

需要对试件进行测量和计算以确定横截面积 A。由于钢柱较长，在钢厂制作过程中可能存在粗细不均匀的情况，且长时间放置在室外，柱子表面生锈，无法对钢柱直径进行直接测量。为了准确确定钢柱横截面积，对钢柱除锈以后，称重，并测量钢柱两端端板的体积，再利用钢材的密度反算钢柱横截面积，计算公式如下：

$$A=\frac{\frac{m}{\rho}-v}{l_0} \tag{4.17}$$

式中 m——试件质量，kg；

ρ——钢材密度，取 $7850kg/m^3$；

v——钢柱两端端板体积，m^3；

l_0——钢柱长度，取 1.96m。

构件的长细比用以衡量轴心受力构件的抗弯刚度。它综合反映了受压构件的长度、横截面形状与尺寸等。构件的长细比越大，在轴心受压过程中越容易导致失稳而破坏。实验研究中，试件钢柱受到钢梁的轴心压力作用，因此，长细比作为一个重要影响因素，必须引入。工程上长细比的计算由式(4.18) 确定：

$$\lambda=\frac{l_0}{i}\leqslant[\lambda] \tag{4.18}$$

式中 l_0——构件对截面主轴的计算长度，cm；

i——构件对截面主轴的回转半径，$i=\sqrt{I/A}$，cm；

$[\lambda]$——规范规定的容许长细比。

本文实验研究中，实验试件长细比按表 4.1 取值。

温度差是超定静结构产生温度应力的决定性因素。温度的提高使得钢柱的强度、弹性模量等力学性能显著降低，从而影响结构的稳定性。温度升高的速率不同，对于结构来说也会产生不同的反应。实验研究中，由于所考虑参数较多，加之对于温升速率的考虑较为复杂，因此实验过程中，对构件以同一线性温升速率进行升温。实验温度预设为 20～800℃，温升速率约为 5℃/min。

四、实验过程

实验主要过程如下：安装试件并双向对中；插入热电偶，安装百分表；启动操作软件，对力、变形清零；启动操作软件的力控模式，引导油缸输出力值在 30kN 左右时，对变形清零，保存数据；继续加载，当油缸输出力值达到设定的初始荷载时，控制该力值在整个实验过程中保持不变；调整约束梁支座高度，使其刚好和梁接触（试件另一端的压力传感器力值与油缸输出力值相等）；启动温控箱，按预设模式升温；此后压力传感器力值增加，当构件达到极限承载力后，抗力逐渐减小，当减小到极限承载力的 90%时，程序自动保护卸载。在实验过程中，每隔 30s，自动采集并记录试件两端的变形、油缸位移、油缸的输出力值、压力传感器力值、各个热电偶的温度。

五、实验结果

按照实验方案，对各影响因素进行了交叉实验。原实验研究共进行高温实验 250 次。在此仅给出长细比为 84，约束刚度为 162kN/mm，初始应力水平为 0.3 和 0.5，以及长细比为 84，约束刚度为 95kN/mm，初始应力水平为 0.3 时的实验结果，如表 4.3 所示。其中温度应力 σ_T 定义如下：

$$\sigma_T = N_T / A \tag{4.19}$$

式中　N_T——温度轴力，N。

表 4.3　实验结果

温升①/℃	温度应力① /(N/mm²)	温升②/℃	温度应力② /(N/mm²)	温升③/℃	温度应力③ /(N/mm²)
0	0	0	0	0	0
2	0.20064	1	0.05194	1	0.24162
4	0.10433	4	0.23745	3	0.53781
5	0.15249	6	0.37843	5	0.87296
6	0.09631	7	0.46747	6	1.16135
7	0.30498	8	0.60845	6	1.55886
9	0.25682	9	0.97946	7	1.90181
11	0.45746	11	1.0685	9	2.33049
12	0.25682	13	1.39499	11	3.06316
12	0.45746	14	1.67696	12	3.60096
13	0.50562	14	1.81794	13	4.13877
14	0.65811	15	2.00344	14	4.72334
15	0.70626	16	2.18153	15	5.45601
17	1.05939	18	2.50801	17	6.04058
17	1.26003	20	2.73804	18	6.71868
18	1.70144	20	2.92354	18	7.20193
19	1.95827	21	3.33907	19	7.69297
21	2.56019	22	3.76202	20	8.23077
23	3.26645	24	3.85106	21	9.05697
24	3.96469	26	5.00861	23	9.74287

续表

温升①/℃	温度应力①/(N/mm²)	温升②/℃	温度应力②/(N/mm²)	温升③/℃	温度应力③/(N/mm²)
26	4.61477	28	5.24605	24	10.42097
28	5.41734	29	5.85451	26	11.15363
29	5.97111	31	6.44812	27	11.83953
31	6.82183	32	6.91559	28	12.66573
32	7.77689	34	7.51662	30	13.58545
33	8.7801	35	8.63707	31	14.46621
35	9.48636	37	9.04517	33	15.39373
36	10.44141	38	9.92817	35	16.36802
38	11.23596	40	10.95215	36	17.38907
39	12.03852	42	11.9242	37	18.31659
41	12.84109	43	12.85172	38	19.29088
42	13.90048	44	13.83118	40	20.26516
44	15.10433	46	14.98872	42	21.43431
46	16.25201	48	16.10175	43	22.50992
47	17.55217	50	17.11831	45	23.57774
49	18.96469	51	18.23133	47	24.74688
51	20.52167	52	19.24789	48	25.86926
52	21.87801	54	20.50932	50	27.1787
53	23.33066	56	21.61492	51	28.15299
55	24.78331	58	22.21596	53	29.41566
57	26.4366	59	23.23994	55	30.63937
58	28.04173	61	24.49395	56	31.85528
60	29.59872	62	25.74053	58	33.17251
62	31.30819	64	27.13552	60	34.63004
64	33.16212	66	28.47857	62	35.90051
65	34.86356	68	29.31705	64	37.26451
66	36.31621	70	30.8456	65	38.62852

续表

温升①/℃	温度应力① /(N/mm²)	温升②/℃	温度应力② /(N/mm²)	温升③/℃	温度应力③ /(N/mm²)
68	38.17014	71	32.55966	67	39.93796
70	40.08026	73	34.60762	69	41.26299
73	41.68539	75	37.05627	71	42.61919
74	41.73355	77	38.72581	73	44.13908
76	43.94061	79	40.49181	74	45.59661
78	46.14767	81	42.16134	76	47.30356
80	50.11236	82	43.91992	78	48.56624
82	52.41573	84	45.73044	80	50.17186
83	54.72713	85	47.39998	82	51.63719
85	56.68539	87	49.07693	84	53.39091
86	58.83628	89	51.02101	85	54.84844
88	60.89888	91	52.87605	87	56.46186
90	62.95345	94	54.68657	89	58.06748
93	65.46549	96	56.63065	91	59.76664
95	67.67255	98	58.6712	93	61.38006
98	70.07223	99	60.66722	95	63.18054
101	72.63242	101	62.6113	97	64.93426
104	75.29695	103	64.51828	99	66.59444
106	77.94543	105	66.46236	101	68.54301
108	80.45746	107	68.45839	103	70.29673
110	83.11396	109	70.58797	105	72.14398
112	85.42536	111	72.584	107	73.99902
113	87.72873	113	74.71358	109	76.04112
115	89.98395	115	76.85059	111	78.03646
117	92.19904	117	78.89113	113	80.08636
118	94.50241	119	80.93168	116	82.22979
120	96.86196	121	83.01674	118	84.22513

续表

温升①/℃	温度应力①/(N/mm²)	温升②/℃	温度应力②/(N/mm²)	温升③/℃	温度应力③/(N/mm²)
123	99.32584	123	85.19827	120	86.3218
125	101.7817	125	87.32785	122	88.21581
128	104.39005	128	89.50938	125	90.95161
130	107.0947	130	91.23086	127	92.99371
133	110	132	93.77597	129	95.1917
135	112.66453	134	95.82393	132	97.57675
137	115.27287	136	97.76802	134	99.96181
140	117.97753	137	99.85308	137	102.2923
142	120.89085	140	101.99009	139	104.68515
144	123.20225	142	103.93417	141	106.82858
146	125.75441	144	105.97471	143	109.36173
148	128.16212	146	108.01526	145	111.60648
150	130.66613	149	109.91482	148	113.79668
152	133.07384	150	111.76986	150	116.23629
155	135.5297	153	113.76588	153	118.52002
157	137.99358	155	115.62092	155	120.76478
160	140.2488	157	117.29045	158	123.09527
162	142.6565	159	119.05645	160	125.38679
165	145.11236	161	120.57759	163	127.67831
167	147.47994	163	122.39552	165	129.82174
169	149.63082	166	123.9686	167	132.01194
172	151.94222	168	125.49715	170	134.10861
174	154.10112	171	127.0257	172	136.20527
177	156.25201	172	128.37617	174	138.45003
179	158.30658	174	129.66728	177	140.43757
181	160.26485	176	130.87677	179	142.48747
184	162.31942	179	131.33682	182	144.48281

续表

温升①/℃	温度应力①/(N/mm²)	温升②/℃	温度应力②/(N/mm²)	温升③/℃	温度应力③/(N/mm²)
186	164.32584	181	132.07883	184	146.43138
188	166.13162	183	132.95441	187	148.52805
191	168.04173	185	134.43844	189	150.3753
193	169.89567	187	135.69245	192	152.12901
195	171.65329	190	136.71643	194	153.98405
197	173.35474	192	137.68847	196	155.83909
200	175.16051	194	138.33403	198	157.63178
202	176.91814	197	138.94248	201	159.44006
205	178.46709	199	139.49899	202	161.19377
207	179.87159	201	139.91452	204	162.94749
209	180.83467	204	140.19649	207	164.45958
212	182.28732	206	140.33005	209	165.91712
214	183.73997	208	140.33005	212	167.72539
217	185.09631	210	140.28553	214	169.37778
219	186.30016	213	140.19649	216	171.07694
222	187.69663	215	140.14454	218	172.55006
224	188.69984	217	139.81806	221	173.90627
227	189.91172	219	139.26155	223	175.31703
229	191.01926	221	138.66051	226	176.93045
231	191.61316	224	137.96302	228	178.29445
233	192.52006	226	136.99098	230	179.75978
236	193.37079	228	136.20444	232	181.11599
238	194.06902	230	135.18046	234	182.47999
241	194.62279	233	134.20842	237	183.89076
243	195.12841	235	132.99893	239	185.11446
245	195.27287	237	131.93043	241	186.43169
248	195.32905	239	130.68384	243	187.69437

续表

温升①/℃	温度应力① /(N/mm²)	温升②/℃	温度应力② /(N/mm²)	温升③/℃	温度应力③ /(N/mm²)
250	195.22472	242	129.42984	245	189.1597
252	194.97592	244	128.13131	248	190.32105
254	194.47031	246	126.88472	250	191.49019
256	193.82825	248	125.71976	252	192.7061
259	193.26645	250	124.28766	254	193.87524
261	192.36758	253	123.07818	256	195.09895
263	191.51685	255	121.59415	258	196.02647
266	190.5618	257	120.34014	260	197.18782
268	189.55859	259	118.81159	263	198.31799
270	188.30658	261	117.46854	265	199.29228
272	187.25522	264	116.08097	268	200.2198
274	186.14767	266	114.7305	270	201.19409
276	184.54254	268	113.33551	273	201.91895
279	183.13804	270	111.94794	275	202.65162
281	181.58106	273	110.50843	278	203.28296
283	180.07223			280	203.86753
285	178.57143			283	203.62591
288	176.96629			284	203.91429
290	175.51364			286	204.01562
292	173.75602			289	204.16371
295	172.25522			291	204.15592
297	170.39326			294	203.86753
299	168.8443			296	203.57135
302	166.93419			298	202.69838
304	165.08026			301	203.0881
				303	202.60485
				306	201.66954

续表

温升①/℃	温度应力①/(N/mm²)	温升②/℃	温度应力②/(N/mm²)	温升③/℃	温度应力③/(N/mm²)
				308	200.41466
				311	199.47934
				312	198.55961
				314	196.90722
				317	195.29381
				319	193.73495
				321	191.98123
				323	190.32884
				325	188.4738
				327	186.52523
				330	184.62342
				332	182.33969
				334	180.1417
				336	178.14636
				338	176.0497
				340	174.05436
				342	171.52121

① $\lambda=84$，$K_T=162\text{kN/mm}$，$k_0=0.3$ 的实验结果。
② $\lambda=84$，$K_T=162\text{kN/mm}$，$k_0=0.5$ 的实验结果。
③ $\lambda=84$，$K_T=95\text{kN/mm}$，$k_0=0.3$ 的实验结果。

根据表 4.3 实验结果，绘制温升-温度应力曲线，如图 4.6 所示。

实验后试件照片如图 4.7 所示。

综合分析图 4.6 可知，随着温度的升高，试件的轴心压力在前一阶段升高而后一阶段下降。试件受到温度和压力双重荷载的作用，会产生由温度升高引起的膨胀应变和温度、压力共同作用引起的荷载应变。实验开始阶段，试件温度较低，试件的弹性模量较大。温度逐渐

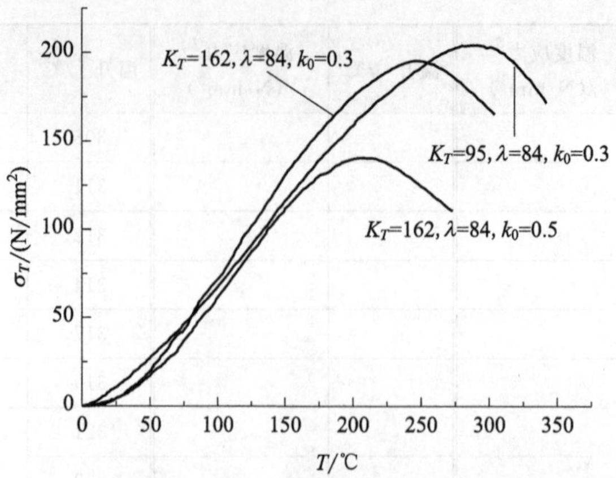

图 4.6 实验结果温升-温度应力曲线

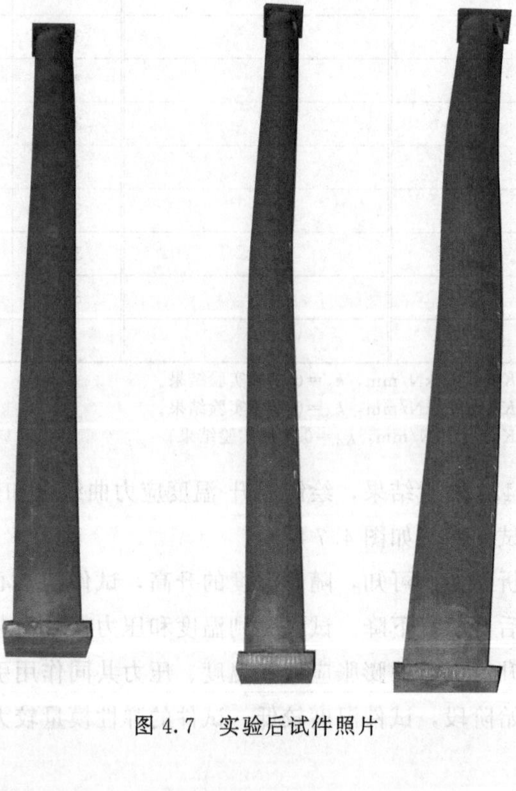

图 4.7 实验后试件照片

升高，此时由温度升高引起的膨胀应变大于由温度、压力共同作用引起的荷载压缩应变，因此试件在温度、压力双重作用下总趋势呈现膨胀状态。试件伸长，钢梁和两根支座对其产生约束作用，试件内产生温度应力，引起作用在试件轴向上的轴力增大，即图 4.6 中前一上升阶段。随着温度继续升高，试件弹性模量下降，逐步进入弹塑性阶段，此时膨胀应变开始接近于荷载压缩应变。温度进一步升高，膨胀应变小于荷载压缩应变，试件产生压缩变形，温度轴力开始下降，即图 4.6 中后一下降阶段。

第三节 ANSYS 仿真计算

钢结构构件温度应力的分析与计算可以通过两种途径进行：一种是上节中，直接利用实验结果，对温度应力进行回归分析，得到温度应力的计算函数，以此作为设计与评估的数据基础；另外一种是通过传统的力学分析方法，利用合理的材料模型对结构进行分析计算。前者的缺陷在于，对每一种受力状况都必须进行有针对性的实验研究，上节中所得结果只能应用于轴心受压约束钢试件，对于框架内柱等构件，应用非常方便且可靠。后者则可以对受弯、偏心受压等多种情况进行分析计算。

在第三节和第四节中，笔者将试图利用第二种途径对第二节实验过程进行数值分析。分别采用目前工程上通用的商用有限元分析软件 ANSYS 进行仿真计算，与钢结构实际热-力路径相符的分段叠加法进行编程数值计算。

一、ANSYS 软件介绍

ANSYS 软件是世界上著名的大型通用有限元分析软件，在中国用户极多、应用非常广泛。它融结构、热、流体、电磁、声学等多专业的分析于一体，可广泛应用于机械制造、石油化工、轻工、造船、航空航天、汽车交通、电子、土木工程、水利、铁道等各种工业设计和科学研究。作为世界上首个通过 ISO 9000 认证的有限元分析软件，目前推出的 ANSYS 产品具有应用范围广、操作简单、图形和后处理功能强大等优点，因而为全球工业界所接受，尤其在中国的 CAE 软件市场上一向高居榜首。（CAE 技术是实现创新设计最主要的技术保障，应用 CAE 软件可对创新设计方案的快速实施性能与可靠性分析进行虚拟模拟，从而及早发现设计缺陷，在实现创新设计的同时提高设计质量，降低研究开发成本，缩短研究开发周期。）

一般机械结构系统的几何结构相当复杂，所受负载也相当多，理论分析往往无法进行。想要解答，必须先简化结构，采用数值模拟方法分析。由于计算机行业的发展，ANSYS 软件也就应运而生。作为一种工程分析软件，ANSYS 可以计算分析在机械结构系统受到外力荷载时所出现的反应，例如应力、位移、温度等，根据该反应可知道机械结构系统受到外力荷载后的状态，进而判断是否符合设计要求。

ANSYS 软件主要包括三个部分：前处理模块、分析计算模块和后处理模块。前处理模块提供了一个强大的实体建模及网格划分工具，用户可以方便地构造有限元模型；分析计算模块包括结构分析(可进行线性分析、非线性分析和高度非线性分析)、流体力学分析、电磁场分析、声学分析、压电分析以及多物理场的耦合分析，可模拟多种物理介质的相互作用，具有灵敏度分析及优化分析能力；后处理模块可将计算结果以彩色等值线显示、梯度显示、矢量显示、粒子流迹显示、立体切片显示、透明及半透明显示（可看到结构内部）等图形方式显示出来，也可将计算结果以图表、曲线形式显示或输出。软件提供了 100 种以上的单元类型，用来模拟工程中的各种结构和材料。如图 4.8 为 ANSYS 的主界面。

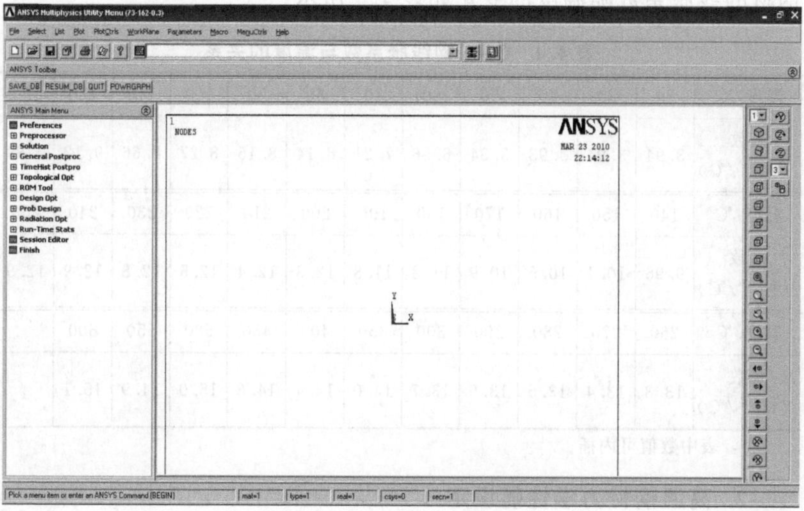

图 4.8 ANSYS 主界面

ANSYS 应用到每一个不同的工程领域，其分析方法和步骤都有所差异，在此仅介绍本书研究过程中的步骤。

二、结构钢的材料性能设定

1. 热物理特性设定

由于本书对实验过程进行模拟时试件的温度直接采用实验过程中所采集的温度，因此对钢材的热导率以及比热容不再定义。

结构用钢材的密度一般不随温度的变化而变化，取常数：$\rho_s = 7850\text{kg/m}^3$。

热膨胀系数是指单位长度的物体温度升高一摄氏度时的伸长量。当温度升高时，钢构件要发生膨胀。对截面温度分布均匀的静定结构而言，热膨胀只对变形有影响，不会产生附加内力。但当结构和构件的膨胀受到约束时，就会产生附加内力，即温度应力，在进行结构分析时必须考虑这种影响。

钢材的热膨胀系数实际随温度的升高会发生变化。本书所采用的钢材的线胀系数随温度的变化如表 4.4 所示。

表 4.4　Q345 钢线胀系数与温度的关系

温度/℃	20	30	40	50	60	70	80	90	100	110	120	130
系数/(10^{-6}/℃)	3.94	3.94	3.93	5.34	6.56	7.21	8.14	8.15	8.27	8.66	9.12	9.83
温度/℃	140	150	160	170	180	190	200	210	220	230	240	250
系数/(10^{-6}/℃)	9.96	10.1	10.5	10.9	11.3	11.8	12.3	12.4	12.5	12.8	12.9	12.9
温度/℃	260	270	280	290	300	350	400	450	500	550	600	
系数/(10^{-6}/℃)	13.3	13.4	13.5	13.6	13.7	14.0	14.4	14.6	15.0	14.9	15.1	

注：表中数值可内插。

2. 高温钢材力学性能设定

钢材的泊松比一般比较稳定，受温度的影响小。高温下结构钢的泊松比取与常温下相同：$\nu_s=0.3$。

结构钢的常温屈服强度是对其进行力学分析计算的重要参数，本研究采用实验所得长柱的屈服强度，按表 4.1 取值。

高温下钢材的应力-应变曲线是进行其力学性能分析的最主要内容。钢材的应力-应变关系的模型很多，一般都是分段模型。最简单的是分段直线模型，即给出一定温度下各控制应力点的应变值，在相邻点之间连成直线。至于连续光滑的模型比较少，表达式也比较复杂。

目前，各国颁布实施的钢结构抗火设计规范基于恒温加载实验，给出了钢材屈服强度折减系数、初始弹性模量折减系数等，只有 Eurocode 3 给出了钢材在高温下的应力-应变曲线，需要时可根据该曲线确定钢材切线模量随应变和温度变化下的取值，从而考虑材料的弹塑性性能。本研究过程中，采用对国产 16Mn 钢进行恒温加载实验所建立的应力-应变随温度的变化关系。

钢材在恒温加载实验下其应力-应变在不同温度下的相应数值（折线端点）列于表 4.5。

表 4.5 恒温加载条件下钢材在不同温度下的应力-应变关系

单位：%

应变/%	20℃	100℃	200℃	300℃	400℃	500℃	600℃
0	0	0	0	0	0	0	0
0.05	0.3075	0.3063	0.3036	0.2957	0.2777	0.2464	0.1952
0.10	0.6150	0.5866	0.5835	0.5515	0.4855	0.4260	0.3230
0.15	0.9225	0.8311	0.8009	0.6786	0.5904	0.5100	0.3931
0.16	1.0000	0.8468	0.8129	0.6924	0.6042	0.5211	0.4002
0.20	1.0000	0.9097	0.8610	0.7475	0.6594	0.5654	0.4287
0.25	1.0000	0.9443	0.8892	0.7903	0.7092	0.6056	0.4530
0.30	1.0000	0.9608	0.9085	0.8186	0.7463	0.6402	0.4709
0.50	1.0000	0.9804	0.9346	0.8892	0.8381	0.7272	0.5183
0.70	1.0000	1.0000	0.9608	0.9373	0.8885	0.7734	0.5479
0.80	1.0000	1.0000	0.9739	0.9613	0.9138	0.7964	0.5627
1.00	1.0000	1.0000	1.0000	0.9871	0.9642	0.8426	0.5923
1.10	1.0000	1.0000	1.0000	1.0000	0.9821	0.8581	0.5990
1.20	1.0000	1.0000	1.0000	1.0000	1.0000	0.8737	0.6057
1.30	1.0000	1.0000	1.0000	1.0000	1.0000	0.8892	0.6124
1.50	1.0000	1.0000	1.0000	1.0000	1.0000	0.9087	0.6258

注：表中数值为应力水平 $k=\sigma/f_y$，可内插。

由表 4.5 中数据绘制钢材应力-应变曲线，如图 4.9 所示。

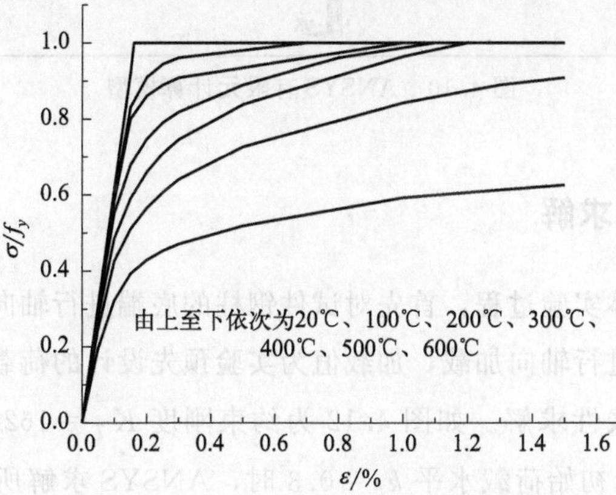

图 4.9 恒温加载条件下应力-应变曲线

三、计算模型

ANSYS 计算模型在设定过程中，完全按照各次实验和设备条件进行设定。如图 4.10 所示为约束刚度 $K_T=162\text{kN/mm}$，长细比 $\lambda=84$ 的计算模型。图 4.11 为局部细节图。

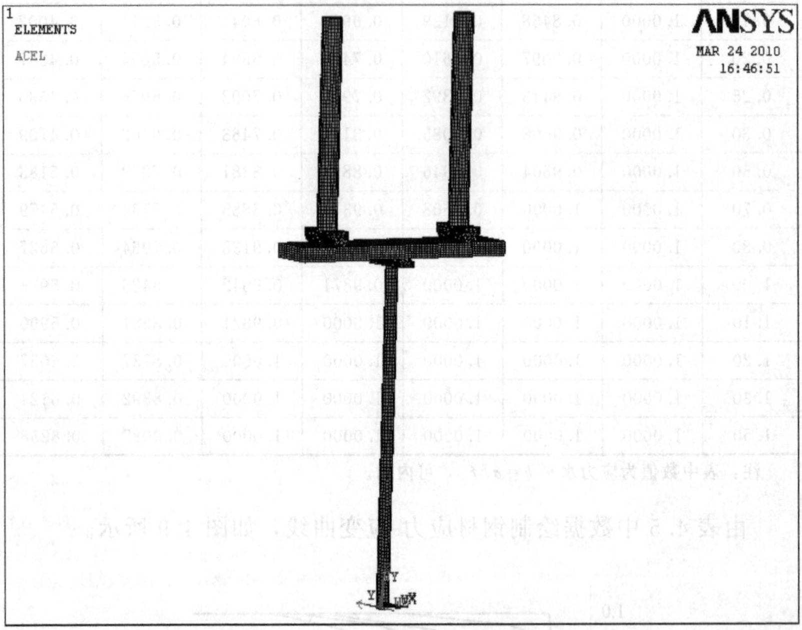

图 4.10　ANSYS 有限元计算模型

四、加载和求解

根据具体实验过程，首先对试件钢柱的底端进行轴向约束，通过钢梁对试件进行轴向加载，加载值为实验预先设计的荷载水平。然后对其进行非线性求解。如图 4.12 为约束刚度 $K_T=162\text{kN/mm}$、长细比 $\lambda=84$、初始荷载水平 $k_0=0.3$ 时，ANSYS 求解所得试件的应力分布云图。

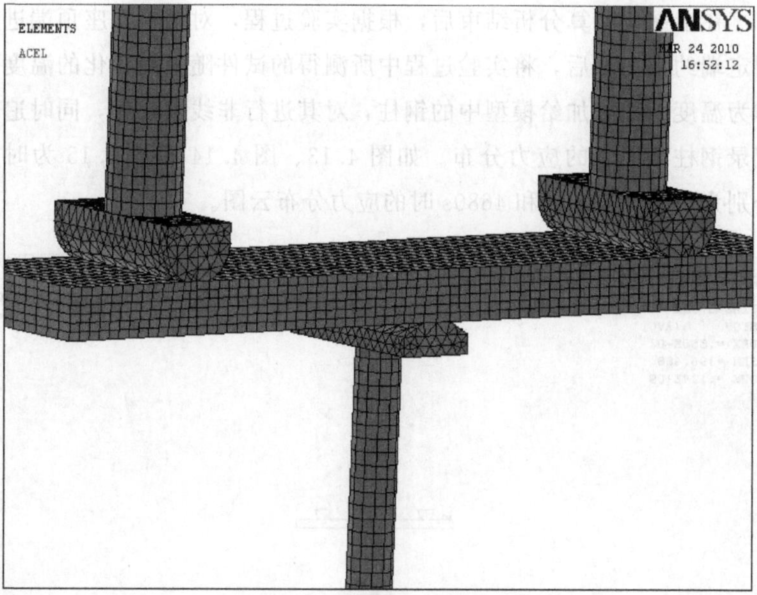

图 4.11　局部细节图

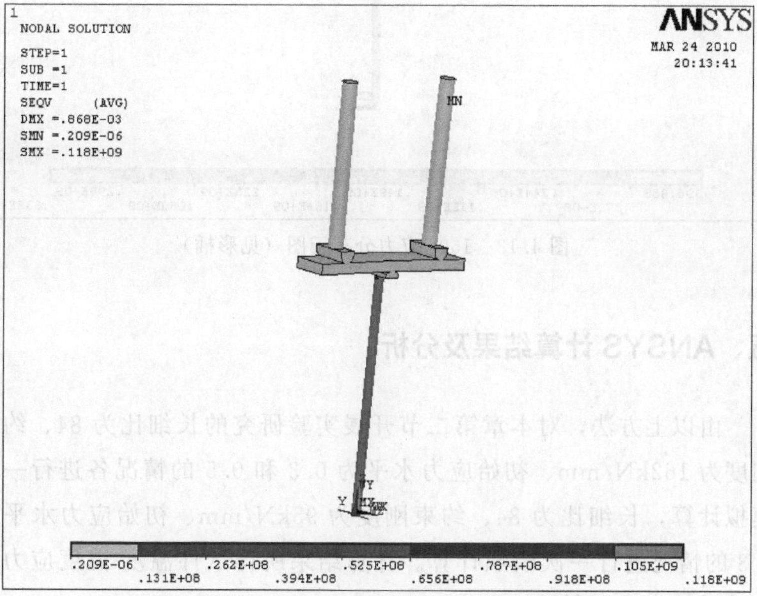

图 4.12　初始荷载应力分布云图（见彩插）

在上一步计算分析结束后，根据实验过程，对两根支座顶端进行固定端约束。然后，将实验过程中所测得的试件随时间变化的温度值作为温度荷载施加给模型中的钢柱，对其进行非线性求解，同时追踪记录钢柱截面上的应力分布。如图 4.13、图 4.14 和图 4.15 为时间分别为 150s、4176s 和 4680s 时的应力分布云图。

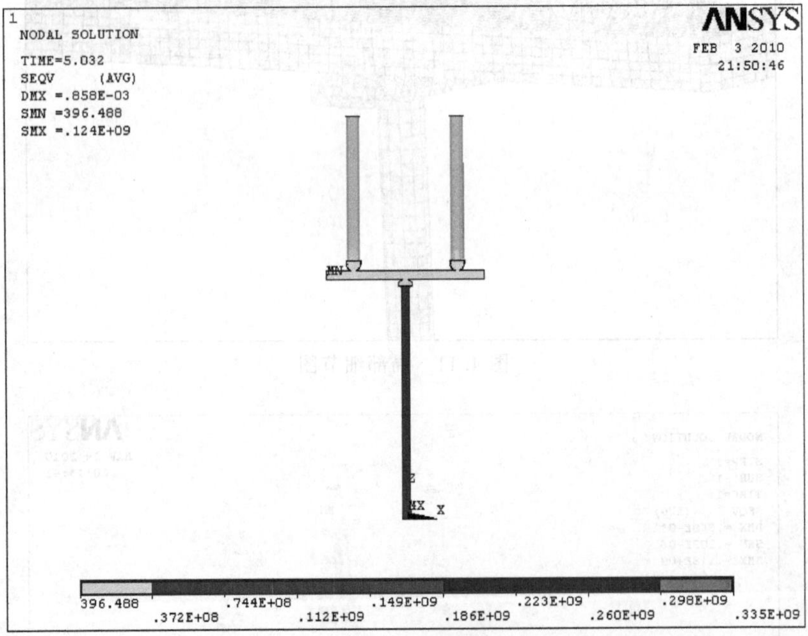

图 4.13 150s 应力分布云图（见彩插）

五、ANSYS 计算结果及分析

由以上方法，对本章第二节开展实验研究的长细比为 84、约束刚度为 162kN/mm、初始应力水平为 0.3 和 0.5 的情况各进行一次模拟计算，长细比为 84、约束刚度为 95kN/mm、初始应力水平为 0.3 的情况进行一次模拟计算。计算结果所得试件温度-温度应力变化关系如表 4.6 所示。

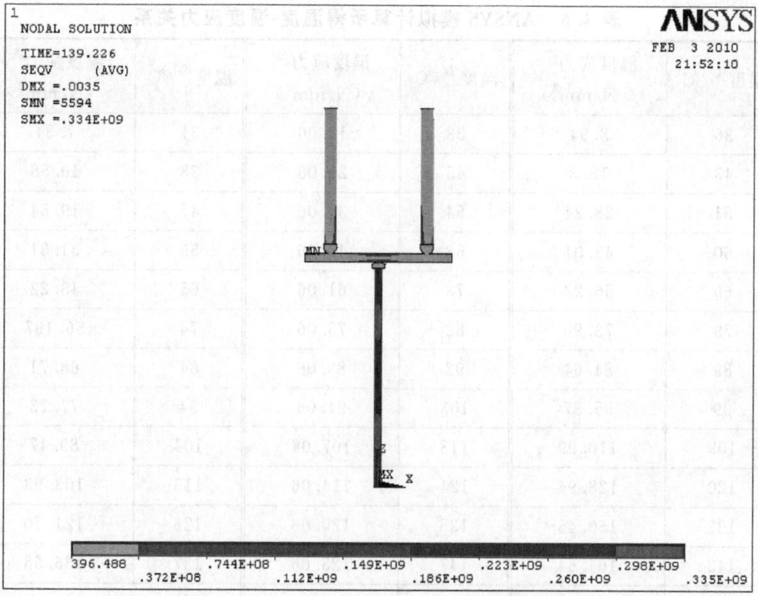

图 4.14　4176s 应力分布云图（见彩插）

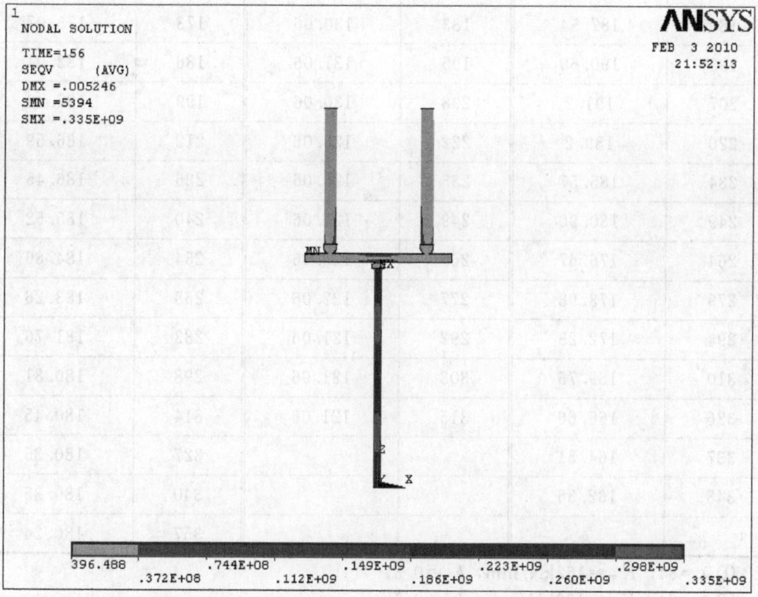

图 4.15　4680s 应力分布云图（见彩插）

表 4.6　ANSYS 模拟计算所得温度-温度应力关系

温度[①]/℃	温度应力[①]/(N/mm^2)	温度[②]/℃	温度应力[②]/(N/mm^2)	温度[③]/℃	温度应力[③]/(N/mm^2)
36	8.94	38	13.06	31	7.54
43	15.3	45	21.06	38	10.58
51	28.24	54	34.06	47	19.54
60	43.01	63	48.06	55	31.31
69	56.22	73	61.06	65	43.22
79	73.96	82	75.06	74	56.197
89	84.64	92	83.06	84	68.71
99	95.87	103	94.06	94	77.73
109	110.99	113	107.06	104	89.47
120	128.94	124	114.06	115	103.93
132	150.45	135	120.06	126	121.70
143	164.64	147	123.06	137	136.58
155	174.33	158	126.06	149	149.40
167	181.14	170	128.06	161	166.55
180	187.54	183	130.06	173	175.07
193	190.60	195	131.06	186	182.01
207	191.2	208	130.06	199	187.49
220	189.2	222	128.06	212	186.59
234	185.57	235	126.06	226	186.45
249	180.90	249	124.06	240	185.52
264	176.67	263	123.06	254	184.66
279	173.98	277	122.06	268	183.26
294	172.25	292	121.06	283	181.76
310	169.75	303	121.06	298	180.81
326	166.66	315	121.06	314	180.45
337	164.51			327	180.35
348	162.36			340	180.35
				357	180.24

① $\lambda=84$，$K_T=162kN/mm$，$k_0=0.3$。
② $\lambda=84$，$K_T=162kN/mm$，$k_0=0.5$。
③ $\lambda=84$，$K_T=95kN/mm$，$k_0=0.3$。

根据表 4.6 所示数据，绘制温度-温度应力曲线图，如图 4.16 所示。

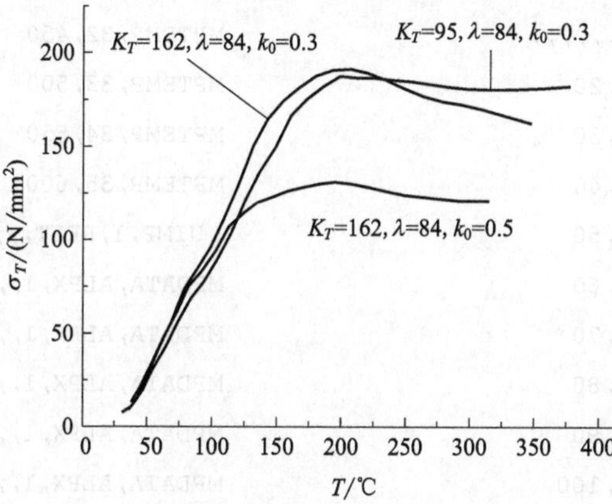

图 4.16　模拟计算所得温度-温度应力曲线

分析图 4.16 可知，利用 ANSYS 软件对实验过程进行模拟所得温度-温度应力曲线的趋势基本和第二节实验结果相同。曲线在前一阶段以近似线性趋势增长，到达最高点后缓慢下降。分析比较图 4.16 中各条曲线的规律，与第二节中所分析的影响规律相同：同一试件在相同约束刚度下，初始温度应力基本相同，曲线基本重合，之后初始荷载水平大的首先进入弹塑性阶段，且温度应力较小；同一试件，相同初始荷载水平的情况下，约束刚度越大，其温度应力增长越快，温度应力最大值也较大，且较早进入弹塑性阶段。

六、APDL 命令流

以上 ANSYS 模拟计算过程的主要 APDL 命令流如下：

```
F=128
SA=1246
T0=30
/prep7
ET,1,SOLID45
ET,2,MESH200
KEYOPT,2,1,6
KEYOPT,2,2,0
```

```
mp,ex,1,2.68721e11
mp,nuxy,1,0.3

MPTEMP,,,,,,,,
MPTEMP,1,20
MPTEMP,2,30
MPTEMP,3,40
MPTEMP,4,50
MPTEMP,5,60
MPTEMP,6,70
MPTEMP,7,80
MPTEMP,8,90
MPTEMP,9,100
MPTEMP,10,110
MPTEMP,11,120
MPTEMP,12,130
MPTEMP,13,140
MPTEMP,14,150
MPTEMP,15,160
MPTEMP,16,170
MPTEMP,17,180
MPTEMP,18,190
MPTEMP,19,200
MPTEMP,20,210
MPTEMP,21,220
MPTEMP,22,230
MPTEMP,23,240
MPTEMP,24,250
MPTEMP,25,260
MPTEMP,26,270
MPTEMP,27,280
MPTEMP,28,290
MPTEMP,29,300
MPTEMP,30,350
MPTEMP,31,400
MPTEMP,32,450
MPTEMP,33,500
MPTEMP,34,550
MPTEMP,35,600
!UIMP,1,REFT,,,0
MPDATA,ALPX,1,,3.94e-6
MPDATA,ALPX,1,,3.94e-6
MPDATA,ALPX,1,,3.94e-6
MPDATA,ALPX,1,,5.34e-6
MPDATA,ALPX,1,,6.56e-6
MPDATA,ALPX,1,,7.21e-6
MPDATA,ALPX,1,,8.14e-6
MPDATA,ALPX,1,,8.15e-6
MPDATA,ALPX,1,,8.27e-6
MPDATA,ALPX,1,,8.66e-6
MPDATA,ALPX,1,,9.12e-6
MPDATA,ALPX,1,,9.83e-6
MPDATA,ALPX,1,,9.96e-6
MPDATA,ALPX,1,,10.1e-6
MPDATA,ALPX,1,,10.5e-6
MPDATA,ALPX,1,,10.9e-6
MPDATA,ALPX,1,,11.3e-6
MPDATA,ALPX,1,,11.8e-6
MPDATA,ALPX,1,,12.3e-6
MPDATA,ALPX,1,,12.4e-6
MPDATA,ALPX,1,,12.5e-6
MPDATA,ALPX,1,,12.8e-6
MPDATA,ALPX,1,,12.9e-6
MPDATA,ALPX,1,,12.9e-6
```

```
MPDATA,ALPX,1,,13.3e-6
MPDATA,ALPX,1,,13.4e-6
MPDATA,ALPX,1,,13.5e-6
MPDATA,ALPX,1,,13.6e-6
MPDATA,ALPX,1,,13.7e-6
MPDATA,ALPX,1,,14.0e-6
MPDATA,ALPX,1,,14.4e-6
MPDATA,ALPX,1,,14.6e-6
MPDATA,ALPX,1,,15.0e-6
MPDATA,ALPX,1,,14.9e-6
MPDATA,ALPX,1,,15.1e-6

TB,KINH,1,7,16
TBTEMP,20,1
TBPT,,0.00001,2.68721e11*0.00001
TBPT,,0.0005,0.30746*437e6
TBPT,,0.001,0.6149*437e6
TBPT,,0.0015,0.9223*437e6
TBPT,,0.0016,0.98*437e6
TBPT,,0.002,437e6
TBPT,,0.0025,437e6
TBPT,,0.003,437e6
TBPT,,0.005,437e6
TBPT,,0.007,437e6
TBPT,,0.008,437e6
TBPT,,0.01,437e6
TBPT,,0.011,437e6
TBPT,,0.012,437e6
TBPT,,0.013,437e6
TBPT,,0.015,437e6
TBTEMP,100,2
TBPT,,0.00001,2.68721e11*0.00001
TBPT,,0.0005,0.306298*437e6
TBPT,,0.001,0.5865*437e6
TBPT,,0.0015,0.8311*437e6
TBPT,,0.0016,0.8468*437e6
TBPT,,0.002,0.9097*437e6
TBPT,,0.0025,0.9442*437e6
TBPT,,0.003,0.9608*437e6
TBPT,,0.005,0.9803*437e6
TBPT,,0.007,437e6
TBPT,,0.008,437e6
TBPT,,0.01,437e6
TBPT,,0.011,437e6
TBPT,,0.012,437e6
TBPT,,0.013,437e6
TBPT,,0.015,437e6
TBTEMP,200,3
TBPT,,0.00001,2.68721e11*0.00001
TBPT,,0.0005,0.3036*437e6
TBPT,,0.001,0.5834*437e6
TBPT,,0.0015,0.80089*437e6
TBPT,,0.0016,0.81289*437e6
TBPT,,0.002,0.8610*437e6
TBPT,,0.0025,0.88919*437e6
TBPT,,0.003,0.9085*437e6
TBPT,,0.005,0.93459*437e6
TBPT,,0.007,0.9608*437e6
TBPT,,0.008,0.9739*437e6
TBPT,,0.01,437e6
TBPT,,0.011,437e6
TBPT,,0.012,437e6
TBPT,,0.013,437e6
TBPT,,0.015,437e6
```

```
TBTEMP,300,4
TBPT,,0.00001,2.68721e11*0.00001
TBPT,,0.0005,0.2957*437e6
TBPT,,0.001,0.55149*437e6
TBPT,,0.0015,0.67859*437e6
TBPT,,0.0016,0.692388*437e6
TBPT,,0.002,0.74749*437e6
TBPT,,0.0025,0.79029*437e6
TBPT,,0.003,0.81859*437e6
TBPT,,0.005,0.88919*437e6
TBPT,,0.007,0.9373*437e6
TBPT,,0.008,0.9613*437e6
TBPT,,0.01,0.9871*437e6
TBPT,,0.011,437e6
TBPT,,0.012,437e6
TBPT,,0.013,437e6
TBPT,,0.015,437e6
TBTEMP,400,5
TBPT,,0.00001,2.68721e11*0.00001
TBPT,,0.0005,0.2777*437e6
TBPT,,0.001,0.48549*437e6
TBPT,,0.0015,0.590388*437e6
TBPT,,0.0016,0.6042*437e6
TBPT,,0.002,0.6594*437e6
TBPT,,0.0025,0.70919*437e6
TBPT,,0.003,0.74629*437e6
TBPT,,0.005,0.83809*437e6
TBPT,,0.007,0.8885*437e6
TBPT,,0.008,0.91379*437e6
TBPT,,0.01,0.9642*437e6
TBPT,,0.011,0.98208*437e6
TBPT,,0.012,437e6
TBPT,,0.013,437e6
TBPT,,0.015,437e6
TBTEMP,500,6
TBPT,,0.00001,2.68721e11*0.00001
TBPT,,0.0005,0.2464*437e6
TBPT,,0.001,0.4260*437e6
TBPT,,0.0015,0.5100*437e6
TBPT,,0.0016,0.5211*437e6
TBPT,,0.002,0.5654*437e6
TBPT,,0.0025,0.6056*437e6
TBPT,,0.003,0.6402*437e6
TBPT,,0.005,0.72719*437e6
TBPT,,0.007,0.7734*437e6
TBPT,,0.008,0.79638*437e6
TBPT,,0.01,0.84259*437e6
TBPT,,0.011,0.85809*437e6
TBPT,,0.012,0.8737*437e6
TBPT,,0.013,0.88919*437e6
TBPT,,0.015,0.90868*437e6
TBTEMP,600,7
TBPT,,0.00001,2.68721e11*0.00001
TBPT,,0.0005,0.1952*437e6
TBPT,,0.001,0.3230*437e6
TBPT,,0.0015,0.3931*437e6
TBPT,,0.0016,0.4002*437e6
TBPT,,0.002,0.42868*437e6
TBPT,,0.0025,0.4530*437e6
TBPT,,0.003,0.47089*437e6
TBPT,,0.005,0.51829*437e6
TBPT,,0.007,0.5479*437e6
TBPT,,0.008,0.56268*437e6
TBPT,,0.01,0.59229*437e6
```

```
TBPT,,0.011,0.5990*437e6
TBPT,,0.012,0.6057*437e6
TBPT,,0.013,0.6123*437e6
TBPT,,0.015,0.62579*437e6
ACEL,0,9.8,0

CYL4,0,0,0.03,,0.036,,2
K,51,-0.06,0.15,2.03
K,52,-0.06,0.15,2
K,53,0.06,0.15,2
K,54,0.06,0.15,2.03
K,55,-0.06,-0.15,2.03
K,56,-0.06,-0.15,2
K,57,0.06,-0.15,2
K,58,0.06,-0.15,2.03
V,51,52,53,54,55,56,57,58
K,101,-0.06,0.15,2.03
K,102,0.06,0.15,2.03
K,103,0.025,0.15,2.05
K,104,-0.025,0.15,2.05
K,105,-0.06,-0.15,2.03
K,106,0.06,-0.15,2.03
K,107,0.025,-0.15,2.05
K,108,-0.025,-0.15,2.05
V,101,102,103,104,105,106,
107,108
BLOCK,-0.7, 0.7, 0.15,-0.15,
2.13,2.05

K,201,-0.52,0.15,2.185
K,202,-0.46,0.15,2.185
K,203,-0.46,-0.15,2.185
K,204,-0.52,-0.15,2.185
A,201,202,203,204
FLST,2,1,5,ORDE,1
FITEM,2,25
FLST,8,2,3
FITEM,8,202
FITEM,8,203
VROTAT,P51X,,,,,P51X,,180,,

K,251,-0.52,0.15,2.185
K,252,-0.4,0.15,2.185
K,253,-0.4,0.15,2.215
K,254,-0.52,0.15,2.215
K,255,-0.52,-0.15,2.185
K,256,-0.4,-0.15,2.185
K,257,-0.4,-0.15,2.215
K,258,-0.52,-0.15,2.215
V,251,252,253,254,255,256,
257,258
K,301,-0.52,0,2.215
K,302,-0.46,0,2.215
K,305,-0.46,0,3.45
K,304,-0.52,0,3.45
A,301,302,305,304
FLST,2,1,5,ORDE,1
FITEM,2,40
FLST,8,2,3
FITEM,8,305
FITEM,8,302
VROTAT,P51X,,,,,P51X,,360,,

VPLOT
```

```
FLST,3,7,6,ORDE,2
FITEM,3,5
FITEM,3,-11
VSYMM,X,P51X,,,,0,0

VADD,2,3
VADD,5,6,7
VADD,8,9,10,11
VADD,12,13,14
VADD,15,16,17,18
VADD,2,5,4
K,401,-0.71,0.2,2.13
K,402,0.71,0.2,2.13
K,403,0.71,-0.2,2.13
K,404,-0.71,-0.2,2.13
A,401,402,403,404!面号 20
VSBA,7,20

VGLUE,1,19
VGLUE,7,5
VGLUE,8,2
VGLUE,4,8
VGLUE,2,3
VGLUE,4,6

K,501,-0.156,0.15,2.13
K,502,-0.156,-0.15,2.13
K,503,0.156,0.15,2.13
K,504,0.156,-0.15,2.13
L,501,502
L,503,504
ASBL,91,81
ASBL,18,104
K,505,-0.156,0.15,2.05
K,506,-0.156,-0.15,2.05
K,507,0.156,0.15,2.05
K,508,0.156,-0.15,2.05
L,505,506
L,507,508
ASBL,27,108
ASBL,9,110

WPSTYLE,,,,,,,,1
WPROTA,,,90
VSBW,   1
WPCSYS,-1,0
/REPLOT
WPROTA,,90
VSEL,S,,,9
VSEL,A,,,4
VSBW,all
VGLUE,1,10,11,12

MSHAPE,0,3d
MSHKEY,1
ESIZE,0.02
LSEL,S,,,183
LSEL,A,,,185
LSEL,A,,,187
LSEL,A,,,189
LESIZE,all,,,4,,,,,1
VSEL,S,,,1
LSEL,A,,,10
LSEL,A,,,11
```

```
LSEL,A,,,12
VMESH,all

ALLSEL,ALL
AADD,42,46,50,54
AADD,41,45,49,53
TYPE,2
ESIZE,0.02
LSEL,S,,,91
LSEL,A,,,96
LSEL,A,,,101
LSEL,A,,,103
LESIZE,ALL,0.02
MSHKEY,0
MSHAPE,0,2D
AMESH,95
ALLSEL,ALL
VSWEEP,3,95,42

ALLSEL,ALL
AADD,72,77,81,85
AADD,71,76,80,84
TYPE,2
ESIZE,0.02
LSEL,S,,,142
LSEL,A,,,134
LSEL,A,,,147
LSEL,A,,,150
LESIZE,ALL,0.02
MSHKEY,0
MSHAPE,0,2D
AMESH,41
ALLSEL,ALL
VSWEEP,6,41,45

ALLSEL,ALL
AADD,30,35,36,40,44
AADD,28,33,34,38,39
TYPE,2
ESIZE,0.02
LSEL,S,,,54
LSEL,A,,,55
LESIZE,ALL,,,6
LSEL,S,,,50
LSEL,A,,,47
LESIZE,ALL,,,10
MSHKEY,0
MSHAPE,0,2D
AMESH,24
ALLSEL,ALL
VSWEEP,8,24,23

TYPE,3
MSHAPE,1,3d
MSHKEY,0
VMESH,5
VMESH,2

MSHAPE,1,3d
MSHKEY,0
VMESH,7

APLOT
ALLSEL,ALL
```

```
ASEL,S,,,1
ASEL,A,,,4
ASEL,A,,,6
ASEL,A,,,105
DA,ALL,ALL,0
ALLSEL,ALL

APLOT
ASEL,S,,,58
SFA, ALL,, PRES, F * 1000 *
1000000/93600
ALLSEL,ALL
TUNIF,30
FINISH
/SOL
SOLVE
FINISH
*GET,aaa,NODE,6062,U,Z
ASEL,S,,,95
ASEL,A,,,41
DA,ALL,UZ,aaa
DA,ALL,UY,0
DA,ALL,UX,0
APLOT
ALLSEL,ALL
*DEL,_FNCNAME
*DEL,_FNCMTID
*DEL,_FNCCSYS
*SET,_FNCNAME,'tttt'
*SET,_FNCCSYS,0
```

```
*DIM,%_FNCNAME%,TABLE,6,
10,1,,,,%_FNCCSYS%
*SET,%_FNCNAME%(0,0,1),
0.0,-999
*SET,%_FNCNAME%(2,0,1),
0.0
*SET,%_FNCNAME%(3,0,1),
0.0
*SET,%_FNCNAME%(4,0,1),
0.0
*SET,%_FNCNAME%(5,0,1),
0.0
*SET,%_FNCNAME%(6,0,1),
0.0
/SOL
*SET,%_FNCNAME%(0,1,1),
1.0,-1,0,2,0,0,1
*SET,%_FNCNAME%(0,2,1),
0.0,-2,0,1,1,17,-1
*SET,%_FNCNAME%(0,3,1),
0,-1,0,0.0049,0,0,-2
*SET,%_FNCNAME%(0,4,1),
0.0,-3,0,1,-2,3,-1
*SET,%_FNCNAME%(0,5,1),
0.0,-1,0,1.2791,0,0,1
*SET,%_FNCNAME%(0,6,1),
0.0,-2,0,1,1,3,-1
*SET,%_FNCNAME%(0,7,1),
0.0,-1,0,1,-3,1,-2
*SET,%_FNCNAME%(0,8,1),
0.0,-2,0,30,0,0,-1
*SET,%_FNCNAME%(0,9,1),
```

```
0.0,-3,0,1,-1,1,-2
  *SET,%_FNCNAME%(0,10,1),
0.0,99,0,1,-3,0,0
  VSEL.S,,,1
  VSEL,A,,,10
VSEL,A,,,11
VSEL,A,,,12
BFV,all,TEMP,%tttt%
TUNIF,30
ALLSEL,ALL
```

第四节 分段叠加法数值计算

第三节介绍了采用 ANSYS 对第二节所述实验过程进行模拟计算的主要过程和结果。本节介绍采用与钢结构实际热-力路径相符的分段叠加法进行编程数值计算。

一、计算模型基本思想

实际上，建筑结构或构件在火灾前就已经承受有一定的荷载，钢材中产生有一定的初应力，而结构在火灾中的有效重力荷载可以视为常数。对静定钢构件，在火灾中保持该初应力不变的条件下遭受火烧，进而达到其临界温度而破坏，上述恒载升温实验完全模拟了这种热-力过程，由此所建立的 ε-T-k 材料模型完全适用于静定钢构件的抗火分析计算。对超静定钢构件，由于存在多余约束，钢构件的温升将产生温度应力，导致钢构件随温度升高而应力水平增大，亦即钢构件在火灾过程中其截面应力水平不再保持常数。所以，恒载升温实验和恒温加载实验所建立的材料模型都不适用于这种在火灾过程中具有自加载作用的超静定钢构件的抗火分析计算。

目前，各国颁布实施的钢结构抗火设计规范是基于恒温加载实验，与钢结构在火灾中实际的热-力路径不符。此外，采用恒温加载实验材料模型，可能过高地估计了钢构件的抗力。本研究拟采用一种将两种热-力路径下所得材料模型联合应用的方法来进行结构分析计算，其基本思想是利用有限元思想的分段叠加法对实验过程进行编程数值计算，具体内容如下所述。

钢结构由不同的钢构件组成，由于每一个钢构件的温升变化和端部约束作用不同，其热-力路径将不同，所以结构在火灾中从初始状态到最终破坏可能有无限多条热-力路径。尽管如此，恒载升温的热-力路径和恒温加载的热-力路径是所有路径中的两条极端路径。超静定钢结构的应变-温度过程和应变-应力过程是同时连续发生的，人为把这一个过程离散为若干时段，将每个时段中结构的状态变化视为两个独立的过程：在升温过程中不考虑应力的增大，利用恒载升温所得 ε-T-k 材料模型进行分析；在结构自加载的过程中不考虑温度的升高，利用恒温加载所得 ε-k-T 材料模型进行分析。这样组合利用两种材料模型，就可以模拟超静定钢结构的所有热-力路径。当划分的时段足够短时，人为形成的台阶状热-力路径将趋于实际的热-力路径，如图 4.17 所示。

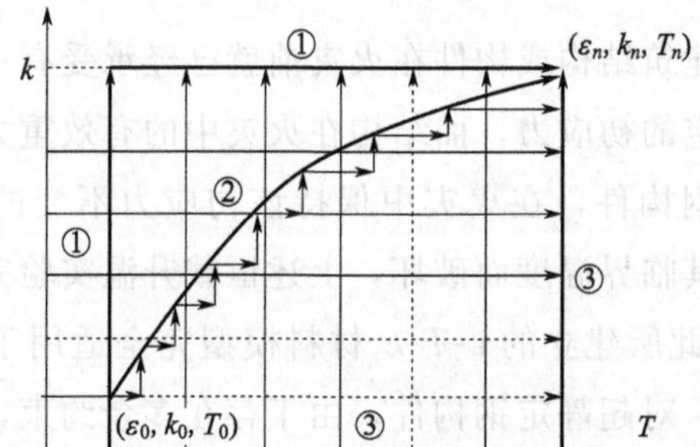

图 4.17　台阶状热-力路径示意图

图 4.17 中台阶状热-力路径表示某超静定钢结构从火灾开始时刻 t_0 的初始状态 t_0(ε_0, k_0, T_0) 到火灾终结时刻 t_n 的最终状态 t_n(ε_n, k_n, T_n) 的热-力路径示意图。图 4.17 中↑表示恒温加载的应变-应力过程，而→表示恒载升温的应变-温度过程，曲线表示某钢构件的实际热-力过程（简称路径②），①表示完全恒载升温热-力路径，

③表示完全恒温加载热-力路径。由图 4.17 可见路径①和③都远离实际路径②。

二、计算模型

将本章第二节实验过程划分为多个时间段，对其进行编程数值计算。如图 4.18 为程序框图。

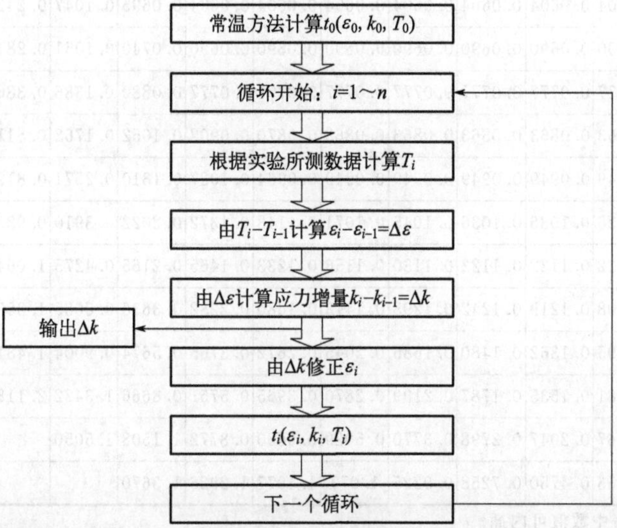

图 4.18 程序框图

具体步骤如下：

① 把第二节轴心受压约束钢柱在实验中的连续升温过程用 $\Delta t=30s$ 离散为 n 个时间段，分别记作 t_0，t_1，…，t_n。

② 用力学方法，计算钢柱在常温下，即在 t_0 时的试件初始状态 t_0（$-\varepsilon_0$，k_0，T_0），其中负号表示受压。

③ 根据实验测得的温度曲线计算试件从 t_0 到 t_1 时的温度 T_1。

④ 由表 4.4 中钢材线胀系数与温度的关系，计算试件温度由 T_0 升高到 T_1 时的膨胀应变 $\Delta\varepsilon_T$。

⑤ 根据第二章中所述恒载升温实验所得荷载应变计算值（列于

表 4.7），计算试件在应力为 k_0 时温度由 T_0 升高到 T_1 时的荷载应变 $-\varepsilon_p$。

表 4.7　荷载应变计算值 ε_p　　单位：%

应力水平	100℃	150℃	200℃	250℃	300℃	350℃	400℃	450℃	500℃	550℃	600℃
0.25	0.0432	0.0432	0.0432	0.0432	0.0432	0.0432	0.0432	0.0522	0.0731	0.1215	0.2330
0.3	0.0518	0.0518	0.0518	0.0518	0.0518	0.0518	0.0518	0.0643	0.0999	0.2011	0.4894
0.35	0.0604	0.0604	0.0604	0.0604	0.0604	0.0604	0.0604	0.0695	0.1047	0.2426	0.7809
0.4	0.0690	0.0690	0.0690	0.0690	0.0690	0.0690	0.0690	0.0740	0.1051	0.2843	1.3659
0.45	0.0777	0.0777	0.0777	0.0777	0.0777	0.0777	0.0777	0.0880	0.1386	0.3864	1.6002
0.5	0.0863	0.0863	0.0863	0.0863	0.0863	0.0870	0.0902	0.1052	0.1762	0.5119	2.0999
0.55	0.0949	0.0949	0.0949	0.0949	0.0949	0.0964	0.1027	0.1310	0.2571	0.8199	
0.6	0.1036	0.1036	0.1036	0.1045	0.1071	0.1148	0.1372	0.2022	0.3910	0.9392	
0.65	0.1122	0.1122	0.1122	0.1130	0.1156	0.1233	0.1465	0.2165	0.4275	1.0640	
0.7	0.1208	0.1219	0.1242	0.1295	0.1413	0.1680	0.2282	0.3636	0.6685	1.3550	
0.75	0.1295	0.1362	0.1480	0.1686	0.2045	0.2672	0.3765	0.5674	0.9004	1.4816	
0.8	0.1381	0.1535	0.1787	0.2199	0.2870	0.3965	0.5751	0.8666	1.3422	2.1182	
0.85	0.1467	0.2047	0.2798	0.3770	0.5029	0.6660	0.8772	1.1508	1.5050		
0.9	0.1553	0.4750	0.7258	0.9225	1.077	1.1977	1.2926	1.3670			

注：表中数值可内插。

⑥ 将步骤④和⑤中所得应变求代数和 $\Delta\varepsilon_T-\varepsilon_p$，即为试件在无约束作用下恒载升温至 T_1 时的总应变量 ε_1，至此完成图 4.17 中一个台阶的恒载升温过程。

⑦ 计算温度应力。计算由应变差 $\varepsilon_1-(-\varepsilon_0)=\Delta\varepsilon$ 所引起的荷载增量 $\Delta F=\Delta\varepsilon K_T l$（$K_T$ 为钢梁对试件所施加的约束刚度，l 为试件长度）。

此阶段，若将荷载增量 ΔF 全部施加于试件轴心，由于试件受压，必然由此产生压缩应变，使得 $\Delta\varepsilon$ 减小，从而引起 $\Delta F=\Delta\varepsilon K_T l$ 下降，即试件截面应力 σ 下降，如此系统应力与应变不能达到协调一致。

为此，模型在编程计算过程中，将 ΔF 平均分为 10000 份，采取逐步加载的方法对试件进行恒温加载，以达到变形协调。具体方法如下：

对试件施加荷载增量 $\Delta Fi/10000$，根据恒温加载实验所得应变-应力-温度关系（列于表 4.8），计算试件由此而产生的应变差 $\Delta\varepsilon_{\Delta F}$，此时相对于试件初始应变，步骤⑦中所计算的应变差修正为 $\Delta\varepsilon'=\varepsilon_1-\Delta\varepsilon_{\Delta F}-(-\varepsilon_0)$，由钢梁约束所引起的荷载增量也修正为 $\Delta F'=\Delta\varepsilon' K_T l$。图 4.19 为变形示意图。

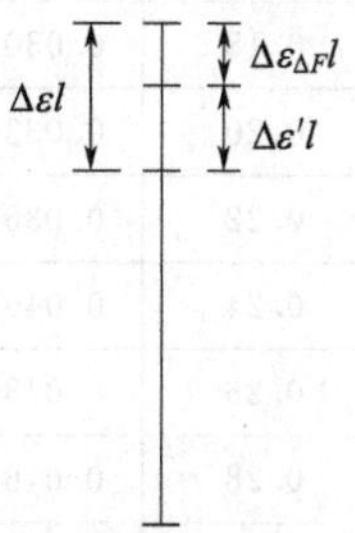

图 4.19　变形示意图

i 从 1 逐步递增至 10000，总有 $\Delta Fi/10000$ 等于 $\Delta F'$，即：

$$(\Delta\varepsilon-\Delta\varepsilon_{\Delta F})K_T l=\Delta\varepsilon' K_T l=\Delta Fi/10000=\Delta F' \tag{4.20}$$

此时总应变 ε_1 修正为 $-\varepsilon_0+\Delta\varepsilon'$，应力水平由 k_0 增至 $k_1=k_0+(\Delta F'/A)/f_y$（$A$ 为试件横截面积，f_y 为强度）。至此步骤⑦中恒温加载过程结束。

⑧ 进入下一个台阶的分析计算，重复上述步骤直到结构最终状态 $t_n(\varepsilon_n,k_n,T_n)$。

表 4.8　恒温加载条件下应变-应力-温度关系　　单位：%

应力水平	20℃	100℃	200℃	300℃	400℃	500℃	600℃
0	0	0	0	0	0	0	0
0.02	0.0034	0.0034	0.0035	0.0035	0.0038	0.0043	0.0057
0.04	0.0067	0.0069	0.0069	0.0070	0.0075	0.0086	0.0114
0.06	0.0101	0.0103	0.0104	0.0106	0.0113	0.0129	0.0171
0.08	0.0134	0.0137	0.0138	0.0141	0.0150	0.0172	0.0228
0.10	0.0168	0.0172	0.0173	0.0176	0.0188	0.0216	0.0285
0.12	0.0201	0.0206	0.0207	0.0211	0.0226	0.0259	0.0342
0.14	0.0235	0.0240	0.0242	0.0246	0.0263	0.0302	0.0399

续表

应力水平	20℃	100℃	200℃	300℃	400℃	500℃	600℃
0.16	0.0268	0.0274	0.0276	0.0282	0.0301	0.0345	0.0456
0.18	0.0302	0.0309	0.0311	0.0317	0.0338	0.0388	0.0513
0.20	0.0335	0.0343	0.0345	0.0352	0.0376	0.0431	0.0570
0.22	0.0369	0.0377	0.0379	0.0388	0.0413	0.0474	0.0626
0.24	0.0402	0.0411	0.0414	0.0423	0.0451	0.0517	0.0683
0.26	0.0436	0.0446	0.0448	0.0458	0.0488	0.0560	0.0740
0.28	0.0469	0.0480	0.0482	0.0493	0.0526	0.0603	0.0797
0.30	0.0503	0.0514	0.0517	0.0529	0.0564	0.0646	0.0896
0.32	0.0536	0.0549	0.0551	0.0564	0.0601	0.0689	0.0998
0.34	0.0570	0.0583	0.0586	0.0599	0.0639	0.0732	0.1105
0.36	0.0603	0.0617	0.0620	0.0634	0.0676	0.0775	0.1235
0.38	0.0637	0.0651	0.0655	0.0670	0.0714	0.0818	0.1384
0.40	0.0670	0.0686	0.0689	0.0705	0.0751	0.0890	0.1577
0.42	0.0704	0.0720	0.0724	0.0740	0.0789	0.0970	0.1856
0.44	0.0737	0.0754	0.0758	0.0775	0.0851	0.1072	0.2179
0.46	0.0771	0.0789	0.0793	0.0811	0.0913	0.1173	0.2651
0.48	0.0804	0.0823	0.0827	0.0846	0.0978	0.1291	0.3262
0.50	0.0838	0.0857	0.0861	0.0881	0.1058	0.1427	0.4095
0.52	0.0871	0.0891	0.0896	0.0924	0.1142	0.1582	0.5128
0.54	0.0905	0.0926	0.0930	0.0967	0.1233	0.1752	0.6469
0.56	0.0938	0.0960	0.0965	0.1022	0.1330	0.1959	0.7614
0.58	0.0972	0.0994	0.0999	0.1086	0.1436	0.2171	0.9152
0.60	0.1005	0.1029	0.1034	0.1153	0.1556	0.2430	1.0904
0.62	0.1039	0.1063	0.1068	0.1223	0.1690	0.2705	1.3802
0.64	0.1072	0.1097	0.1103	0.1304	0.1835	0.2998	1.5000
0.66	0.1106	0.1131	0.1137	0.1399	0.2002	0.3370	
0.68	0.1139	0.1166	0.1172	0.1515	0.2188	0.3797	

续表

应力水平	20℃	100℃	200℃	300℃	400℃	500℃	600℃
0.70	0.1173	0.1200	0.1206	0.1644	0.2402	0.4249	
0.72	0.1206	0.1231	0.1249	0.1787	0.2644	0.4759	
0.74	0.1240	0.1274	0.1295	0.1949	0.2899	0.5387	
0.76	0.1273	0.1312	0.1357	0.2125	0.3215	0.6104	
0.78	0.1307	0.1356	0.1421	0.2342	0.3549	0.6871	
0.80	0.1340	0.1400	0.1506	0.2646	0.3999	0.7733	
0.82	0.1374	0.1464	0.1613	0.3024	0.4488	0.8789	
0.84	0.1407	0.1531	0.1777	0.3485	0.5072	0.9815	
0.86	0.1441	0.1620	0.1992	0.3945	0.5660	1.1001	
0.88	0.1474	0.1720	0.2275	0.4631	0.6377	1.2333	
0.90	0.1508	0.1873	0.2803	0.5475	0.7176	1.5000	
0.92	0.1541	0.2137	0.3507	0.6442	0.7914		
0.94	0.1575	0.2420	0.4795	0.6921	0.8879		
0.96	0.1608	0.2979	0.6292	0.7921	0.9725		
0.98	0.1642	0.4261	0.8131	0.9267	1.0860		
1.00	0.1675～1.5	0.6980～1.5	0.9513～1.5	1.0811～1.5	1.2063～1.5		

注：表中数值可内插。

三、计算结果与分析

根据上述方法步骤，编程计算与本章第二节中相对应的实验过程。其结果列于表 4.9。

表 4.9　编程计算所得温度-温度应力关系

温升①/℃	温度应力①/(N/mm²)	温升②/℃	温度应力②/(N/mm²)	温升③/℃	温度应力③/(N/mm²)
0	0	0	0	0	0
2	1.12	2	6.02	2	0.60

续表

温升①/℃	温度应力①/(N/mm²)	温升②/℃	温度应力②/(N/mm²)	温升③/℃	温度应力③/(N/mm²)
3	2.2	4	6.69	3	1.27
5	3.46	5	7.27	5	1.96
6	4.65	6	7.86	6	2.67
7	5.87	8	8.46	7	3.37
9	7.09	9	9.06	9	4.09
10	8.05	11	9.70	10	4.83
11	8.71	12	10.37	12	5.53
13	9.4	13	11.09	13	6.26
14	10.133	15	11.85	14	7.0042
16	10.90	16	12.65	16	7.74
17	11.72	18	13.49	17	8.34
18	12.57	19	14.37	19	8.8
20	13.46	21	15.29	20	9.43
21	14.40	22	16.24	21	9.99
23	15.37	24	17.23	23	10.61
24	16.39	25	18.26	24	11.27
26	17.44	27	19.33	26	11.96
27	18.53	28	20.44	27	12.69
29	19.66	30	21.58	29	13.43
30	20.83	31	22.73	30	14.21
32	22.04	33	23.91	32	15.01
33	23.28	34	25.12	33	15.8
35	24.54	36	26.36	35	16.72
36	25.83	38	27.62	36	17.61
38	27.14	39	28.91	38	18.53
39	28.48	41	30.23	39	19.46
41	29.84	42	31.60	41	20.41

续表

温升①/℃	温度应力①/(N/mm²)	温升②/℃	温度应力②/(N/mm²)	温升③/℃	温度应力③/(N/mm²)
42	31.24	44	33	42	21.38
44	32.68	46	34.43	44	22.37
45	34.16	47	35.89	46	23.39
47	35.67	49	37.93	47	24.42
49	37.23	50	38.90	49	25.49
50	38.84	52	40.42	50	26.58
52	40.46	54	41.94	52	27.7
54	42.08	55	43.47	54	28.84
55	43.71	57	45.01	55	30.01
57	45.35	59	46.55	57	31.2
59	47.01	60	48.1	59	32.4
60	48.66	62	49.66	60	33.6
62	50.33	64	51.23	62	34.81
64	52.01	65	52.81	64	36.02
65	53.70	67	54.4	65	37.25
67	55.40	69	56.13	67	38.48
69	57.11	71	57.90	69	39.72
70	58.90	72	59.70	70	40.96
72	60.76	74	61.53	72	42.22
74	62.65	76	63.38	74	43.48
76	64.56	78	65.25	76	44.79
77	66.49	79	67.16	77	46.15
79	68.46	81	69.09	79	47.53
81	70.46	83	71.69	81	48.92
83	72.48	85	73.08	83	50.33
85	74.54	87	75.02	84	51.76
86	76.62	88	77.06	86	53.21

续表

温升①/℃	温度应力①/(N/mm²)	温升②/℃	温度应力②/(N/mm²)	温升③/℃	温度应力③/(N/mm²)
88	78.74	90	79.13	88	54.68
90	80.88	92	81.24	90	56.17
92	83.08	94	83.37	92	57.64
94	85.31	96	85.5	93	59.21
96	87.58	98	87.78	95	60.76
98	89.88	99	90.02	97	62.349
100	92.21	101	92.31	99	63.96
101	94.61	103	94.49	101	65.6
103	96.9	105	96.79	103	67.27
105	99.34	107	99.10	105	68.97
107	101.81	109	101.42	106	70.71
109	104.27	111	103.75	108	72.46
111	106.75	113	106.11	110	74.21
113	109.25	115	108.49	112	75.98
115	111.77	117	110.90	114	77.77
117	114.31	119	113.32	116	79.56
119	116.85	120	115.87	118	81.37
121	119.55	122	118.34	120	83.21
123	122.17	124	120.82	122	85.05
125	124.83	126	123.35	124	86.90
127	127.55	128	125.92	126	88.76
129	130.27	130	128.54	128	90.64
131	133.04	132	131.09	130	92.53
133	135.79	134	133.66	132	94.46
135	138.59	136	136.13	134	96.41
137	141.43	138	136.47	136	98.29
139	144.31	140	138.52	138	100.3

续表

温升①/℃	温度应力①/(N/mm²)	温升②/℃	温度应力②/(N/mm²)	温升③/℃	温度应力③/(N/mm²)
142	147.21	143	140.77	140	102.32
144	150.15	145	143.06	142	104.36
146	153.08	147	145.26	144	106.42
148	156.07	149	147.48	146	108.51
150	159.11	151	149.76	148	110.63
152	162.19	153	152.06	150	112.76
154	165.18	155	154.18	152	114.93
156	168.3	157	156.36	154	117.1
159	171.32	159	158.64	156	119.36
161	174.51	161	153.85	159	121.61
163	177.71	163	160.24	161	123.89
165	180.85	166	156.62	163	126.21
167	184.14	168	163.65	165	128.56
170	187.4	170	159.63	167	130.93
172	190.58	172	159.68	169	133.33
174	193.9	174	160.6	171	135.66
176	197.11	176	161.58	174	138.07
179	200.41	178	162.47	176	140.56
181	203.74	181	163.41	178	143.05
183	203.96	183	164.35	180	145.48
186	205.61	185	165.27	182	148.1
188	207.78	187	166.17	185	150.55
190	210.15	190	167.03	187	153.07
192	212.51	192	167.88	189	155.62
195	214.76	194	168.72	191	158.2
197	217.09	196	169.53	194	160.79
199	219.46	199	170.27	196	163.01

续表

温升①/℃	温度应力① /(N/mm²)	温升②/℃	温度应力② /(N/mm²)	温升③/℃	温度应力③ /(N/mm²)
202	221.75	201	170.89	198	165.49
204	223.99	203	171.58	200	168.03
207	226.27	205	172.29	203	170.47
209	219.5	208	173.01	205	172.95
211	225.99	210	173.73	207	175.51
214	221.43	212	174.43	210	178.06
216	228.92	215	175.12	212	180.45
219	223.67	217	175.79	214	182.98
221	231.52	219	176.26	217	186.11
224	225.56	222	176.56	219	188.7
226	224.92	224	176.78	221	191.37
228	233.94	226	176.96	224	194.1
231	227.69	229	177.13	226	196.7
233	226.77	231	177.3	228	199.29
236	227.17	233	177.46	231	201.96
238	227.71	236	177.61	233	204.62
241	228.25	238	177.77	236	203.08
244	228.77	241	177.92	238	207.52
246	229.28	243	178.06	241	206.36
249	229.72	245	178.20	243	206.88
251	230.18	248	178.34	245	208.08
254	230.64	250	178.48	248	209.52
256	231.09	253	178.61	250	211.04
259	231.52	255	178.74	253	212.58
261	231.94	258	178.87	255	214.01
264	232.35	260	175.21	258	215.48
267	232.75	263	177.83	260	216.95

续表

温升①/℃	温度应力①/(N/mm²)	温升②/℃	温度应力②/(N/mm²)	温升③/℃	温度应力③/(N/mm²)
269	233.14	265	178.81	263	218.4
272	233.11	267	179.18	265	219.83
275	233.1	270	175.05	268	221.23
277	232.89	273	177.45	270	222.44
280	232.79	275	177.92	273	223.7
283	232.69	278	177.77	276	224.6
285	232.6	280	177.46	278	225.75
288	232.51	283	177.1	281	215.18
291	232.43	285	176.74	283	222.59
293	232.35	288	176.4	286	225.59
296	232.27	290	176.07	288	227.3
299	232.2	293	175.75	291	215.93
302	232.14	295	175.45	294	224.26
304	232.07	298	175.15	296	227.55
307	232.02	301	174.87	299	216.45
310	231.96	303	174.61	302	225.41
313	231.91	306	174.35	304	228.88
315	231.86	309	174.11	307	216.82
318	231.81	311	173.87	310	226.46
321	231.45	314	173.64	312	217.64
324	230.86	316	173.43	315	226.93
327	230.3	319	172.93	318	218.29
330	229.76	322	172.21	320	227.35
332	229.24	324	171.47	323	218.9
335	228.73	327	170.76	326	227.54
338	228.26	330	170.06	328	218.62
341	227.81	333	169.26	331	226.73

续表

温升①/℃	温度应力①/(N/mm²)	温升②/℃	温度应力②/(N/mm²)	温升③/℃	温度应力③/(N/mm²)
344	227.39	335	168.64	334	218.1
347	226.97	338	168.04	337	225.92
350	226.58	341	167.46	339	217.64
353	226.2	343	166.91	342	225.19
356	225.84	346	166.38	345	227.61
359	225.49	349	165.87	348	216.91
362	225.15	352	165.38	351	224.18
364	224.83	354	164.9	353	226.36
367	233.75	357	164.44	356	216.39
370	224.04	360	164.01	359	223.33
373	231.67	363	163.58	362	225.3
376	222.04	366	163.17	365	225.87
379	228.77	368	162.58	368	215.76
382	220.12	371	161.58	370	222.36
385	226.06	374	160.55	373	224.09
388	218.32	377	159.6	376	224.11
392	223.77	380	158.69	379	223.16
395	224.27	382	157.81	382	221.89
398	223.49	385	156.96	385	220.46
401	222.35	388	163.81	388	219.06
404	221.16	391	155.22	391	217.81
407	219.88	394	161.42	394	216.66
410	218.65	397	153.56	397	215.59

① $\lambda=84$，$K_T=162\text{kN/mm}$，$k_0=0.3$。

② $\lambda=84$，$K_T=162\text{kN/mm}$，$k_0=0.5$。

③ $\lambda=84$，$K_T=95\text{kN/mm}$，$k_0=0.3$。

由表 4.9 绘制温度-温度应力关系图如图 4.20 所示。

分析图 4.20 可知，利用本节所建立的分段叠加法计算模型对实

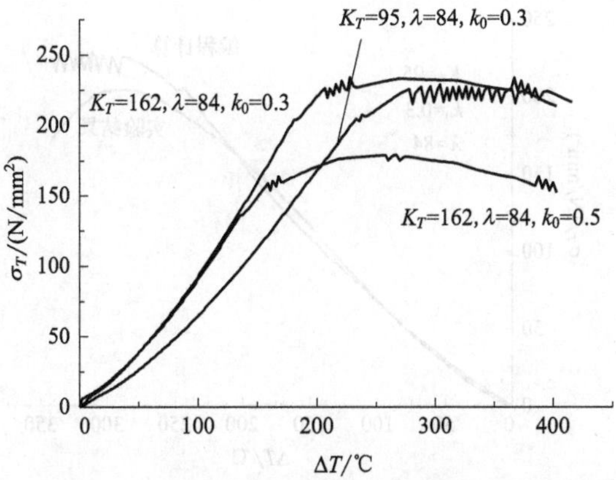

图 4.20　分段叠加法计算温度-温度应力曲线

验过程进行分析计算所得温度-温度应力曲线的趋势基本和第二节实验结果相同。曲线在前一阶段以近似线性趋势增长，到达最高点后缓慢下降。分析比较图 4.20 中各条曲线的规律，与第二节中所分析的影响规律也基本相同。

对以上曲线中出现振荡的原因分析如下：计算过程将实验过程离散为 n 个相邻的恒载升温过程和恒温升载过程。恒载升温过程需根据表 4.7 计算荷载应变，恒温加载过程需根据恒温加载条件下应变-应力-温度关系，即表 4.8 计算由温度应力引起的应变，以上计算均采用差值法在相关表格中内插求得。由于相关表格中数据曲线存在多个拐点，且随着温度的不断升高，材料接近屈服阶段，经输出程序计算过程中各参数结果，证实在拐点交叉时产生了图 4.20 中的振荡现象，当划分的时间段足够小时可削弱振荡的产生。

四、数值计算结果与实验结果对比分析

1. 分段叠加法数值计算与实验结果对比分析

为了对比研究分段叠加法编程计算结果与实验结果，绘制出长细比 $\lambda=84$，初始应力水平 $k_0=0.3$，不同约束刚度下的编程计算和实验结果温度-温度应力曲线对比图，如图 4.21 所示。

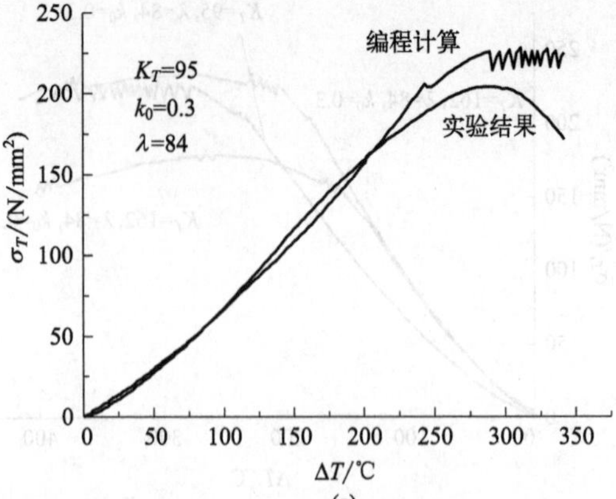

编程计算
实验结果
K_T=95
k_0=0.3
λ=84
σ_T/(N/mm²)
ΔT/℃
0
50
100
150
200
250
300
350

(a)

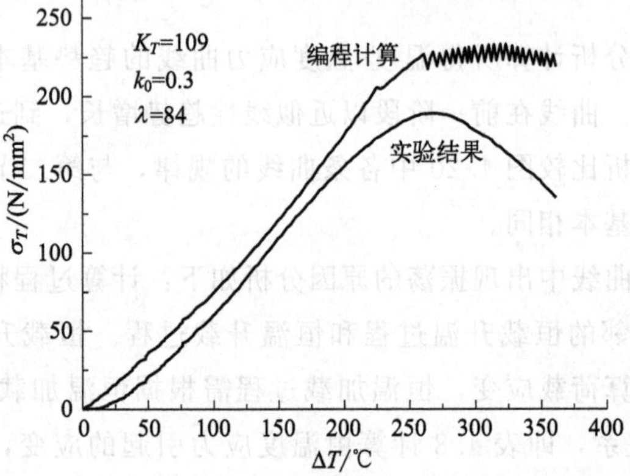

编程计算
实验结果
K_T=109
k_0=0.3
λ=84
σ_T/(N/mm²)
ΔT/℃
0
50
100
150
200
250
300
350
400

(b)

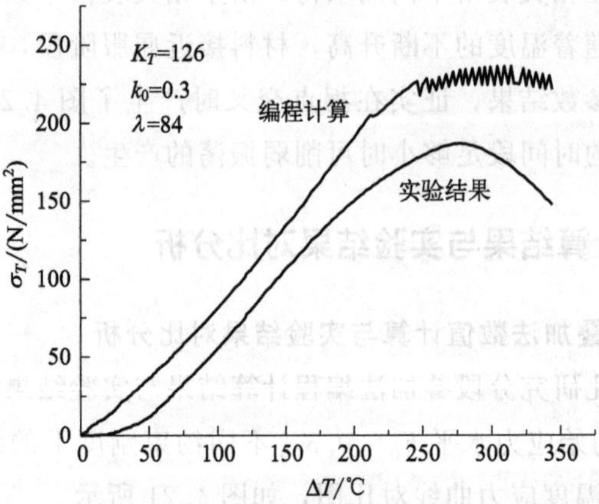

编程计算
实验结果
K_T=126
k_0=0.3
λ=84
σ_T/(N/mm²)
ΔT/℃
0
50
100
150
200
250
300
350

(c)

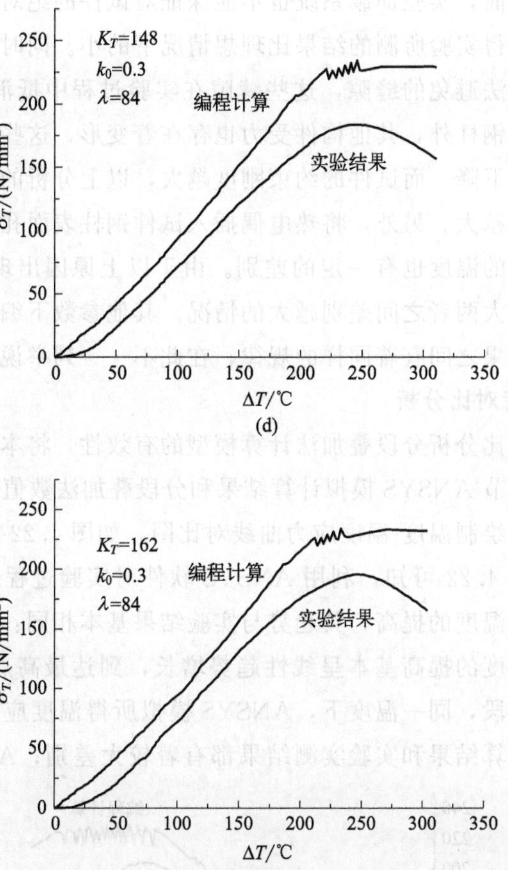

图 4.21 分段叠加法计算与实验结果温度-温度应力曲线对比图

由图 4.21 分析可知，分段叠加法计算所得结果和实验实测结果较为接近，温度应力随温度的升高，变化趋势相同。尤其是在约束刚度较小的情况下，温度应力上升阶段编程计算所得结果与实验实测结果几乎吻合。而随着约束刚度的增大，两者之间的差距也有较小的增幅。分析实验过程，这种差距是由于实验系统的不精确性造成的。在分段叠加法计算过程中试件是以轴心受压的形式进行分析计算的，没有考虑试件本身所自有的微小初弯曲。而实际实验中，钢柱难免会存在初始的弯曲，实验加载系统也不能保证对试件的绝对轴心加载。这种情况就使得实验所测的结果比理想情况下的小。同时，实验系统之间存在着无法避免的缝隙，这些缝隙在实验过程中抵消一部分应力；实验系统除钢柱外，其他构件受力也存在着变形，这些都会引起实测温度应力的下降。而试件的约束刚度越大，以上分析的情况对于温度应力的影响越大。另外，将热电偶插入试件钢柱表面孔中测得的温度与实际试件的温度也有一定的差别。由于以上原因出现图 4.21 所示约束刚度越大两者之间差别越大的情况。其他参数下编程计算所得结果与实验结果之间有着同样的规律，在此不一一列举说明。

2. 三者对比分析

为了对比分析分段叠加法计算模型的有效性，将本章第二节实验结果、第三节 ANSYS 模拟计算结果和分段叠加法数值计算结果，在同一参数下绘制温度-温度应力曲线对比图，如图 4.22 所示。

分析图 4.22 可知，利用 ANSYS 软件对实验过程进行模拟所得温度应力随温度的提高，其趋势与实验结果基本相同：前一阶段，温度应力随温度的提高基本呈线性趋势增长，到达最高点后缓慢下降。但在上升阶段，同一温度下，ANSYS 模拟所得温度应力较之分段叠加法编程计算结果和实验实测结果都有着较大差别；ANSYS 模拟时

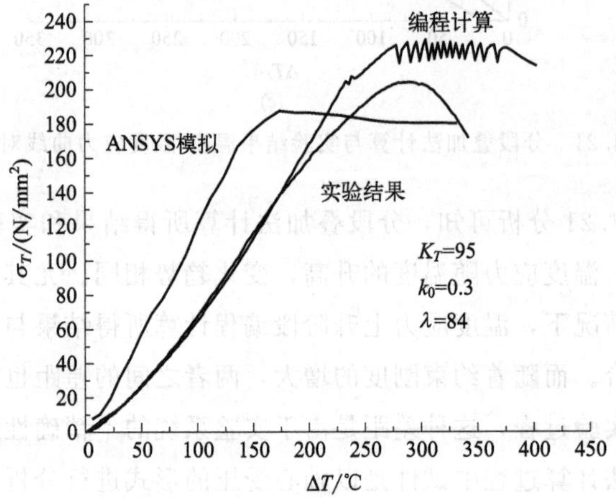

(a)

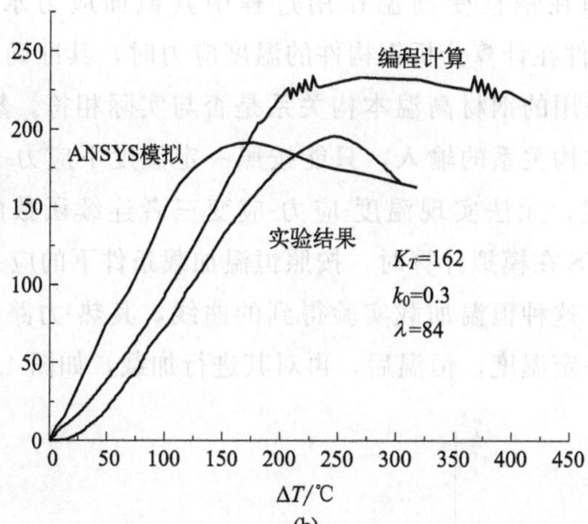

(b)

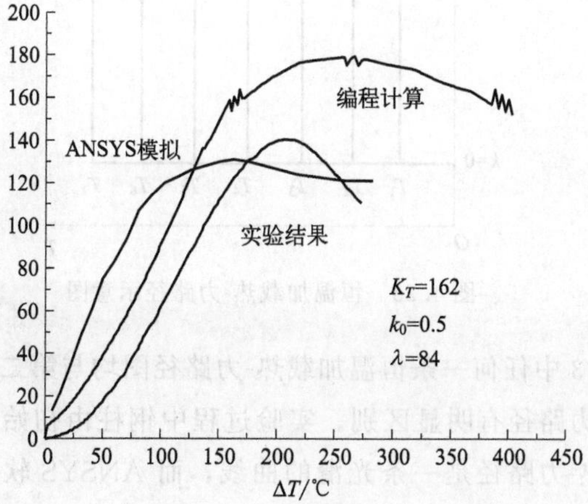

(c)

图 4.22　温度-温度应力曲线三者对比图

试件较之后两者都较早地进入弹塑性阶段，且温度应力最大值较小。

对比研究 ANSYS 模拟过程与分段叠加法编程计算和实验过程，钢柱在受到高温作用以前，就已经承受了一定的荷载，钢材中产生有一定的初始应力。钢柱受到高温作用以后，由于超静定结构中其他构件的约束在其截面上产生温度应力，导致钢柱随温度的升高，应力水平增大，即在钢柱受高温作用过程中其截面应力水平是变化的。ANSYS 软件在计算分析钢构件的温度应力时，其准确性很大程度上依赖于所采用的钢材高温本构关系是否与实际相符。然而，ANSYS 材料高温本构关系的输入，只能按照一定温度下应力-应变的二维对应关系模式，无法实现温度-应力-应变三者连续函数的本构关系输入。ANSYS 在模拟计算时，按照恒温加载条件下的应力-应变曲线来输入计算。这种恒温加载实验得到的曲线，其热-力路径是首先将试件加热到一定温度，恒温后，再对其进行加载，如图 4.23 所示。

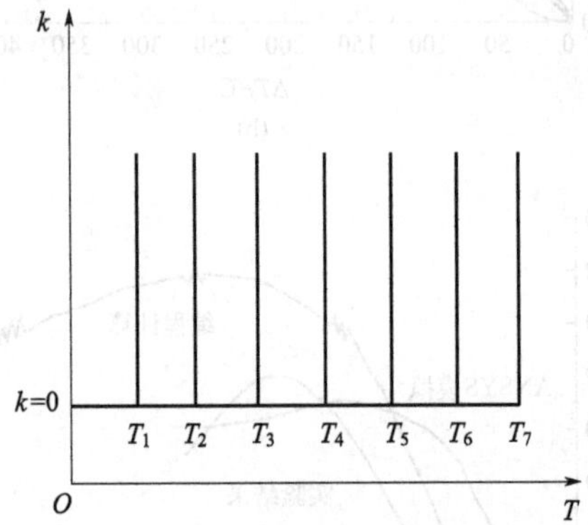

图 4.23　恒温加载热-力路径示意图

图 4.23 中任何一条恒温加载热-力路径图均与第二节实验过程钢柱实际热-力路径有明显区别。实验过程中钢柱由初始状态到达终点所经过的热-力路径是一条光滑的曲线，而 ANSYS 软件在计算时由初始状态到达终点所经过的热-力路径，是由一组相互垂直的线段所形成。这种在热-力路径上的较大差别，必然导致 ANSYS 计算结果与实际具有明显的差别。

利用恒温加载的热-力路径所得应变-应力-温度材料模型和利用恒载升温的热-力路径所得应变-温度-应力材料模型都无法准确地描述钢柱的高温反应过程。相比之下，分段叠加法计算时将恒载升温和恒温加载两种热-力路径下所得材料模型联合应用，将构件受热过程人为划分为许多微小时间段，在一个时间段期间，前半部分按照恒温加载热-力路径进行分析计算，后半部分按照恒载升温热-力路径进行分析计算，这样所形成的热-力路径呈现台阶式发展，如图 4.17 所示。这种计算模型同时也实现了温度-应力-应变的三维本构关系，当划分的时间段足够短时，所构建的热-力路径就会趋向于实际热-力路径。因此，分段叠加法计算与实验所得结果差别较小，比 ANSYS 有一定程度的改善。当然，以上利用分段叠加法分析钢结构的计算模型也仅适用于本章第二节开展的实验过程，其适用性还有待进一步研究。

第五节 钢框架中柱温度应力计算模型

上一节介绍了一种基于分段叠加法的温度应力数值计算方法，该方法采用分段叠加的思想，将钢材恒载升温实验所得到的材料模型和恒温加载实验所得到的材料模型进行联合使用，用以模拟实际钢结构构件受火的热-力路径。但该计算模型仅适用于相应实验工况，具体就是所计算目标钢柱受火作用，但与之相连的其他结构构件在计算过程中始终保持室温不变，也就是目标柱的温差变化只考虑自身温度与室温的差值，未能考虑与其他构件由于不均匀温升引起的温差；另外该模型仅考虑了钢柱轴向温度应力的计算，未考虑与之相连的钢梁对目标钢柱的影响作用。这与钢结构受火过程的实际情况不符，因此还需要进一步开展基于实际受火热-力耦合过程的研究。为此，本节在前期研究的基础之上，充分考虑结构整体受火产生的不均匀温升，构建一个基于热-力耦合作用下钢框架中柱温度应力计算模型。

一、基本假定

根据前述章节所述温度应力产生机理和要素分析，为便于模型建立，采用下列基本假定：

① 钢构件横截面变形后仍保持平面，即满足平截面假定；

② 忽略杆件截面在温度和荷载作用下发生的扭曲；

③ 不考虑构件的初始缺陷和残余应力的影响；

④ 忽略与目标柱相邻构件以外构件受火作用对目标柱温度应力的影响；

⑤ 由于模型建立的目标为温度应力计算，因此默认构件温度已知。

由于结构构件之间的不均匀膨胀，对目标钢柱的温度作用主要包括三个部分。第一部分是目标柱轴向膨胀变形受到其他构件约束所产生的轴向温度内力；第二部分是与目标柱相连的顶部钢梁由于不均匀膨胀所产生的水平推力作用；第三部分是由于目标钢柱截面存在温差所产生的温度内力。由于钢材热导率较大，且截面系数一般较大，截面温差较小，为简化，忽略第三部分。

二、计算模型

1. 轴向温度应力计算模型

仍然以上节分段叠加法思想为基础，考虑结构整体受火作用，建立钢柱轴向温度应力计算模型具体步骤如下。

① 确定钢框架结构及受火工况，分析计算构件在所考察火灾作用下的截面温度。

② 将钢框架结构受火过程用时间增量 Δt 划分为 n 个时间段，每一个时间段内目标钢柱的平均温度记为 T_0，T_1，T_2，…，T_n。

③ 根据结构常温荷载，利用结构分析的计算机方法，计算目标钢柱初始应力水平 k_0，由钢材在相应温度下的弹性模量（常温取 $2.06\times10^5\text{N/mm}^2$，图 4.24 为弹性模量折减系数随温度变化曲线）计算目标钢柱初始应变 $-\varepsilon_0$，由此可得目标钢柱的初始状态 $t_0(-\varepsilon_0, k_0, T_0)$。

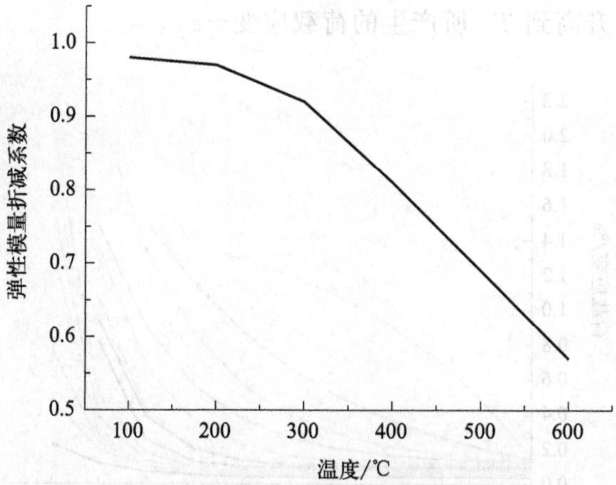

图 4.24　弹性模量折减系数随温度变化曲线

④ 进入第一个时间段，首先以恒载升温实验热-力耦合进行计算。根据图 4.25 实测不同温度下钢材的线胀系数（根据实际工况选择相应型号钢材的膨胀系数，本文以 Q345 钢材为例），插值计算目标钢柱由 T_0 升高到 T_1 的应变 $\Delta\varepsilon_T$。

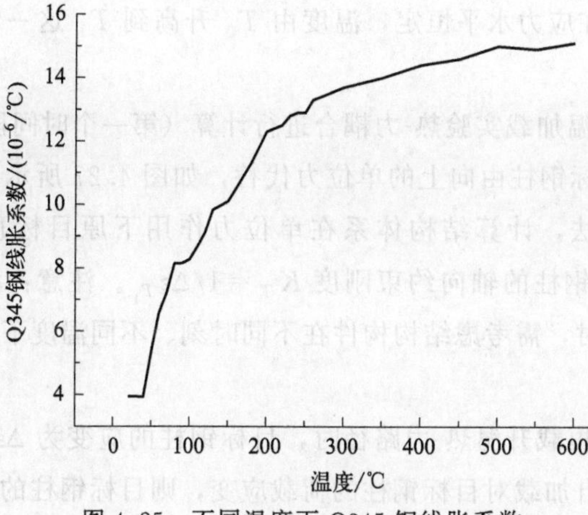

图 4.25　不同温度下 Q345 钢线胀系数

根据恒载升温实验条件下实测得到的钢材荷载应变计算值（图 4.26），通过内插值法计算目标钢柱在初始应力水平 k_0 作用下，

温度由 T_0 升高到 T_1 所产生的荷载应变 $-\varepsilon_p$。

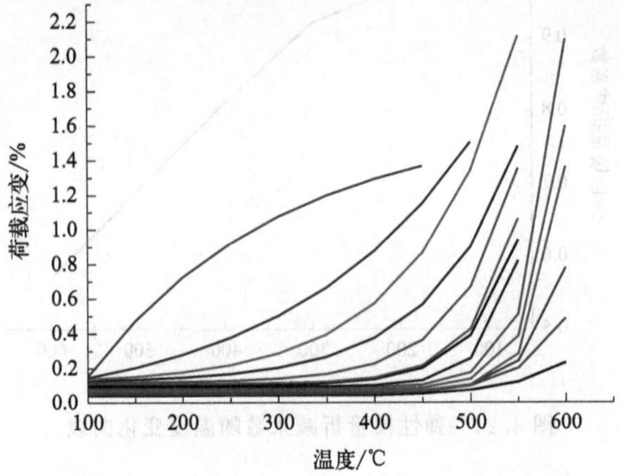

图 4.26　不同应力水平下温升产生的荷载应变

曲线由上至下依次为应力水平为 0.9，0.85，0.8，0.75，0.7，0.65，0.6，0.55，0.5，0.45，0.4，0.35，0.3，0.25 下实测曲线

膨胀应变 $\Delta\varepsilon_T$ 与荷载应变 $-\varepsilon_p$ 之和 $\Delta\varepsilon_T-\varepsilon_p$ 即为计算钢柱第一个时间段，在应力水平恒定，温度由 T_0 升高到 T_1 这一恒载升温过程的总应变。

⑤ 以恒温加载实验热-力耦合进行计算（第一个时间段）

a. 将目标钢柱由向上的单位力代替，如图 4.27 所示。根据结构力学计算方法，计算结构体系在单位力作用下原目标顶点的位移 $\Delta\varepsilon_{T_1}$ 和目标钢柱的轴向约束刚度 $K_T=1/\Delta\varepsilon_{T_1}$。注意：利用结构力学计算位移时，需考虑结构构件在不同时刻、不同温度下的弹性模量等力学参数。

b. 经过恒载升温热-力路径时，目标钢柱的应变为 $\Delta\varepsilon_T-\varepsilon_p$，若此时不考虑自加载对目标钢柱的荷载应变，则目标钢柱的温度内力可由 $N_T=(\Delta\varepsilon_T-\varepsilon_p)K_T l$ 计算，其中 l 为目标钢柱的长度。

真实情况下，目标钢柱并不能自由地产生数值为 $\Delta\varepsilon_T-\varepsilon_p$ 的应变，因为系统会对目标钢柱产生自加载，即产生温度内力。温度内力会使

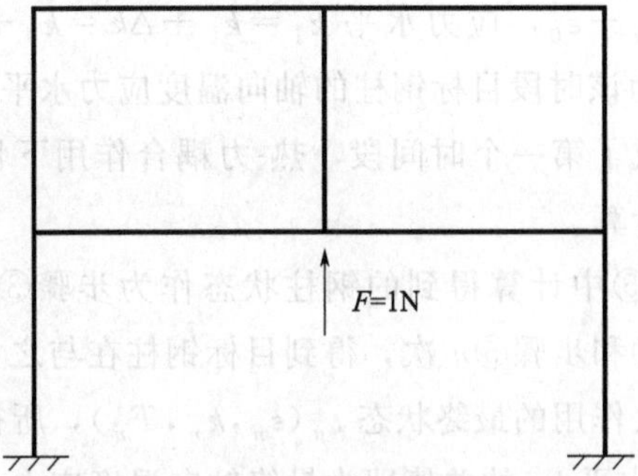

图 4.27 单位力代替目标钢柱示意图

钢柱产生反方向应变。同时由于原应变会变小，温度内力也会变形。因此，为达到变形协调一致，将 N_T 分为 100000 份，根据图 4.28 所示恒温加载实验路径下的 ε-k-T 关系，由内插值法计算钢柱在温度为 T_1，应力水平由 k_0 增加 $\Delta k = N_T i/100000/A/f_y$ 时的应变差 $\Delta\varepsilon_{\Delta k}$，此时目标钢柱相应的应变修正为 $\Delta\varepsilon_T - \varepsilon_p - \Delta\varepsilon_{\Delta k}$。目标钢柱修正后的应变对应的温度内力为 $N'_T = (\Delta\varepsilon_T - \varepsilon_p - \Delta\varepsilon_{\Delta k}) K_T l$。

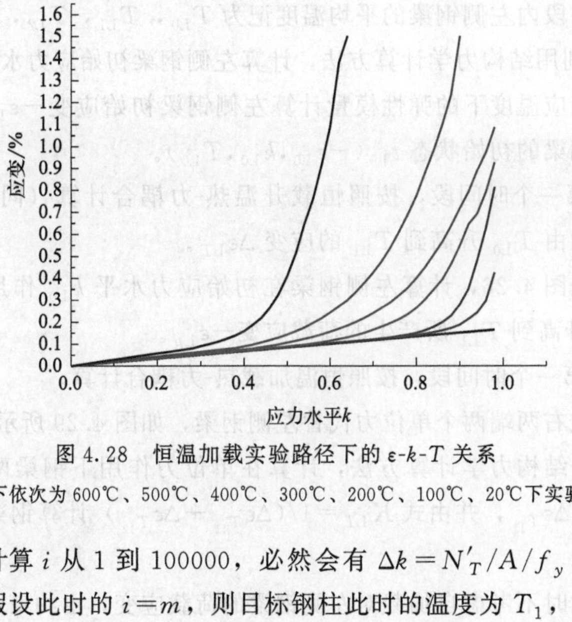

图 4.28 恒温加载实验路径下的 ε-k-T 关系

曲线由上至下依次为 600℃、500℃、400℃、300℃、200℃、100℃、20℃下实验所得曲线

程序计算 i 从 1 到 100000，必然会有 $\Delta k = N'_T/A/f_y$，达到变形协调。假设此时的 $i = m$，则目标钢柱此时的温度为 T_1，应变 $\varepsilon_1 =$

$\Delta\varepsilon_T-\varepsilon_p-\Delta\varepsilon_{\Delta k}-\varepsilon_0$，应力水平 $k_1=k_0+\Delta k=k_0+N_T m/100000/A/f_y$。$\Delta k$ 即为该时段目标钢柱的轴向温度应力水平。

至此，完成了第一个时间段，热-力耦合作用下目标钢柱的轴向温度应力水平计算。

⑥ 以步骤⑤中计算得到的钢柱状态作为步骤③中的初始状态，不断重复步骤④和步骤⑤n 次，得到目标钢柱在与之相连的其他构件轴向约束下受火作用的最终状态 $t_n(\varepsilon_n, k_n, T_n)$，所得钢柱应力水平 k_n 与初始应力水平 k_0 的差值即为最终轴向温度应力水平。

2. 钢梁水平推力计算模型

空间钢框架结构所考察的目标柱通常在其顶端相连的有纵跨和横跨两个方向的钢梁。两个方向对目标钢柱顶端的水平推力计算方法相同，以图 4.1 所示横跨（或纵跨）为例，建立计算模型。具体步骤如下。

① 计算左侧钢梁火作用下在其他相连构件约束作用下产生的轴向温度内力。

a. 将钢框架结构受火过程用时间增量 Δt 划分为 n 个时间段，每一个时间段内左侧钢梁的平均温度记为 T_{L0}，T_{L1}，T_{L2}，…，T_{Ln}。

b. 利用结构力学计算方法，计算左侧钢梁初始应力水平 k_{L0}，由钢材在相应温度下的弹性模量计算左侧钢梁初始应变 $-\varepsilon_{L0}$，由此可得左侧钢梁的初始状态 $t_{L0}(-\varepsilon_{L0}, k_{L0}, T_{L0})$。

c. 第一个时间段，按照恒载升温热-力耦合计算（同上）。计算左侧钢梁由 T_{L0} 升高到 T_{L1} 的应变 $\Delta\varepsilon_{LT}$。

根据图 4.26，计算左侧钢梁在初始应力水平 k_{L0} 作用下，温度由 T_{L0} 升高到 T_{L1} 所产生的荷载应变$-\varepsilon_{Lp}$。

d. 第一个时间段，按照恒温加载热-力耦合计算。

用左右两端两个单位力代替左侧钢梁，如图 4.29 所示。

根据结构力学计算方法，计算在单位力作用下钢梁两端的位移 $\Delta\varepsilon_{T_{11}}$ 和 $\Delta\varepsilon_{T_{12}}$，并由式 $K_{LT}=1/(\Delta\varepsilon_{T_{11}}+\Delta\varepsilon_{T_{12}})$ 计算钢梁轴向约束刚度。

若此时不考虑自加载对左侧钢梁的荷载应变，由约束刚度，即可

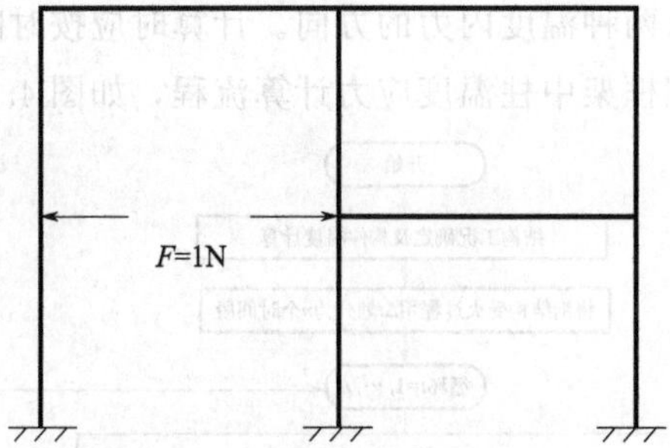

图 4.29　单位力代替钢梁示意图

得经过恒载升温后，钢梁的温度内力 $N_{LT}=(\Delta\varepsilon_{LT}-\varepsilon_{Lp})K_{LT}l_{L}$（$l_{L}$ 为左侧钢梁长度）。

与上节钢柱轴向温度应力计算相同，考虑随着钢梁的膨胀变形，温度内力不断增大，产生荷载应变使钢梁变形缩小，又会引发温度内力相应减小。为达到变形协调，将 N_{LT} 平均分为 100000 份，程序计算，必然会有：

$$N_{LTi}/100000=(\Delta\varepsilon_{LT}-\varepsilon_{Lp}-\Delta\varepsilon_{\Delta Lk})K_{LT}l_{L}$$

式中，$i\in(1,100000)$；$\Delta\varepsilon_{\Delta Lk}$ 为由图 4.28 中计算得到的对应于应力水平由 k_{L0} 增加 $N_{LTi}/100000/A_{L}/f_{y}$（$A_{L}$ 为钢梁截面面积）时的应变差。此时，$N_{LTi}/100000$ 即为第一个时间段左侧钢梁的温度内力。

e. 重复以上过程完成 n 个时间段的分析计算，即可得到左侧钢梁最终轴向温度内力。

② 同样方法计算右侧钢梁火作用下在其他相连构件约束作用下产生的轴向温度内力。

③ 计算左右两侧钢梁温度内力之差，即可得到横跨钢梁对钢框架中柱顶端产生的水平推力 N_{HT}。

按照同样方法计算，可得纵跨钢梁对钢框架中柱顶端产生的水平推力 N_{ZT}。

3. 目标钢柱温度应力计算流程

根据结构力学，将以上两种由温差作用产生的温度作用进行叠加，即可得目标钢柱在其他构件约束作用下的温度内力（应力）。叠加过程中需注意两种温度内力的方向。计算时应按时间步长，编制计算程序。汇总钢框架中柱温度应力计算流程，如图 4.30 所示。

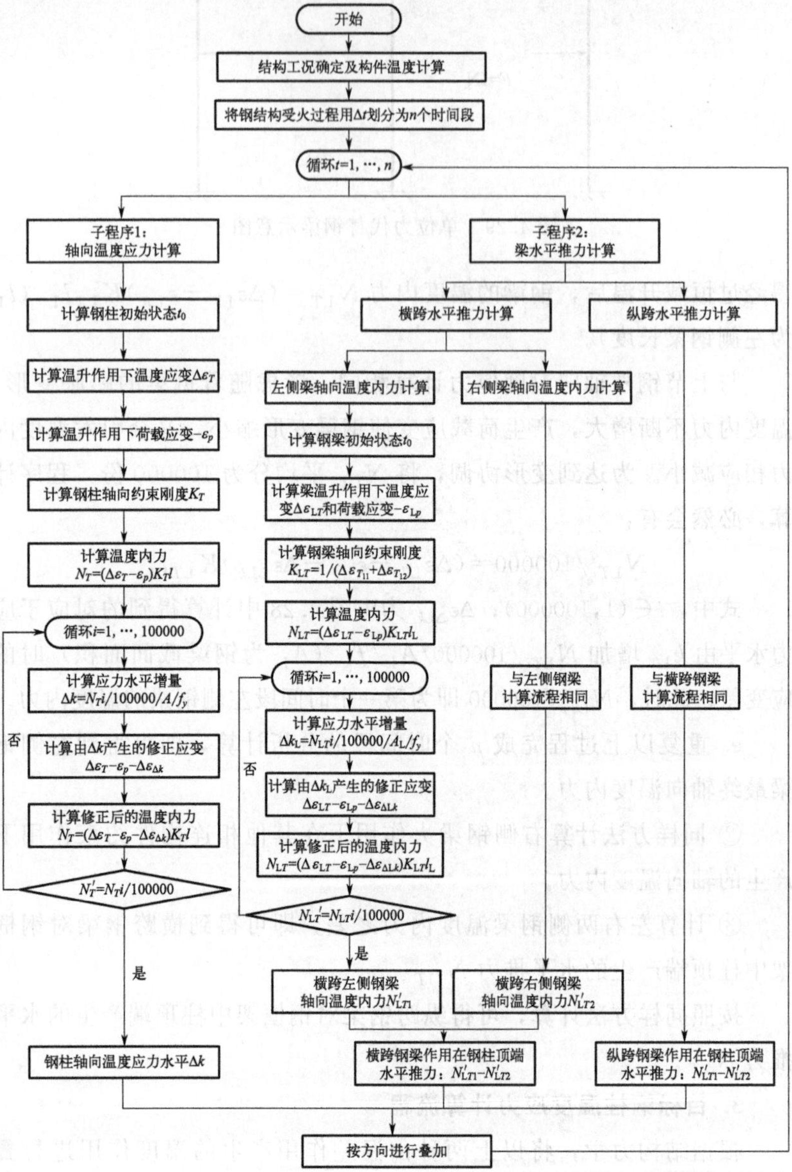

图 4.30　目标钢柱温度应力计算流程图

4. 模型优势分析

① 有别于单一构件的计算，计算模型考虑了钢柱和与之相连构件的整体结构体系。利用数值计算方法，分析计算了钢框架结构在不均匀温升作用下，框架中柱在与之相连的其他构件的约束下产生的轴向约束温度应力和纵/横跨方向上与之相连的钢梁产生的水平推力。

② 计算所采用的钢材高温材料模型趋近于实际受火过程热-力耦合作用下的材料模型。不同于目前广泛采用的恒温加载实验条件下所测得的材料模型，此模型将构件的受火过程划分为有限个时间段，并在每一个时间段分别应用了钢材在恒温加载条件下所测得的高温材料模型和在恒载升温条件下所测得的材料模型。只要时间间隔划分得足够小，这种计算方法所模拟的热-力耦合过程将无限趋近于实际情况。

③ 在温度应力计算过程中，钢框架结构体系所有构件的热膨胀系数、强度、弹性模量等力学参数均随温度的变化而不断发生变化，计算构件的约束刚度也因为与之相连构件力学参数的变化而不断变化，更符合实际结构受火工况。

第五章

钢框架中柱抗火性能分析系统

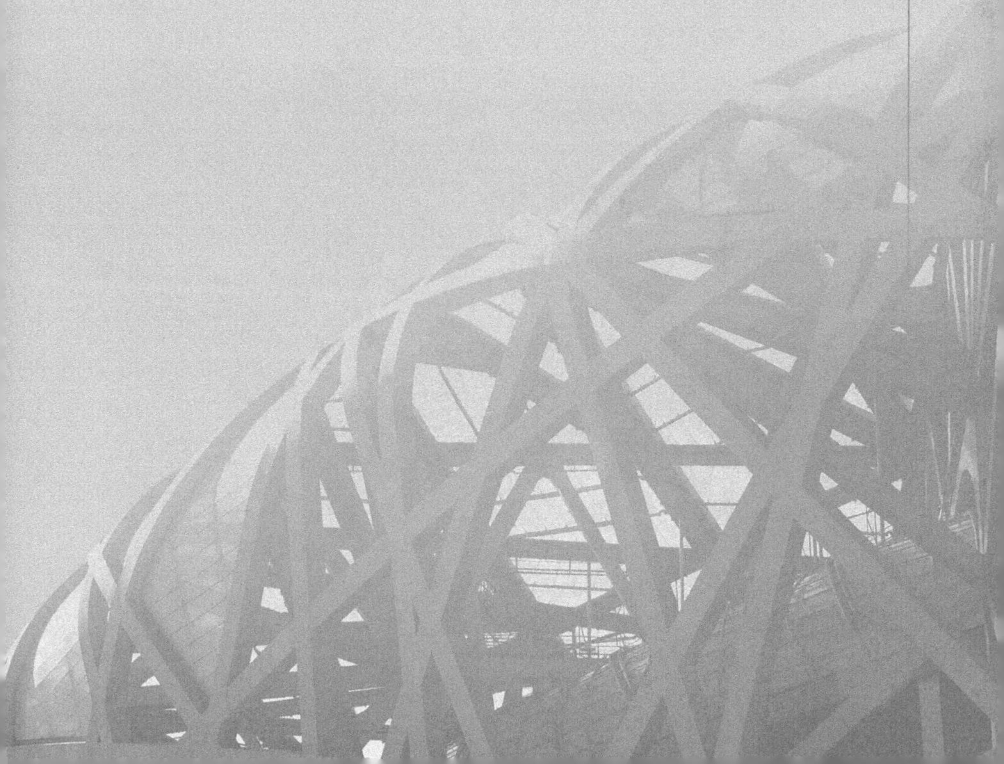

上述章节介绍了笔者所在课题组对我国国产钢结构用钢开展的高温力学性能实验，以及根据实验数据获取的材料模型所构建的钢框架中柱温度应力计算模型。本章中将介绍课题组根据以上计算模型开发的钢框架中柱抗火性能分析系统。

第一节 系统简要介绍与安装卸载

一、系统简要介绍

“钢框架中柱抗火性能分析系统（FRSC V1.0）”是在考虑钢结构整体及相关综合因素的基础之上，基于传热学和力学基本知识，根据前述章节所建立的热-力耦合作用下钢框架中柱温度应力计算模型，研究编制而成的。该系统相较传统计算构件温度应力计算方法，主要创新点在于温度应力的计算采用了更为符合钢构件实际受火过程中热-力路径的计算模型。

根据以工程学为基础的分析评估方法即性能化设计方法，目前较为先进的建筑结构抗火设计大致过程为：①确定火灾的温度-时间关系；②分析构件的温度场；③计算构件的高温承载力即构件抗力；④确定火灾时构件可能承受的有效重力荷载；⑤比较构件抗力和荷载效应。当抗力大于荷载效应时，结构可保证稳定而不倒塌，设计结束；当抗力小于荷载效应时，结构不能保证稳定，需改变设计参数重新计算直至满足要求。在设计构建钢框架中柱抗火性能分析系统时，主要参考以上分析过程，逐步进行计算分析，结合温度应力计算模型，构建系统计算分析体系。系统主要包括 6 个功能模块，分别为“新建工程”“室内火灾”“框架定义”“构件温度”“抗火分析”和“退出系统”。根据以上主要功能模块和抗火分析流程，编制钢框架中柱抗火性能分析系统程序。程序框图如图 5.1 所示。

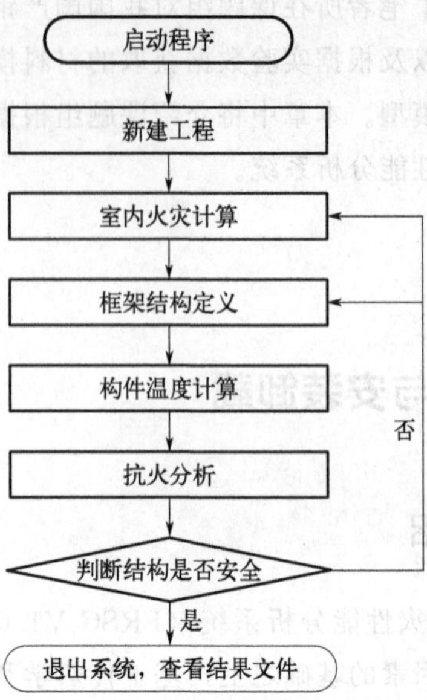

图 5.1 钢框架中柱抗火性能分析系统程序框图

二、系统的安装与卸载

1. 系统安装对计算机的最低配置要求

CPU：Celeron 400MHz 或 Pentium 133MHz 以上。

内存：最低要求 256MB。

硬盘：系统驱动器上需要 100MB 以上的可用空间。

显示：Super VGA（1024×768）或更高分辨率的显示器。

鼠标：Microsoft 鼠标或兼容的指点设备。

操作系统：Microsoft Windows 2007 及以上。

如果是英文和繁体操作系统请选择相应语言的安装软件。

2. 系统的安装

首先将存储有本系统安装文件的光盘放入光驱，运行光盘内或者硬盘上存储的 FRSC Setup. exe 文件。系统将弹出安装程序如图 5.2 所示。

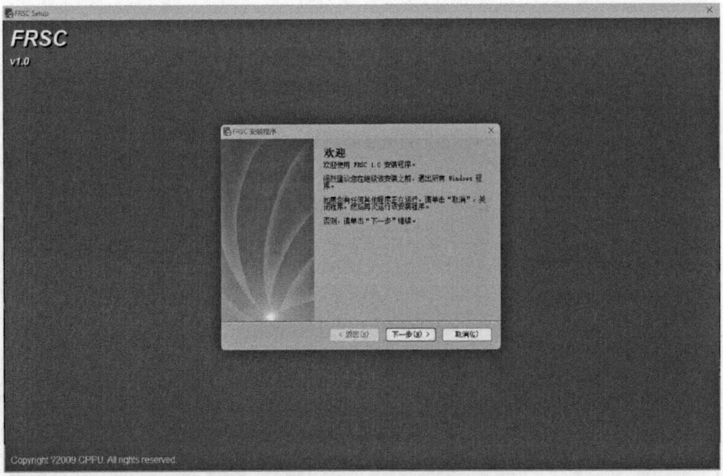

图 5.2　系统安装程序界面 1

单击“下一步”系统弹出图 5.3 所示界面。

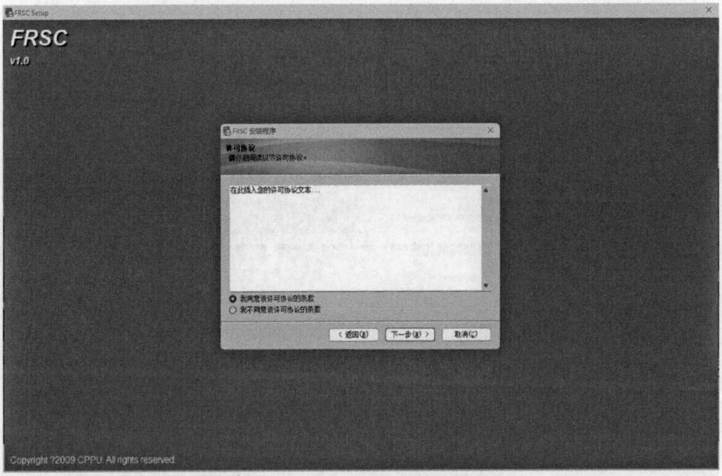

图 5.3　系统安装程序界面 2

选择“我同意该许可协议的条款”后，单击“下一步”弹出图 5.4 所示窗口。

输入用户信息后，单击“下一步”弹出图 5.5 所示窗口。

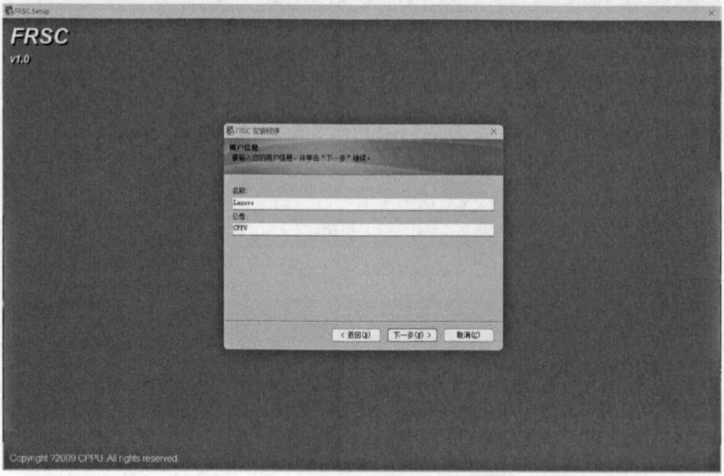

图 5.4　系统安装程序界面 3

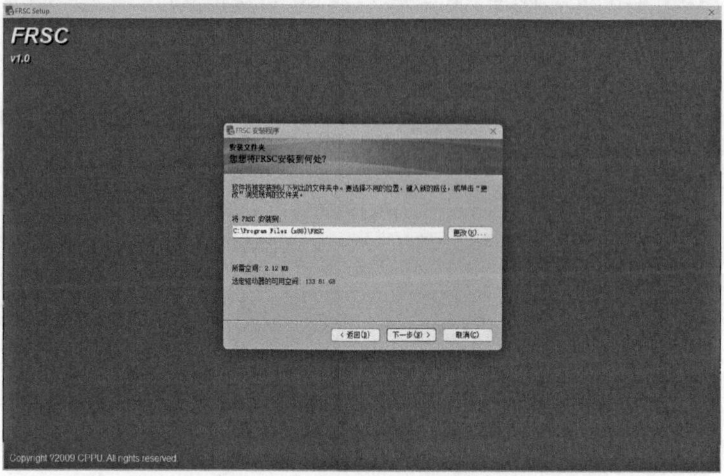

图 5.5　系统安装程序界面 4

选择要安装的路径，单击“下一步”，弹出图 5.6 所示窗口。

图 5.6　系统安装程序界面 5

选择默认选项，单击“下一步”弹出图 5.7 所示窗口。

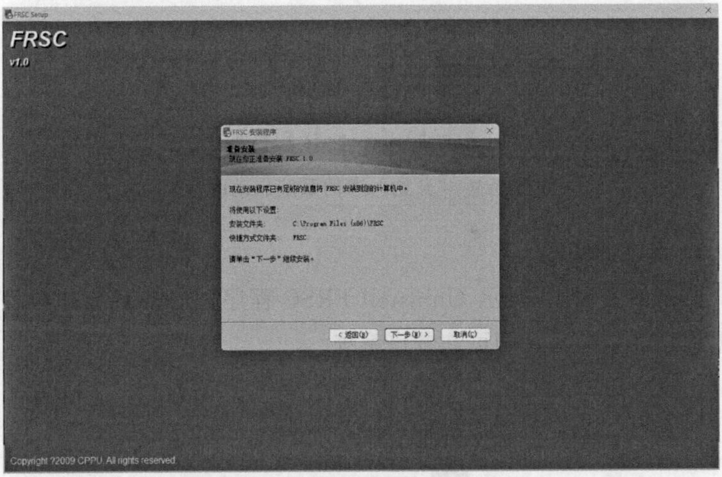

图 5.7　系统安装程序界面 6

单击“下一步”，系统开始自动安装，完成后弹出图 5.8 所示窗口。

图 5.8 系统安装程序界面 7

单击"完成",完成系统安装,退出安装程序。系统"开始"出现如图 5.9 所示启动图标。单击 FRSC_V1.0 即可启动程序。

图 5.9 "开始"中的系统启动图标

3. 系统的卸载

点击如图 5.10 所示 Uninstall FRSC 程序,启动系统卸载程序,根据程序逐步操作,即可卸载该系统。

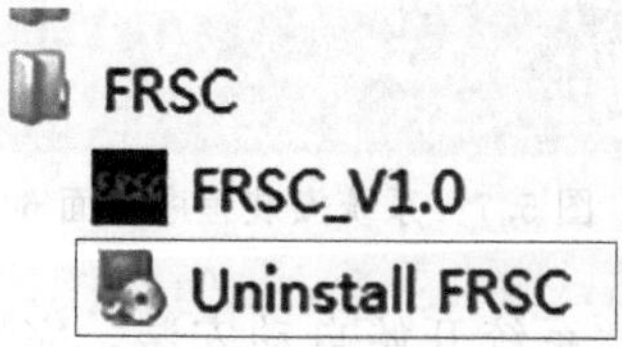

图 5.10 "开始"中的系统卸载图标

第二节
系统主要模块及基本操作

一、进入系统

单击“开始 \ 所有程序 \ FRSC_V1.0”，或双击桌面快捷方式，启动系统，并进入如图 5.11 所示系统启动界面。

图 5.11　系统启动界面

界面显示系统名称为：钢框架中柱抗火性能分析系统。

系统版本为：v1.0。

版权所有：中国人民警察大学。

基金支持：河北省省级科技计划资助（编号：21375406D）。

单击“进入系统”，可进入如图 5.12 所示系统主界面。

图 5.12　系统主界面

二、系统主界面与功能模块

系统主界面及功能模块如图 5.13 所示。

图 5.13　系统主界面及功能模块分区

系统主界面分为标签栏、功能模块（分析流程）、状态栏和工作区等 4 个区域，分别对应不同的功能。以下对各区域逐一介绍。

1. 功能模块（分析流程）

该区域主要包括 6 个功能模块的进入按钮，如图 5.14 所示，分别是“新建工程”“室内火灾”“框架定义”“构件温度”“抗火分析”和“退出系统”。其中各模块的主要功能如下：

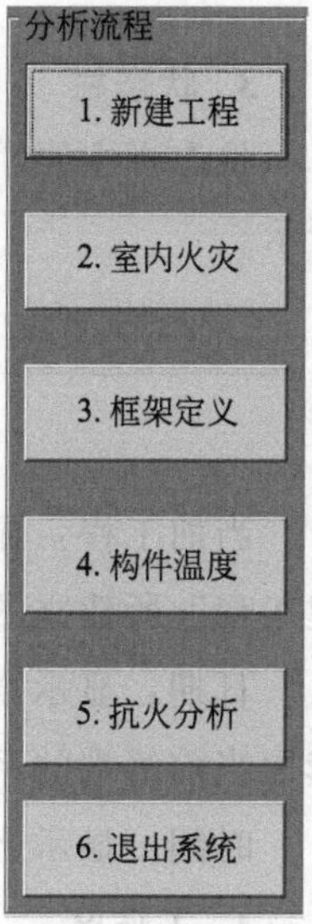

图 5.14 系统功能模块

（1）“新建工程”模块　主要用于针对目前分析的实际工程在系统中新建一个独立的文件存储位置，用于存储用户输入的相关信息，以及系统对当前工程的分析计算结果。

（2）“室内火灾”模块　主要用于用户根据实际分析工程的工况，输入室内火灾荷载等相关参数，计算分析当前工程的室内火灾温度。

（3）“框架定义”模块　主要用于用户根据实际分析钢结构工况，输入相关结构构件的参数，对框架受力情况等进行定义，并生成相应的输入文件，以供用户查看并在“构件温度”模块和“抗火分析”模块中计算使用。

（4）“构件温度”模块　用于分析计算钢框架结构的主要构件（“框架定义”中设定）在“室内火灾”模块中计算得到的室内火灾温度作用下钢构件的温度。

（5）“抗火分析”模块　用于计算分析目标钢框架中柱抗火性能，并生成计算数据。其中框架中柱的常温荷载由结构力学计算，温度荷载由笔者所建立的热-力耦合作用下钢框架中柱温度应力计算模型计算。

（6）“退出系统”模块　主要用于退出系统。

2. 标签栏

标签栏与功能模块（分析流程）区域中的 6 个功能模块（分析流程）一一对应，如图 5.15 所示，同时在标签栏中设置了“帮助”标签，用于用户查阅软件系统的使用说明。

新建工程　室内火灾　构件温度　框架定义　抗火分析　退出系统　帮助

图 5.15　系统标签栏

3. 状态栏

状态栏主要用于显示当前分析工程的主要工作状态，如图 5.16 所示。

当前工程：	日期：　2025-04-14	时间：　00:49:36

图 5.16　系统状态栏

当前工程：显示在“功能模块（分析流程）”区第 1 个模块“新建工程”所建立的工程名称。

日期：显示当前分析工程的具体日期。该日期在进入系统之后即读取当前终端的系统时间并显示。

时间：显示当前分析工程的用时时长。

4. 工作区

工作区主要根据“功能模块（分析流程）”中的 6 个功能模块分别进入不同的界面进行分析计算，如图 5.17 所示。具体详见后述。目前仅显示该系统的名称和版本号，以及系统版权所属单位背景。

图 5.17　系统工作区

三、系统分析计算

1. 新建工程

点击“功能模块（分析流程）”区中的 

，或点击标签栏中的“新建工程”，弹出“新建工程”界面，如图 5.18 所示。

图 5.18 “新建工程”界面

在“请输入新建工程名称”标签后的文本框内输入新建工程名称，并点击“创建工程”按钮，系统显示“新工程已创建成功!”提示框，如图 5.19 所示。

图 5.19 新工程创建成功

同时，系统将在安装文件夹下生成以新建工程名称命名的文件夹，用于存储系统的输入数据和计算分析结果数据，并在状态栏中的“当前工程”标签后显示新建工程的名称。状态栏中“时间”标签后的文本框将在创建工程后从 00:00:00 开始计时。

点击“新工程已创建成功!”提示框中的“确定”按钮，完成新建工程，并返回工作区界面。

2. 室内火灾

点击“功能模块（分析流程）”区中的 

按钮，

或点击标签栏中的“室内火灾”，系统将进入室内火灾温度计算模块，并在工作区显示如图 5.20 所示界面。

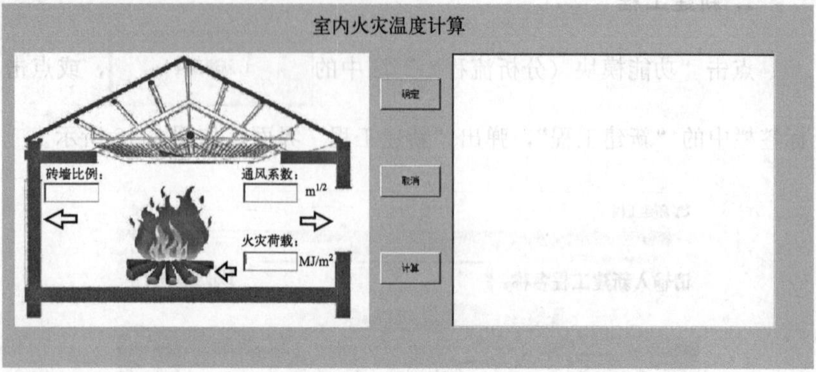

图 5.20　室内火灾计算模块

在“砖墙比例”标签下的文本框输入分析结构所在房间相应的砖墙比，在“通风系数”标签下的文本框输入分析框架结构的通风系数，在“火灾荷载”标签下的文本框输入分析框架结构的火灾荷载，如图 5.21 所示。

图 5.21　室内火灾计算模块参数输入

点击“确定”按钮，系统将记录所输入火灾工况的砖墙比例、通风系数和火灾荷载数值。

点击“取消”按钮，系统将清空以上三个数值的输入文本框，用户可重新进行输入。

点击“计算”按钮，系统将根据输入参数计算室内火灾发生轰燃后的温度值，并存储在所计算工程名称文件夹下的 fire-temp. txt 文件中，如图 5.22 所示。

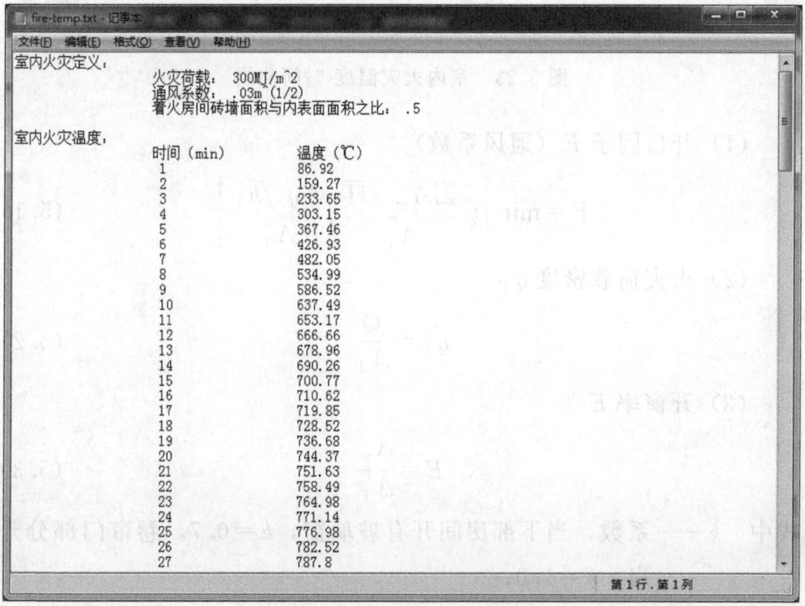
fire-temp.txt - 记事本

文件(F) 编辑(E) 格式(O) 查看(V) 帮助(H)

室内火灾定义：

火灾荷载： 300MJ/m^2
通风系数： .03m^(1/2)
着火房间砖墙面积与内表面面积之比： .5

室内火灾温度：

时间（min）	温度（℃）
1	86.92
2	159.27
3	233.65
4	303.15
5	367.46
6	426.93
7	482.05
8	534.99
9	586.52
10	637.49
11	653.17
12	666.66
13	678.96
14	690.26
15	700.77
16	710.62
17	719.85
18	728.52
19	736.68
20	744.37
21	751.63
22	758.49
23	764.98
24	771.14
25	776.98
26	782.52
27	787.8

第1行，第1列

图 5.22 室内火灾计算结果文件

点击图 5.20 右侧空白图形框，系统将根据所计算室内火灾温度值和时间的关系，绘制室内火灾温度-时间曲线，并显示在图形框内，如图 5.23 所示。

室内火灾分析计算的计算模型如下。

该系统的室内火灾采用民用建筑一般室内火灾轰燃后的火灾温度计算模型。为建立室内火灾轰燃后的温度-时间计算模型，作如下参数定义。

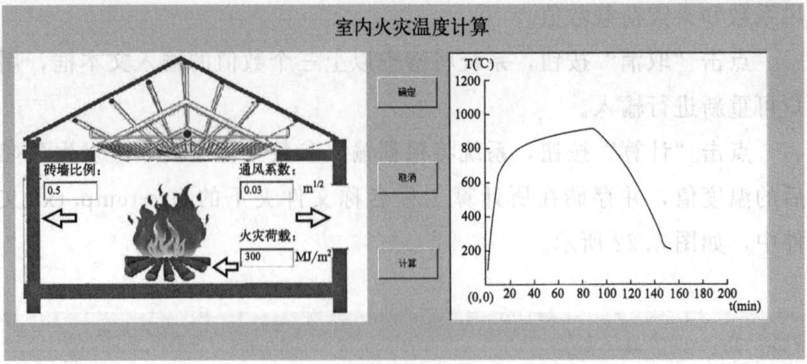

图 5.23　室内火灾温度-时间曲线

（1）开口因子 F（通风系数）

$$F=\min\left[k\ \frac{\sum A_{\mathrm{w}}\sqrt{H}}{A_T},\frac{A_{\mathrm{V}}\sqrt{h_1}}{A_T}\right] \tag{5.1}$$

（2）火灾荷载密度 q_T

$$q_T=\frac{Q}{A_T} \tag{5.2}$$

（3）开窗率 E

$$E=\frac{A_{\mathrm{w}}}{A_T} \tag{5.3}$$

式中　k——系数，当下部房间开有玻璃窗，$k=0.7$，卷帘门部分开启，$k=1.0$；

A_{w}——开窗窗洞尺寸或卷帘门开启部分计算的面积，m^2；

H——窗洞口或卷帘门开启部分高度，m；

A_T——房间六壁内表面面积，包括窗口面积，m^2；

Q——室内可燃物总热值，MJ；

h_1——金属防盗网关闭状态时烟气可流过的空洞面积的总高度（如果在窗户外装有金属防盗网），m；

A_{V}——金属防盗网关闭状态时修正空洞面积，m^2。

当窗外装有金属防盗网，火灾时防盗网会阻碍烟气流动，对通风面积按下式修正：

$$A_V=\frac{1}{\sqrt{1+\zeta}}A_w \tag{5.4}$$

$$\zeta=\left(\frac{A_w}{A_1}+0.707\frac{A_w}{A_1}\sqrt{1-\frac{A_1}{A_w}}\right)^2 \tag{5.5}$$

式中，A_1 为金属防盗网关闭状态时烟气可流过的空洞面积，m^2。如果在窗户外没有金属防盗网，则通风面积 A_V 取为 A_w，h_1 取 H。如果下部房间四周全装有卷帘门，无法确定卷帘门开启的尺寸，或卷帘门全部关闭（如夜间），取 $F=0.02m^{1/2}$。

应当注意，此处火灾荷载密度 q_T 是按房间六壁折算，而不是按地板面积折算。

为建立室内火灾的热平衡方程，由火灾实验可作如下假定：

① 轰燃后房间火灾温度平均分布；

② 室内所有内表面传热系数相同（两种以上壁面材料其热参数按面积加权平均）；

③ 所有内表面按一维传热；

④ 室内可燃物按热值相等折算成木材

室内火灾温度取决于可燃物的放热速率和各种热损失速率。要确定室内火灾温度，必须从房间的热平衡入手。

把火灾持续时间离散化，在微小时间增量 $\Delta t=60s$ 内，热平衡如图 5.24 所示。

由能量守恒，热平衡方程为：

$$Q_H=Q_B+Q_L+Q_w+Q_R \tag{5.6}$$

式中 Q_H——可燃物实际放热速率；

Q_B——通过窗口辐射热损失速率；

Q_L——由窗口喷出的热烟气带走的热损失速率；

Q_w——房间壁面吸热速率；

Q_R——房间气体吸热速率，忽略。

根据火灾动力学，木材燃烧时流入房间的空气量与流出的混合烟气量相等，可表达为：

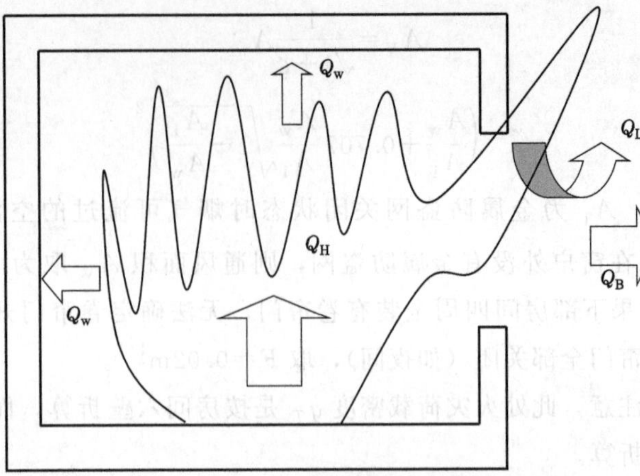

图 5.24　室内热平衡示意图

$$m=\frac{2}{3}A_{w}H^{1/2}C_{d}\rho_{0}(2g)^{1/2}\left\{\frac{(\rho_{0}-\rho_{F})/\rho_{0}}{\left[1+\left(\frac{\rho_{0}}{\rho_{F}}\right)^{1/3}\right]^{3}}\right\}^{1/2} \tag{5.7}$$

式中，ρ_F 为火灾烟气密度。取常温下空气密度 $\rho_0=1.2\text{kg/m}^3$，重力加速度 $g=9.8\text{m/s}^2$，窗洞流量系数 $C_d=0.7$，则燃烧产物流速（kg/s）：

$$m=2.481A_{w}H^{1/2}\left\{\frac{(\rho_{0}-\rho_{F})/\rho_{0}}{\left[1+\left(\frac{\rho_{0}}{\rho_{F}}\right)^{1/3}\right]^{3}}\right\}^{1/2} \tag{5.8}$$

每千克木材燃烧时所需空气为 5.7kg/kg，则木材燃烧速度［kg（木材）/s］为：

$$R=\frac{m}{5.7}=0.4353A_{w}H^{1/2}B \tag{5.9}$$

式中

$$B=\left\{\frac{(\rho_{0}-\rho_{F})/\rho_{0}}{\left[1+\left(\frac{\rho_{0}}{\rho_{F}}\right)^{1/3}\right]^{3}}\right\}^{1/2} \tag{5.10}$$

取常温下空气密度 $\rho_0=1.2\text{kg/m}^3$。设木材的燃烧率为 0.6，则放热量可取 10781525J/kg。

国外的研究表明，火灾中木材的燃烧释热速率为时间的函数，设

燃烧系数为 D，燃料系数 k_R 为塑料质量与总燃料质量之比，则木材火灾的热释放速率为：

$$Q_H=4692800D\left[\frac{40k_R+18.4(1-k_R)}{18.4}\right]A_w H^{1/2}B \quad (5.11)$$

孙金香等人把 D 值取为多角函数，如图 5.25 所示。日本计算中把 D 值取为常数 1，如图 5.26 所示。本系统在设计时按式(5.12) 计算 D 值：

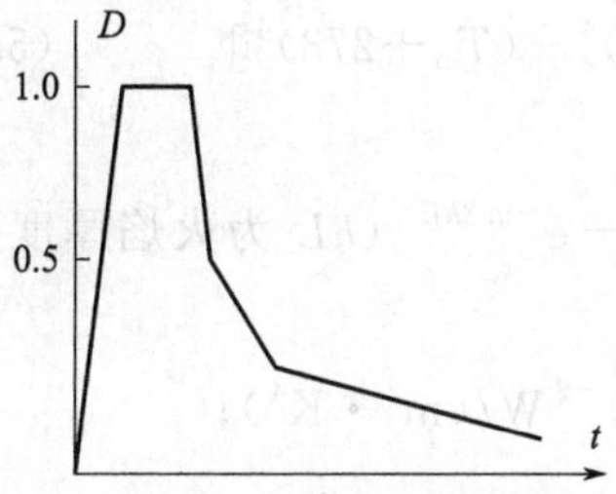

图 5.25　D 值按多角函数取值

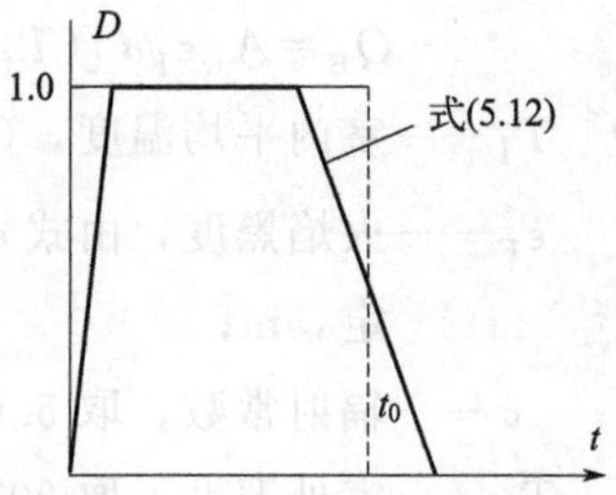

图 5.26　D 值按线性函数取值

$$D=\begin{cases} t/10 & (t\leqslant 10\text{min}) \\ 1 & (10\text{min}<t\leqslant 0.9t_0) \\ 1-\dfrac{t-0.9t_0}{0.6t_0} & (0.9t_0<t\leqslant 1.5t_0) \\ 0 & (t>1.5t_0) \end{cases} \quad (5.12)$$

式中　t——轰燃后火灾的持续时间，min；

t_0——全部可燃物烧尽时火灾的理论持续时间，min。

t_0 按下式计算（木材的燃烧热值为 18.4MJ/kg)：

$$t_0=\frac{q_T}{18.4\times 5.5F} \quad (5.13)$$

式中　q_T——火灾荷载密度，按式(5.2) 计算；

F——开口因子，按式(5.1) 计算。

密度平方根 B 中，ρ_F 为火灾烟气密度，其值见表 5.1。

表 5.1　烟气比热容 c_F[J/(kg·K)]和密度 ρ_F(kg/m³)

T/℃	0	100	200	300	400	500	600	700	800	900	1000	1100	1200
c_F /[J/(kg·K)]	1042	1068	1097	1122	1151	1185	1214	1239	1264	1290	1306	1323	1340
ρ_F /(kg/m³)	1.295	0.950	0.784	0.617	0.525	0.457	0.405	0.363	0.330	0.301	0.275	0.257	0.240

由窗口辐射散热速率可由斯特藩-玻尔兹曼定律得：

$$Q_B = A_w \varepsilon_F \sigma \left[(T_f+273)^4-(T_0+273)^4\right] \quad (5.14)$$

式中　T_f——室内平均温度，℃；

ε_F——火焰黑度，由式 $\varepsilon_F=1-e^{-0.3hL}$ （hL 为火焰厚度）确定，m；

σ——辐射常数，取 5.67×10^{-8}W/(m²·K⁴)；

T_0——室外温度，取20℃。

则窗口辐射散热速率可表达为：

$$Q_B = 5.67\times\varepsilon_F A_w\left[\left(\frac{T_f+273}{100}\right)^4-74\right] \quad (5.15)$$

由烟气带走的热损失速率为：

$$Q_L = m(c_F T_f - c_0 T_0) \quad (5.16)$$

取常温下空气比热容 $c_0=1005$J/(kg·K)，室外空气温度 $T_0=20$℃，则

$$Q_L = 2.481A_w H^{1/2} B c_F T_f - 49868 A_w H^{1/2} B \quad (5.17)$$

式中，c_F 为烟气比热容，按表5.1取值。

室内壁面吸热速率可由牛顿换热定律求出：

$$Q_w = A_h L_h (T_f - T_{1,h}) + (A_z - A_w) L_z (T_f - T_{1,z}) \quad (5.18)$$

式中　$T_{1,h}$，$T_{1,z}$——室内混凝土构件和砖墙的表面温度，℃；

A_h，A_z——室内混凝土构件和砖墙的表面积，m²；

L_h，L_z——室内混凝土构件和砖墙的换热系数，W/(m²·K)。

$$L_h=\frac{0.7\varepsilon_F\times 5.67}{T_f-T_{1,h}}\left[\left(\frac{T_f+273}{100}\right)^4-\left(\frac{T_{1,h}+273}{100}\right)^4\right]+25 \quad (5.19)$$

$$L_z=\frac{0.7\varepsilon_F\times 5.67}{T_f-T_{1,z}}\left[\left(\frac{T_f+273}{100}\right)^4-\left(\frac{T_{1,z}+273}{100}\right)^4\right]+25 \quad (5.20)$$

以上各式热损失速率单位为 J/s。将以上各式带入式(5.6)，整理得：

$$T_f=\frac{4692800Dk_hFB-5.67\varepsilon_FE\left[\left(\frac{T_f+273}{100}\right)^4-74\right]+49868FB+\frac{A_h}{A_T}L_hT_{1,h}+\left(\frac{A_z}{A_T}-E\right)L_zT_{1,z}}{2.481FBc_F+\frac{A_h}{A_T}L_h+\left(\frac{A_z}{A_T}-E\right)L_z} \quad (5.21)$$

$$k_h=\frac{40k_R+18.4(1-k_R)}{18.4} \quad (5.22)$$

要由式(5.21)计算出室内火灾温度 T_f，必须研究壁面内的导热，因式中壁面温度 T_1 未知。

取壁面坐标如图 5.27 所示，则壁面的导热微分方程及定解条件为：

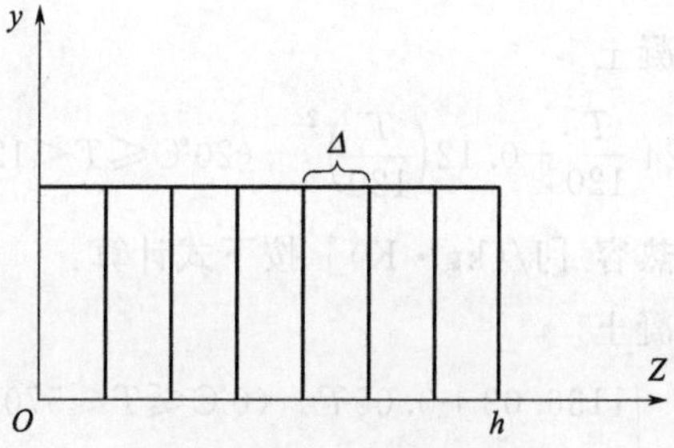

图 5.27　壁面坐标示意

$$\begin{cases}\dfrac{\partial T}{\partial t}=a\dfrac{\partial^2 T}{\partial Z^2}\\ -\lambda\dfrac{\partial T}{\partial Z}\Big|_{Z=0}=L(T_f-T_1)\\ -\lambda\dfrac{\partial T}{\partial Z}\Big|_{Z=h}=L_0(T_n-20)\\ T_{t=0}=20\end{cases} \quad (5.23)$$

式中　T——壁面温度，℃；

Z——壁面厚度坐标，m；

a——壁面材料的导温系数，m^2/s；

λ——壁面材料的热导率，W/(m·K)；

L_0——壁面外表面与空气的换热系数，取 9W/(m^2·K)；

h——壁面厚度，取 0.15m；

L——壁面内表面换热系数，W/(m^2·K)；

T_n——壁面外表面温度，℃。

混凝土的导温系数（m^2/s）按式(5.24)计算：

$$a=\frac{\lambda}{c\rho} \tag{5.24}$$

混凝土的热导率按下式计算：

对碳骨料混凝土

$$\lambda(T)=\begin{cases}1.355 & (0℃<T\leqslant 293℃)\\ 1.7162-0.001241T & (T>293℃)\end{cases} \tag{5.25}$$

式中，T 为材料温度。

对硅骨料混凝土

$$\lambda(T)=2-0.24\frac{T}{120}+0.12\left(\frac{T}{120}\right)^2 \quad (20℃\leqslant T<1200℃) \tag{5.26}$$

混凝土的比热容［J/(kg·K)］按下式计算：

对碳骨料混凝土

$$c(T)=\begin{cases}1136.03+0.05T & (0℃\leqslant T\leqslant 570℃)\\ 5.32T-1867.1 & (570℃<T\leqslant 610℃)\\ 88.89T-52846 & (610℃<T\leqslant 690℃)\\ 55469-68.09T & (690℃<T\leqslant 800℃)\\ 5927-6.16T & (800℃<T\leqslant 880℃)\\ 329.1+0.21T & (880℃<T\leqslant 1000℃)\end{cases} \tag{5.27}$$

对硅骨料混凝土

$$c(T)=900+80\frac{T}{120}-4\left(\frac{T}{120}\right)^2 \quad (20℃\leqslant T<1200℃) \tag{5.28}$$

混凝土的密度（kg/m^3）按下式计算：

对碳骨料混凝土

$$\rho(T)=\begin{cases}2400\times(1-0.00004T) & (0℃<T\leqslant 645℃)\\ 2400\times(1.55833-0.0009T) & (645℃<T\leqslant 890℃)\\ 2400\times(0.77254-0.00002T) & (890℃<T\leqslant 1000℃)\end{cases} \tag{5.29}$$

对硅骨料混凝土

$$\rho(T)=\begin{cases}2300\times(1-0.00002T) & 0℃<T\leqslant 450℃\\ 2300\times(1.02253-0.00007T) & 450℃<T\leqslant 730℃\\ 2300\times(0.97832-0.00001T) & 730℃<T\leqslant 1000℃\end{cases} \tag{5.30}$$

砂浆的导温系数（m^2/s）按下式计算：

$$a=\frac{54.4-0.134T+9.93\times10^{-5}T^2}{36000000} \tag{5.31}$$

砂浆的导热率按下式计算：

$$\lambda=1.16\times(1.87-3.55\times10^{-3}T+2.26\times10^{-6}T^2) \tag{5.32}$$

黏土砖的导温系数按下式计算：

$$a=\frac{0.16063+0.00025T}{(832.83-0.25T)(1-0.00001T)\times1800} \tag{5.33}$$

黏土砖的热导率按下式计算：

$$\lambda=0.16063-0.00025T \tag{5.34}$$

为把式(5.21) 与式(5.23) 联解求出室内温度，需先把式(5.23) 差分，用Δ等分壁面厚度，Δt离散时间增量，则式(5.23) 可化为差分方程：

$$\begin{cases}T_{i,t+\Delta t}=\dfrac{a\Delta t}{\Delta^2}(T_{i+1,t}+T_{i-1,t})+(1-2\dfrac{a\Delta t}{\Delta^2})T_{i,t}\\ T_{1,t+\Delta t}=\dfrac{LT_{\mathrm{f}}+\dfrac{\lambda}{\Delta}T_{2,t+\Delta t}}{\dfrac{\lambda}{\Delta}+L}\\ T_{n,t+\Delta t}=\dfrac{\dfrac{\lambda}{\Delta}T_{n-1,t+\Delta t}+20L_0}{\dfrac{\lambda}{\Delta}+L_0}\\ T_{i,0}=20(i=1,2,\cdots,16)\end{cases} \tag{5.35}$$

由于楼板、地面多为混凝土材料，墙体为砖或其他材料，分别对不同的壁面材料使用上式计算其内部及表面温度。

室内温度按下述方法和步骤计算。

① 计算出开口因子 F，火灾荷载密度 q_T，开窗率 E，混凝土壁面（楼板、地面、外露梁、柱表面）面积 A_h 与 A_T 之比值 k_1，墙体面积 A_z 与 A_T 之比值 k_2，从窗口键盘输入。

② 用 $\Delta=0.01\text{m}$ 分割壁面厚度为 16 个单元，定义壁面温度数组 $T_h(16)$，$T_z(16)$ 工作单元 $V_h(16)$，$V_z(16)$。

③ 输入初始温度

$$T_{f,0}=20, T_h(i)=T_z(i)=V_h(i)=V_z(i)=20(i=1,2,\cdots,16)$$

④ 从 $t=1\text{min}$，2min，3min，…，240min，循环计算室内温度 $T_{f,1}$，$T_{f,2}$，…，$T_{f,240}$。

a. 计算壁面内节点温度 $T_i(i=2,3,\cdots,15)$。先按各式计算壁面材料的导温系数 a，温度 T 取计算点处的温度。不同的壁面材料按面积加权平均，砖墙砂浆占 21%，砖占 79%。

由下式计算壁面内节点温度

$$T_{i,t+\Delta t}=\frac{a\Delta t}{\Delta^2}(T_{i+1,t}+T_{i-1,t})+\left(1-2\frac{a\Delta t}{\Delta^2}\right)T_{i,t} \quad (5.36)$$

式中，$\Delta t=60\text{s}$。对两种壁面材料分别计算。

b. 计算壁面外表面处材料的热导率 λ，温度 T 取计算点处的温度。不同的壁面材料按面积加权平均，砖墙砂浆占 21%，砖占 79%。

由下式计算壁面外表面温度

$$T_{n,t+\Delta t}=\frac{\frac{\lambda}{\Delta}T_{n-1,t+\Delta t}+20L_0}{\frac{\lambda}{\Delta}+L_0} \quad (5.37)$$

对两种壁面材料分别计算。

c. 用迭代法（迭代 15 次）计算室内温度，将换热系数 L，壁面内表面处材料的热导率 λ，壁面内表面温度 T_1，室内温度 T_f 同时迭代，第一次 T_f 取适当值，如上一时刻的值：

$$L_{h,i}=\frac{0.7\varepsilon_F\times5.67}{T_{f,i-1}-T_{1,h,i-1}}\left[\left(\frac{T_{f,i-1}+273}{100}\right)^4-\left(\frac{T_{1,h,i-1}+273}{100}\right)^4\right]+25 \tag{5.38}$$

$$L_{z,i}=\frac{0.7\varepsilon_F\times5.67}{T_{f,i-1}-T_{1,z,i-1}}\left[\left(\frac{T_{f,i-1}+273}{100}\right)^4-\left(\frac{T_{1,z,i-1}+273}{100}\right)^4\right]+25 \tag{5.39}$$

$$T_{1,h,i,t+\Delta t}=\frac{L_{h,i-1}T_{f,i-1}+\frac{\lambda_h}{\Delta}T_{h,2,t+\Delta t}}{\frac{\lambda_h}{\Delta}+L_{h,i-1}} \tag{5.40}$$

$$T_{1,z,i,t+\Delta t}=\frac{L_{z,i-1}T_{f,i-1}+\frac{\lambda_z}{\Delta}T_{z,2,t+\Delta t}}{\frac{\lambda_z}{\Delta}+L_{z,i-1}} \tag{5.41}$$

$$T_{f,i}=\frac{QQ+49868FB+k_1L_{h,i-1}T_{1,h,i-1}+(k_2-E)L_{z,i-1}T_{1,z,i-1}}{2.481FBc_F+k_1L_{h,i-1}+(k_2-E)L_{z,i-1}} \tag{5.42}$$

$$QQ=4692800Dk_hFB-5.67\varepsilon_FE\left[\left(\frac{T_{f,i-1}+273}{100}\right)^4-74\right] \tag{5.43}$$

迭代 15 次后，以最终 $T_{f,15}$，$T_{1,h,15}$，$T_{1,z,15}$ 作为室内温度和壁面内表面温度。图 5.28 为计算得到的温度-时间曲线。

3. 框架定义

点击“功能模块（分析流程）”区中的 3. 框架定义 按钮，或点击标签栏中的“框架定义”，系统将进入框架定义模块，并在工作区显示如图 5.29 所示界面。

（1）纵跨定义

① 框架定义。在图 5.29 左侧点击选择“框架定义”选项卡，在该选项卡左侧的“整体定义”框体中，点击下拉第一个列表框，选择

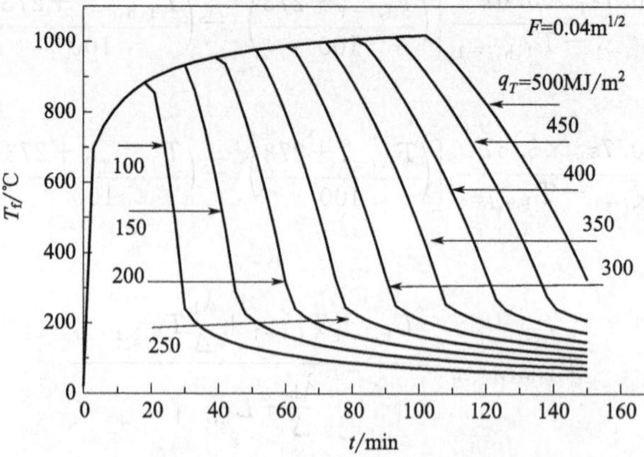

(a)

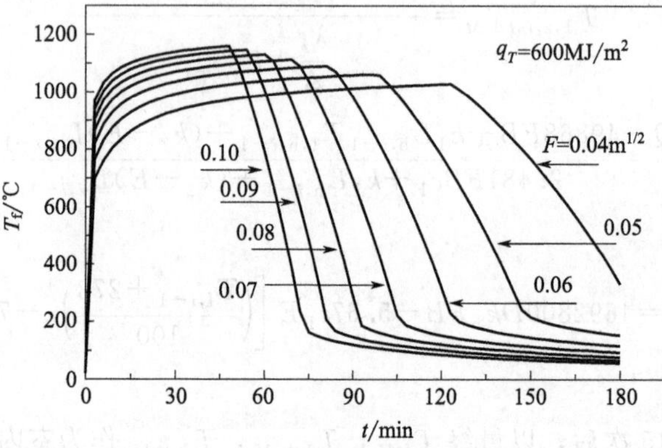

(b)

图 5.28 温度-时间曲线

“纵”跨，然后依次输入纵跨框架层数、左跨宽、右跨宽和钢材强度，如图 5.30 所示。

点击“应用”按钮，系统将以上输入数据进行存储，并在图 5.29 右侧黑色图形框下方的文本框内进行存储，如图 5.31 所示（具体查看操作见后文）。

点击“取消”按钮，可清空“整体定义”框体中的所有输入数据，用户可重新进行输入。

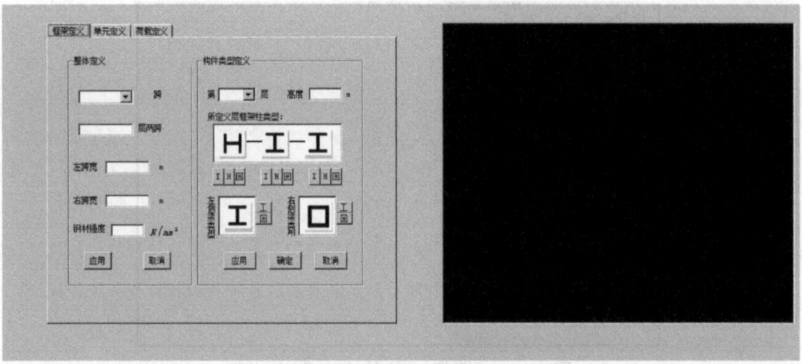

图 5.29　框架定义模块

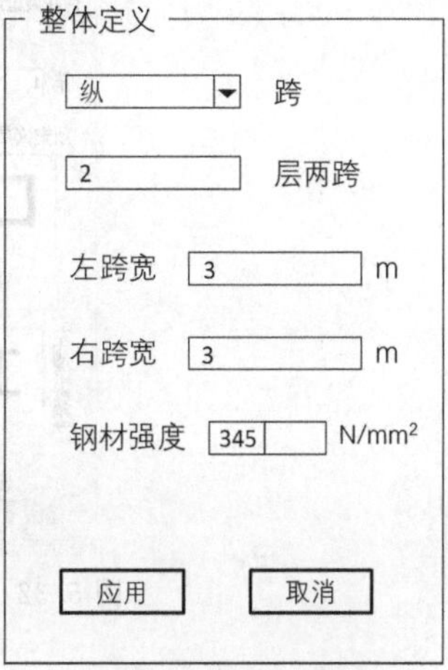

图 5.30　框架“整体定义”框体

在“框架定义”选项卡右侧的“构件类型定义”框体中，首先点击左上方列表框，发现列表框可供选择的层数已经根据前述“整体定义”框体中的参数，由系统自动给出，以上述输入数据为例，点击该列表框可选择 1 或者 2 层。在此按低到高逐层选择，即选择第 1 层。在其右侧输入该层高度。在“所定义层框架柱类型”选择框里，根据框架纵跨方向，分别选择左柱、中柱、右柱的形状类型，在选择过程中，随着鼠标在“I”“H”和“回”按钮上移动，在其上方的图形框内会根据鼠标的位置，显示对应的截面形状，用户点击相应框架柱类型的按钮后，其他按钮随即消失。以同样的方法选择“左侧梁类型”和“右侧梁类型”。如图 5.32 所示。

点击“应用”按钮，系统将以上第 1 层构件类型的数据进行存储，并显示在相应的文本框内（具体查看操作见后文）。同时，黑色图形框内显示 1 层框架的结点示意图，如图 5.33 所示。

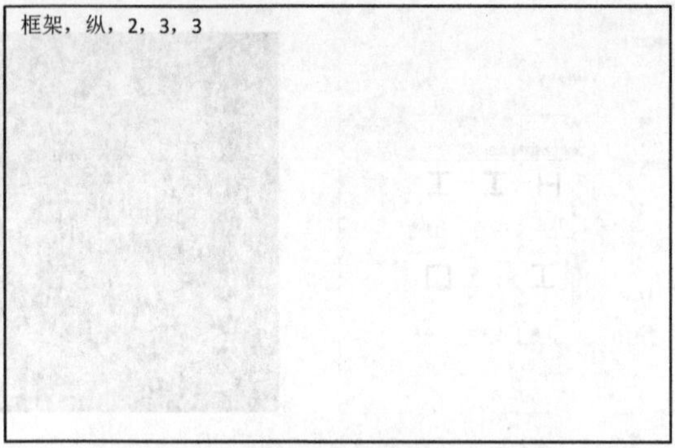

图 5.31　框架“整体定义”文本框

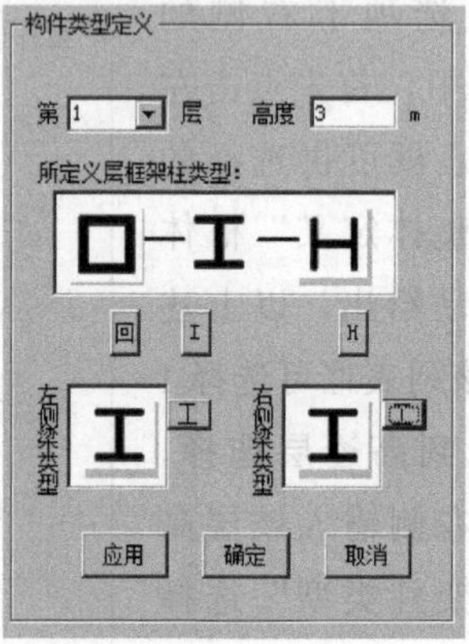

图 5.32　“构件类型定义”框体

点击“取消”按钮，系统将清空该层构件类型的输入数据，用户可重新进行输入。

按照上述方法，在“构件类型定义”框体中，由 1 层到最高层，逐层输入构件类型数据，并点击“应用”按钮，系统将逐层记录以上输入数据，并在黑色图形框内显示相应的结点示意图。

当所有楼层的构件类型数据全部输入完成后，点击“确定”按钮，系统将记录所有数据，并显示在相应的文本框内。同时在黑色图形框内对所有框架结点和单元进行编号显示，如图 5.34 所示。

图 5.33　1 层框架结点示意图（见彩插）

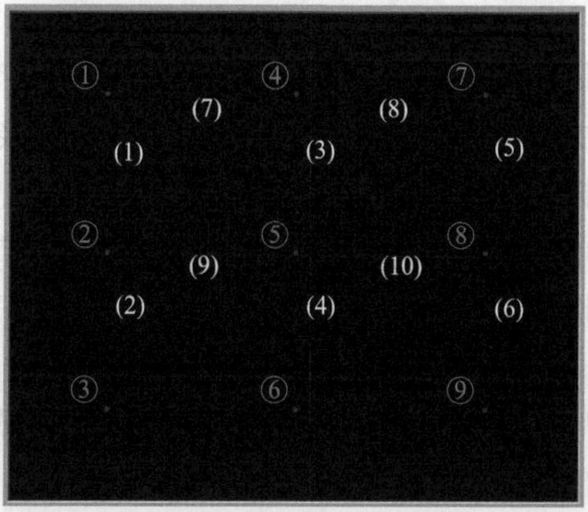

图 5.34　框架结点和单元编号示意图（见彩插）

图中，“①”形编号为结构结点编号，“（1）”形编号为结构单元编号

② 单元定义。在图 5.29 左侧点击选择“单元定义”选项卡，在该选项卡的“单元定义”框体中，点击“单元”列表框，会发现系统根据上述结构整体定义的输入数据，已经在“单元”列表框中给出了系统单元的编号，用户只需根据实际情况由小到大逐一进行选择。首先，选择单元“1”。选择该单元号的同时，其右侧图形框内，根据上

述“构件类型定义”框体中的输入数据，会自动给出 1 号单元的截面示意图，如图 5.35 所示。

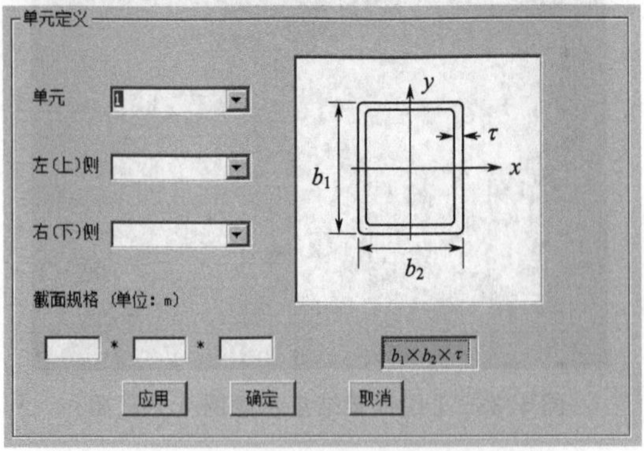

图 5.35　单元定义框体

接下来，依次点击选择“左（上）侧”和“右（下）侧”列表框中的单元连接方式，系统中给出了“刚接”和“铰接”两种连接方式，用户可根据结构实际情况进行选择。

根据 1 号单元截面尺寸，输入截面规格。系统会自动根据截面形状显示截面规格需要输入的相应文本框，以及文本框后的截面规格提示标签。

输入完成后，点击“应用”按钮。如果用户未完成所有的数据输入，系统会弹出提示框，待用户检查并完成所有数据的输入后，再次点击“应用”按钮，系统将会记录以上输入数据，并在黑色图形框内，显示单元 1。如图 5.36 所示。

点击“取消”按钮，系统将清空该单元的输入数据，用户可重新进行输入。

根据以上单元 1 的数据输入步骤和方法，依次对所有单元的相应数据进行输入。待所有单元的数据输入完成后，系统将存储所有的输入数据，并在黑色图形框内显示完整的结构示意图，如图 5.37 所示。

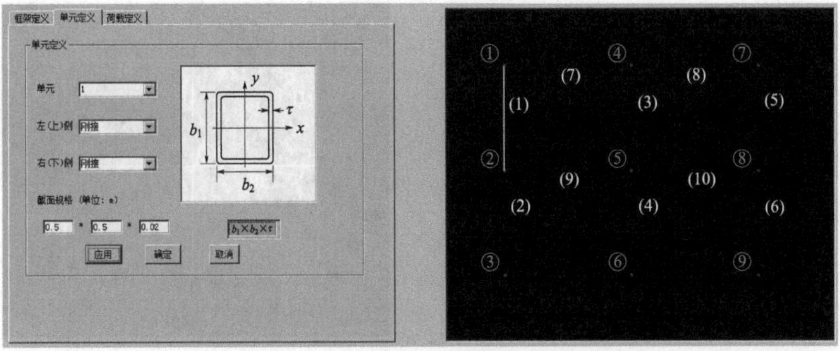

图 5.36 单元显示示意图（见彩插）

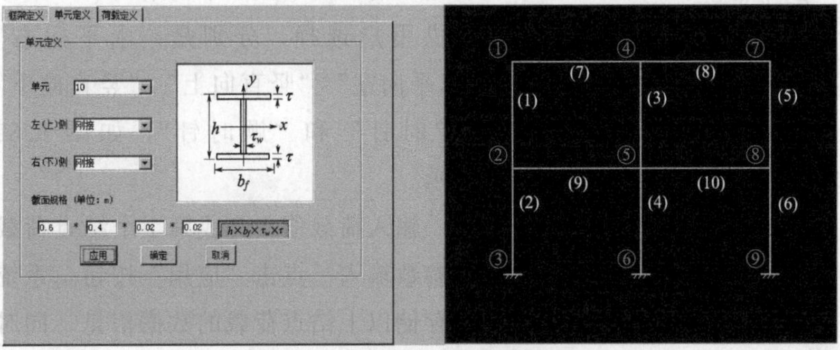

图 5.37 结构示意图（见彩插）

点击“确定”按钮，完成“单元定义”，进入“荷载定义”选项卡。

③ 荷载定义。在图 5.29 左侧点击选择“荷载定义”选项卡，如图 5.38 所示。

该选项卡中有“结点荷载”和“非结点荷载”两种类型的荷载，分别对应相应的框体。用户需要根据结构实际荷载情况和数量进行数据的输入。

若实际结构存在结点荷载，则以第 1 个（顺序随机）结点荷载为例，在“结点荷载”框体中输入该荷载的相关参数。输入结点荷载作用的结点号；点击“荷载作用方向”右侧列表框，选择第 1 个结点荷

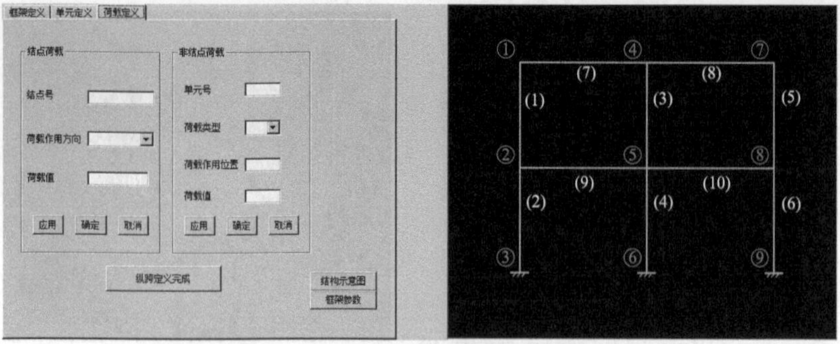

图 5.38 “荷载定义”框体（见彩插）

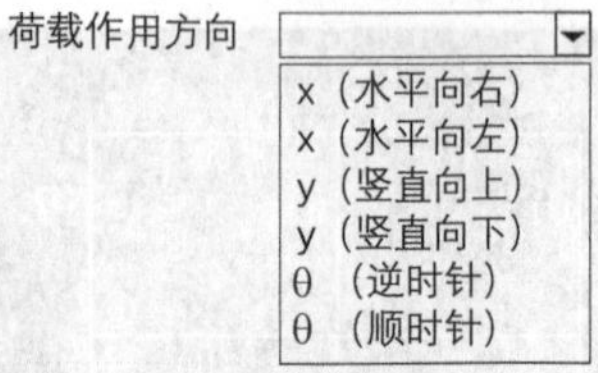

图 5.39 “荷载作用方向”列表框

载作用的方向，其中系统给出了 6 个方向供用户选择，分别是“水平向右”“水平向左”“竖直向上”“竖直向下”“逆时针”和“顺时针”，如图 5.39 所示。

输入荷载值，完成第 1 个结点荷载的参数输入。点击“应用”按钮，系统将存储以上结点荷载的数据信息，同时在右侧黑色图形框内以红色图形绘制结点荷载示意图，如图 5.40 所示。

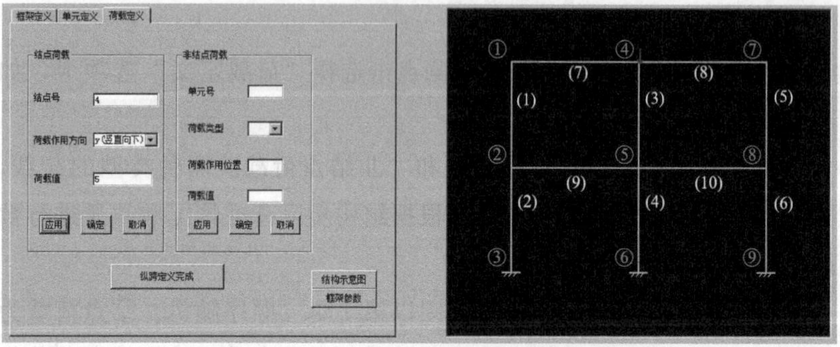

图 5.40 结点荷载示意图（见彩插）

点击“取消”按钮，系统将清除第1个结点荷载的输入数据，用户可重新输入。

按照上述步骤，逐个输入其他结点荷载数据。最后点击“结点荷载”框体内的“确定”按钮，完成结点荷载的输入，并将相关信息进行存储。

若实际结构存在非结点荷载，则以第1个（顺序随机）非结点荷载为例，在“非结点荷载”框体中输入该荷载的相关参数。输入非结点荷载作用的单元号；点击“荷载类型”右侧列表框，选择第1个非结点荷载的荷载类型，其中系统给出了3种类型，分别是集中荷载、均布荷载和力偶荷载，如图5.41所示。

输入荷载作用位置和荷载值，完成第1个非结点荷载的参数输入。点击“应用”按钮，系统将存储以上非结点荷载的数据信息，同时在右侧黑色图形框内以红色图形绘制非结点荷载示意图，如图5.42所示。

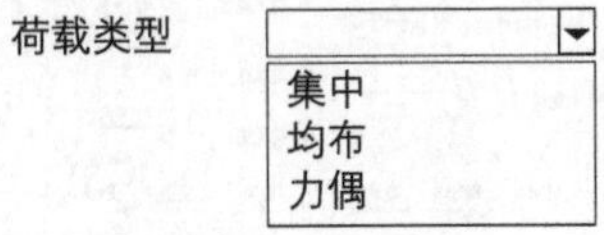

图5.41　非结点荷载类型列表框

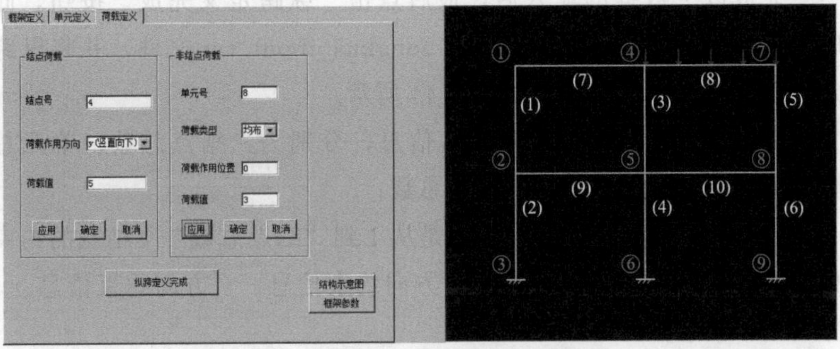

图5.42　非结点荷载示意图（见彩插）

点击“取消”按钮，系统将清除第1个非结点荷载的输入数据，用户可重新输入。

按照上述步骤，逐个输入其他非结点荷载数据。最后点击“非结点荷载”框体内的“确定”按钮，完成结点荷载的输入，并将相关信息进行存储。

以上过程就完成了框架的所有数据的输入，在每一步点击“应用”按钮后，系统就会将所输入数据进行存储，同时显示在文本框中。如图 5.43，点击方框内的“框架参数”按钮即可查看。点击方框内的“结构示意图”按钮，可返回黑色图形框，显示结构的示意图。

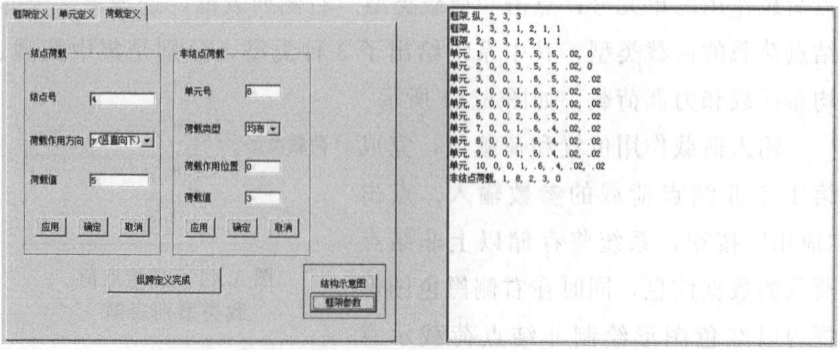

图 5.43 框架输入参数

完成以上数据的输入后，最后点击“纵跨定义完成”按钮，此时，系统将会在安装文件内新建 zongkua_input.txt 文件，并将纵跨定义数据写入该文件中，如图 5.44 所示。

以上文件中，第 1 行为基本信息，分别为：结点总数、单元总数、结点荷载总数、非结点荷载总数；

接下来是“结点总数”行，是从 1 到“结点总数”个结点的约束信息，每行的 3 个数值分别是 x 方向约束信息、y 方向约束信息、z 方向约束信息；

再之后是“单元总数”行，是从 1 到“单元总数”个单元的单元信息，每行的 7 个数值分别是单元始端结点号、单元终端结点号、单元杆长、单元截面面积、单元截面惯性矩、单元弹性模量、单元局部坐标系夹角；

然后是“结点荷载总数”行，是从 1 到“结点荷载总数”个结点

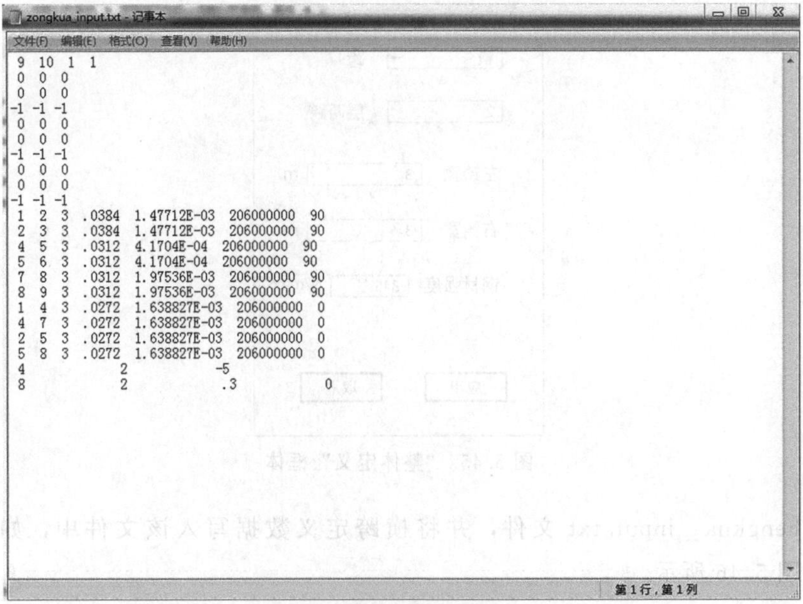


```
9  10  1  1
0  0  0
0  0  0
-1 -1 -1
0  0  0
0  0  0
-1 -1 -1
0  0  0
0  0  0
-1 -1 -1
1  2  3  .0384  1.47712E-03  206000000  90
2  3  3  .0384  1.47712E-03  206000000  90
4  5  3  .0312  4.1704E-04  206000000  90
5  6  3  .0312  4.1704E-04  206000000  90
7  8  3  .0312  1.97536E-03  206000000  90
8  9  3  .0312  1.97536E-03  206000000  90
1  4  3  .0272  1.638827E-03  206000000  0
4  7  3  .0272  1.638827E-03  206000000  0
2  5  3  .0272  1.638827E-03  206000000  0
5  8  3  .0272  1.638827E-03  206000000  0
4          2          -5
8          2          .3          0
```

图 5.44　纵跨定义数据文件

荷载的荷载信息，每行的 3 个数值分别是结点荷载作用的结点号、结点荷载作用方向、结点荷载值；

最后是“非结点荷载总数”行，是从 1 到“非结点荷载总数”个非结点荷载的荷载信息，每行的 4 个数值分别是非结点荷载作用的单元号、非结点荷载类型号（1—集中荷载，2—均布荷载，3—力偶荷载）、非结点荷载值、非结点荷载距离。

（2）横跨定义　返回“框架定义”选项卡，在该选项卡左侧的“整体定义”框体中，点击下拉第一个列表框，选择“横”跨，如图 5.45 所示。

完成横跨框架层数、左跨宽、右跨宽和钢材强度的数据输入，点击“应用”按钮后，上述“纵跨定义完成”按钮将自动更改为“横跨定义完成”。

然后，按照纵跨定义的步骤，逐一输入横跨所有数据，完成后点击“横跨定义完成”按钮，此时，系统将会在安装文件内新建

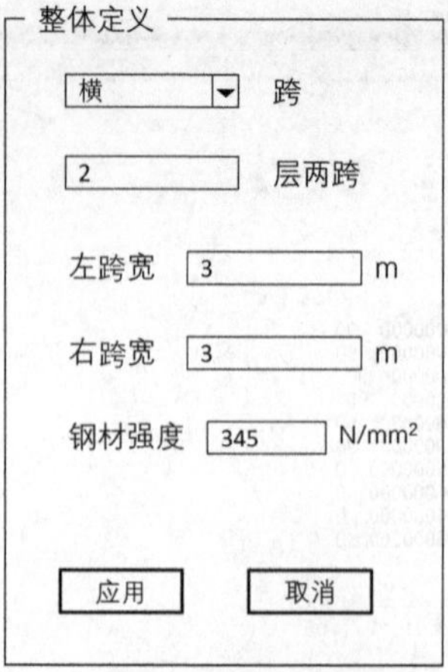

图 5.45 “整体定义”框体

hengkua _ input. txt 文件，并将横跨定义数据写入该文件中，如图 5.46 所示。

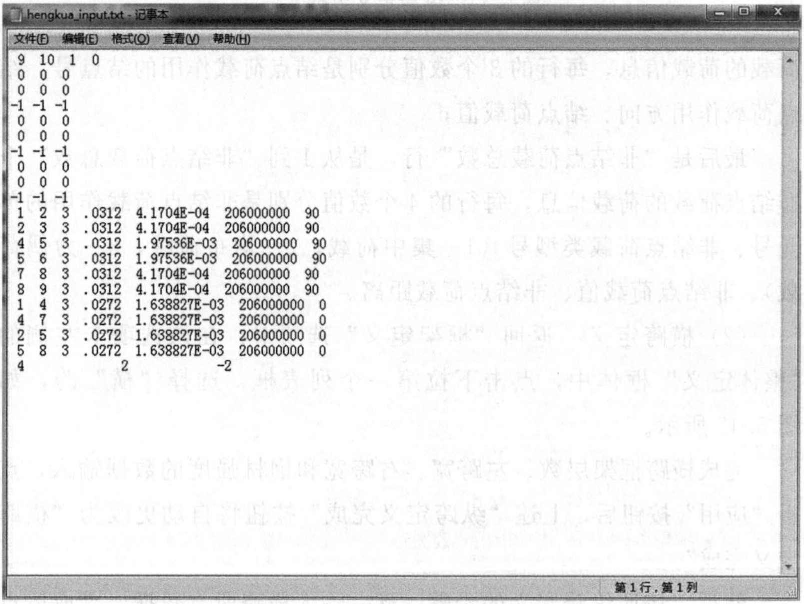

```
hengkua_input.txt - 记事本
文件(F) 编辑(E) 格式(O) 查看(V) 帮助(H)
 9  10  1  0
 0  0  0
 0  0  0
-1 -1 -1
 0  0  0
 0  0  0
-1 -1 -1
 0  0  0
 0  0  0
-1 -1 -1
 1  2  3  .0312  4.1704E-04  206000000  90
 2  3  3  .0312  4.1704E-04  206000000  90
 4  5  3  .0312  1.97536E-03  206000000  90
 5  6  3  .0312  1.97536E-03  206000000  90
 7  8  3  .0312  4.1704E-04  206000000  90
 8  9  3  .0312  4.1704E-04  206000000  90
 1  4  3  .0272  1.638827E-03  206000000  0
 4  7  3  .0272  1.638827E-03  206000000  0
 2  5  3  .0272  1.638827E-03  206000000  0
 5  8  3  .0272  1.638827E-03  206000000  0
 4           2           -2
第 1 行，第 1 列
```

图 5.46 横跨定义数据文件

文件中数据所代表的信息与 zongkua _ input. txt 文件相同。

4. 构件温度

点击“功能模块（分析流程）”区中的 

按钮，或点击标签栏中的“构件温度”，系统将进入构件温度计算模块，并在工作区显示如图 5.47 所示界面。

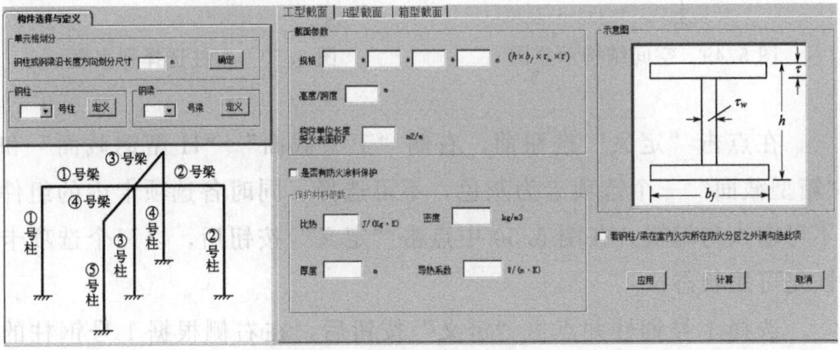

图 5.47 构件温度计算模块

“比热”为“比热容”的简称；“导热系数”又称为“热导率”

在“构件选择与定义”选项卡的“单元格划分”框体中，输入钢柱或钢梁沿长度方向划分尺寸，并点击“确定”按钮，将数据存储入系统，如图 5.48 所示。

图 5.48 单元格划分框体

用户在计算目标钢柱以及与之相连的构件的温度前，根据如图 5.49 所示空间结构示意图，提前确定好各编号构件对应的纵/横跨中相应的钢柱和钢梁。

(1) 钢柱温度计算　在“构件选择与定义”选项卡的“钢柱”框体中，点击下拉列表框，选择 1 号钢柱，并点击“定义”按钮，如

图 5.50 所示。

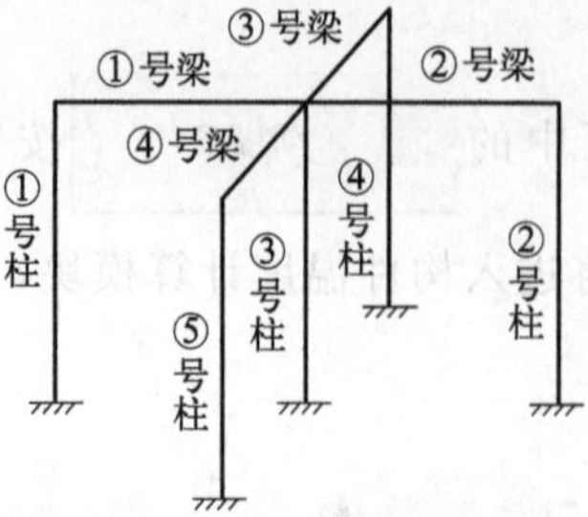

图 5.49　空间结构示意图

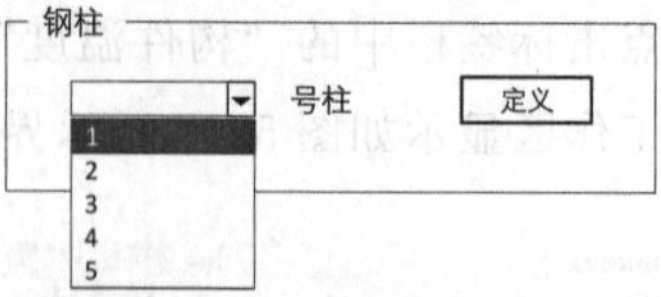

图 5.50　钢柱选择列表框

在点击“定义”按钮前，右侧“工型截面”“H 型钢截面”和“箱型截面”三个选项卡为灰色，不可选择，同时各选项卡内的组件不可输入与编辑。在图 5.50 中点击“定义”按钮后，以三个选项卡恢复可用状态。

选择 1 号钢柱并点击“定义”按钮后，在右侧根据 1 号钢柱的截面形状，选择相应的选项卡，在本例中，1 号钢柱为横跨左侧钢柱，根据前文中的输入数据，1 号钢柱为工型钢柱，点击右侧“工型截面”选项卡，输入 1 号钢柱规格（截面尺寸）、高度和构件单位长度受火表面积 F；如果 1 号钢柱有防火涂料保护，则勾选“是否有防火涂料保护”选择框，此时“保护材料参数”框体内的文本框参数才能由用户输入。根据 1 号钢柱的实际情况，输入钢柱保护材料（防火涂料）的比热容、密度、厚度和热导率，如图 5.51 所示。

如果所计算的 1 号钢柱在室内火灾所在防火分区之外，则勾选“若钢柱/梁在室内火灾所在防火分区之外请勾选此项”选择框。

点击“应用”按钮，系统将 1 号钢柱温度计算相关参数进行存储。点击“取消”按钮，可清空以上输入数据，用户可重新输入。点击“计算”按钮，系统将根据室内火灾分析计算模块计算所得室内火灾温度值和本节输入的钢柱相关参数，利用传热学，计算 1 号钢柱平均温度值（温度-时间），并弹出如图 5.52 所示提示框。

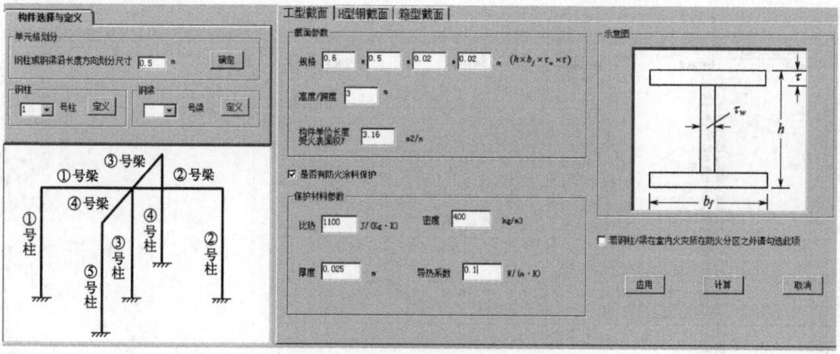

图 5.51　钢柱温度计算选项卡

图 5.52　计算完成提示框

同时在系统安装文件内新建 temp_columns.txt 文件，并将 1 号钢柱温度计算数据写入该文件中，如图 5.53 所示。

图 5.53 中，最左侧一列为时间，与室内火灾分析计算模块中计算室内火灾温度的时间相对应。第二列为 1 号钢柱平均温度计算值。由于还未计算其他 4 个钢柱的温度，因此文件中其他列为空。

当点击“计算”按钮完成 1 号钢柱温度计算后，右侧“工型截面”“H 型钢截面”和“箱型截面”三个选项卡变为灰色，不可选择，同时各选项卡内的组件变为不可输入与编辑。

按照 1 号钢柱温度计算方法和流程，在“构件选择与定义”选项卡的“钢柱”框体中，点击下拉列表框，依次选择 2、3、4、5 号钢柱，分别根据其截面规格和保护材料参数计算其平均温度。图 5.54 为所有钢柱计算完成后，计算结果写入系统安装文件内的 temp_columns.txt 文件。

时间（min）	1号柱温度	2号柱温度	3号柱温度	4号柱温度	5号柱温度
.5	30.09	.	.	.	.
1	30.26	.	.	.	.
1.5	30.53	.	.	.	.
2	30.92	.	.	.	.
2.5	31.41	.	.	.	.
3	32.02	.	.	.	.
3.5	32.72	.	.	.	.
4	33.53	.	.	.	.
4.5	34.43	.	.	.	.
5	35.42	.	.	.	.
5.5	36.49	.	.	.	.
6	37.65	.	.	.	.
6.5	38.88	.	.	.	.
7	40.19	.	.	.	.
7.5	41.58	.	.	.	.
8	43.03	.	.	.	.
8.5	44.55	.	.	.	.
9	46.15	.	.	.	.
9.5	47.8	.	.	.	.
10	49.53	.	.	.	.
10.5	51.27	.	.	.	.
11	53.02	.	.	.	.
11.5	54.79	.	.	.	.
12	56.56	.	.	.	.
12.5	58.35	.	.	.	.
13	60.14	.	.	.	.
13.5	61.94	.	.	.	.
14	63.75	.	.	.	.
14.5	65.57	.	.	.	.
15	67.39	.	.	.	.
15.5	69.21	.	.	.	.
16	71.05	.	.	.	.
16.5	72.88	.	.	.	.
17	74.72	.	.	.	.
17.5	76.57	.	.	.	.
18	78.42	.	.	.	.
18.5	80.27	.	.	.	.
19	82.12	.	.	.	.
19.5	83.98	.	.	.	.
20	85.84	.	.	.	.

图 5.53　1 号钢柱温度计算数据文件

时间（min）	1号柱温度	2号柱温度	3号柱温度	4号柱温度	5号柱温度
.5	30.09	30.13	30.16	30.05	30.1
1	30.26	30.38	30.49	30.14	30.31
1.5	30.55	30.8	31.02	30.29	30.64
2	30.94	31.37	31.76	30.51	31.1
2.5	31.45	32.11	32.71	30.78	31.69
3	32.07	33.01	33.87	31.11	32.42
3.5	32.79	34.07	35.21	31.5	33.26
4	33.62	35.27	36.74	31.95	34.22
4.5	34.54	36.6	38.45	32.45	35.3
5	35.56	38.08	40.33	33.	36.48
5.5	36.66	39.67	42.36	33.6	37.77
6	37.85	41.39	44.54	34.24	39.15
6.5	39.11	43.21	46.86	34.93	40.62
7	40.46	45.15	49.32	35.66	42.19
7.5	41.87	47.19	51.9	36.43	43.84
8	43.36	49.33	54.61	37.25	45.57
8.5	44.93	51.57	57.44	38.1	47.38
9	46.56	53.91	60.39	39.	49.27
9.5	48.26	56.34	63.45	39.93	51.25
10	50.03	58.87	66.63	40.9	53.3
10.5	51.81	61.41	69.82	41.88	55.36
11	53.61	63.96	73.02	42.87	57.44
11.5	55.41	66.53	76.24	43.87	59.53
12	57.23	69.11	79.46	44.88	61.64
12.5	59.06	71.7	82.69	45.89	63.75
13	60.9	74.29	85.92	46.92	65.87
13.5	62.74	76.89	89.16	47.94	68.
14	64.6	79.5	92.4	48.98	70.13
14.5	66.45	82.11	95.64	50.01	72.27
15	68.32	84.73	98.88	51.06	74.42
15.5	70.19	87.35	102.12	52.11	76.57
16	72.06	89.97	105.36	53.16	78.73
16.5	73.94	92.59	108.6	54.22	80.89
17	75.83	95.22	111.83	55.28	83.06
17.5	77.72	97.85	115.06	56.35	85.22
18	79.61	100.48	118.29	57.42	87.39
18.5	81.5	103.1	121.52	58.49	89.56
19	83.4	105.73	124.74	59.57	91.74
19.5	85.3	108.36	127.95	60.65	93.91
20	87.2	110.98	131.16	61.73	96.09

图 5.54　钢柱温度计算数据文件

（2）钢梁温度计算　在“构件选择与定义”选项卡的“钢梁”框体中，点击下拉列表框，选择 1 号钢梁，并点击“定义”按钮，如图 5.55 所示。

与钢柱温度计算相同，在点击“定义”按钮前，右侧“工型截

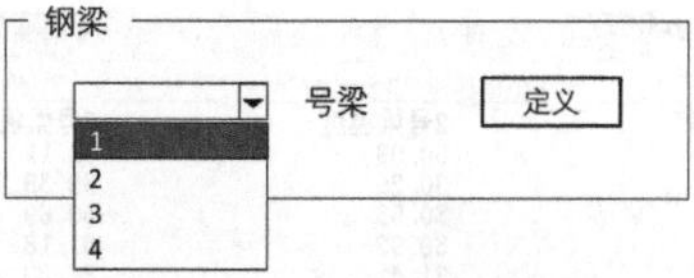

图 5.55　钢梁选择列表框

面”“H 型钢截面”和“箱型截面”三个选项卡为灰色，不可选择，同时各选项卡内的组件不可输入与编辑。在图 5.55 中点击“定义”按钮后，以上三个选项卡恢复可用状态。

选择 1 号钢梁并点击“定义”按钮后，根据输入的 1 号钢梁数据，在右侧根据截面形状，选择相应的选项卡。与计算钢柱温度的方法相同，输入相应的数据，点击“计算”按钮完成 1 号钢梁平均温度的计算，并进行存储。

同样方法，在“构件选择与定义”选项卡的“钢梁”框体中，点击下拉列表框，依次选择 2、3、4 号钢梁，分别根据其截面规格和保护材料参数计算其平均温度。在计算钢梁平均温度时，系统会在系统安装文件内新建 temp_beams. txt 文件，并将所有钢梁平均温度计算数据写入该文件中，如图 5.56 所示。

(3) 构件温度计算模型　本书中以热平衡理论，构建了钢构件在实际火灾作用下的温度计算模型。为便于计算，引入以下假定：

① 保护材料外表面的温度等于室内平均温度；

② 由外部传入的热量全部消耗于提高构件和保护材料的温度，不计其他热损失；

③ 构件截面和沿轴向温度均匀分布。

钢构件在火灾中的传热本来是连续非稳态传热，现人为地把时间离散化，在微小时间增量 Δt 内，可认为构件温度和炉温保持不变。在时刻 t，构件温度为 $T_s(t)$，相应的室温为 T_f。

由于保护材料厚度较小，在微小时间增量 Δt 内，可看作均质平板的稳态传热。通过保护材料传入的热流强度 q 可表达为

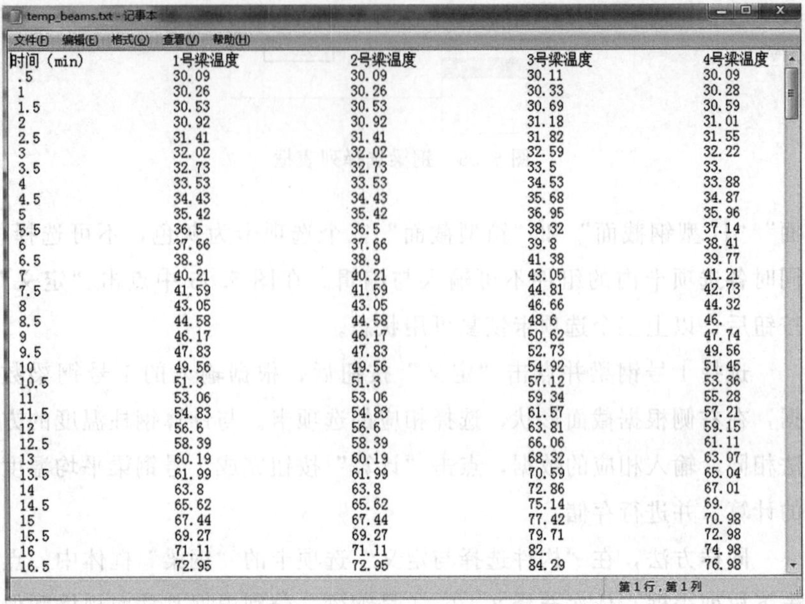
temp_beams.txt - 记事本

文件(F) 编辑(E) 格式(O) 查看(V) 帮助(H)

时间 (min)	1号梁温度	2号梁温度	3号梁温度	4号梁温度
.5	30.09	30.09	30.11	30.09
1	30.26	30.26	30.33	30.28
1.5	30.53	30.53	30.69	30.59
2	30.92	30.92	31.18	31.01
2.5	31.41	31.41	31.82	31.55
3	32.02	32.02	32.59	32.22
3.5	32.73	32.73	33.5	33.
4	33.53	33.53	34.53	33.88
4.5	34.43	34.43	35.68	34.87
5	35.42	35.42	36.95	35.96
5.5	36.5	36.5	38.32	37.14
6	37.66	37.66	39.8	38.41
6.5	38.9	38.9	41.38	39.77
7	40.21	40.21	43.05	41.21
7.5	41.59	41.59	44.81	42.73
8	43.05	43.05	46.66	44.32
8.5	44.58	44.58	48.6	46.
9	46.17	46.17	50.62	47.74
9.5	47.83	47.83	52.73	49.56
10	49.56	49.56	54.92	51.45
10.5	51.3	51.3	57.12	53.36
11	53.06	53.06	59.34	55.28
11.5	54.83	54.83	61.57	57.21
12	56.6	56.6	63.81	59.15
12.5	58.39	58.39	66.06	61.11
13	60.19	60.19	68.32	63.07
13.5	61.99	61.99	70.59	65.04
14	63.8	63.8	72.86	67.01
14.5	65.62	65.62	75.14	69.
15	67.44	67.44	77.42	70.98
15.5	69.27	69.27	79.71	72.98
16	71.11	71.11	82.	74.98
16.5	72.95	72.95	84.29	76.98

第1行，第1列

图 5.56　钢梁温度计算数据文件

$$q=\frac{\lambda}{D}\left[T_{\mathrm{f}}(t)-T_{\mathrm{s}}(t)\right] \tag{5.44}$$

式中　D——保护材料厚度。

在微小时间增量 Δt 内，通过保护材料传入构件单位长度内的总热量 ΔQ 为：

$$\Delta Q=qS\Delta t=\frac{\lambda}{D}\left[T_{\mathrm{f}}(t)-T_{\mathrm{s}}(t)\right]S\Delta t \tag{5.45}$$

式中　S——构件单位长度上保护材料内表面面积，m^2/m；

D——保护材料厚度，m。

在微小时间增量 Δt 内，室温上升为 ΔT，单位长度构件吸热为：

$$\Delta Q_1=c_{\mathrm{s}}\rho_{\mathrm{s}}V\left[T_{\mathrm{s}}(t+\Delta t)-T_{\mathrm{s}}(t)\right] \tag{5.46}$$

式中　c_{s}——钢材比热容，取600J/(kg·℃)；

ρ_{s}——钢材密度，取7850kg/m^3；

V——构件单位长度体积，m^3/m。

由于按稳态考虑，保护材料内温度线性分布，在微小时间增量 Δt 内，保护材料吸热为：

$$\Delta Q_2=\frac{T_s(t+\Delta t)-T_s(t)+\Delta T}{2}c\rho SD \tag{5.47}$$

式中 c——保护材料的比热容，J/(kg・℃)；

ρ——保护材料的密度，kg/m^3。

以假定②有：

$$\Delta Q=\Delta Q_1+\Delta Q_2 \tag{5.48}$$

代入式(5.45)、式(5.46)、式(5.47) 整理得

$$T_s(t+\Delta t)=T_s(t)+\frac{\frac{\lambda}{D}\frac{S}{V}\Delta t}{c_s\rho_s}\frac{1}{1+\xi}\left[T_f(t)-T_s(t)\right]-\frac{\xi}{1+\xi}\Delta T \tag{5.49}$$

$$\xi=\frac{c\rho SD}{2c_s\rho_s V} \tag{5.50}$$

随时间增大，ΔT 很快衰减。为方便且偏于安全，将式(5.49)中第三项忽略即得到一般室内火灾升温条件下钢构件温度计算方程：

$$T_s(t+\Delta t)=T_s(t)+\frac{\frac{\lambda}{D}\frac{S}{V}\Delta t}{c_s\rho_s}\frac{1}{1+\xi}\left[T_f(t)-T_s(t)\right] \tag{5.51}$$

5. 抗火分析

点击“功能模块（分析流程）”区中的 

按钮，或点击标签栏中的“抗火分析”，系统将进入抗火分析计算模块，并在工作区显示如图 5.57 所示界面。

根据工程实际情况，结合抗火性能要求，点击“0.3%”“0.4%”或“0.5%”选择按钮，选择相应的破坏应变。点击“抗火计算”按钮，系统将根据新建工程所有输入数据进行抗火性能分析计算，计算

图 5.57 抗火分析计算模块

过程根据实际情况会花费数分钟时间。随后，系统会在系统安装文件内新建 evaluate.txt 文件，并将抗火分析计算结果数据写入该文件中，如图 5.58 所示。

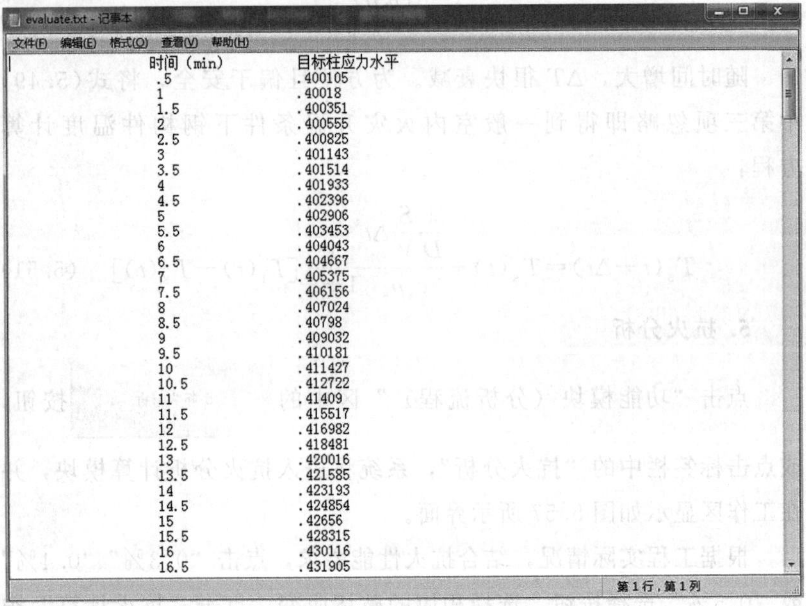

时间（min）	目标柱应力水平
.5	.400105
1	.40018
1.5	.400351
2	.400555
2.5	.400825
3	.401143
3.5	.401514
4	.401933
4.5	.402396
5	.402906
5.5	.403453
6	.404043
6.5	.404667
7	.405375
7.5	.406156
8	.407024
8.5	.40798
9	.409032
9.5	.410181
10	.411427
10.5	.412722
11	.41409
11.5	.415517
12	.416982
12.5	.418481
13	.420016
13.5	.421585
14	.423193
14.5	.424854
15	.42656
15.5	.428315
16	.430116
16.5	.431905

图 5.58 抗火分析计算结果文件

同时，系统将在工作区文本框中输出显示计算结果。如图 5.59 所示。

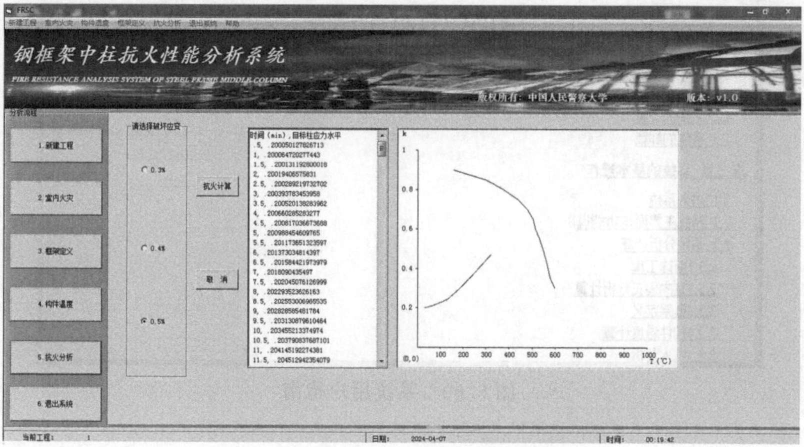

图 5.59　抗火分析计算结果显示界面

点击“取消”按钮，可清空以上输入数据，用户可重新输入并计算。

具体抗火分析的计算过程主要是计算钢柱的温度应力，其计算模型已在第四章中详细阐述，不再赘述。目标钢柱的常温内力以及抗力由力学基本知识计算，在此也不再做详细论述。

6. 退出系统

点击“功能模块（分析流程）”区中的 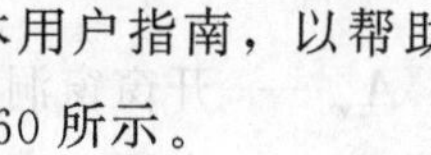

按钮，或点击标签栏中的“退出系统”，系统将自动退出。

7. 帮助

点击标签栏中的“帮助”，系统将显示本用户指南，以帮助用户理解并使用系统进行抗火分析计算。如图 5.60 所示。

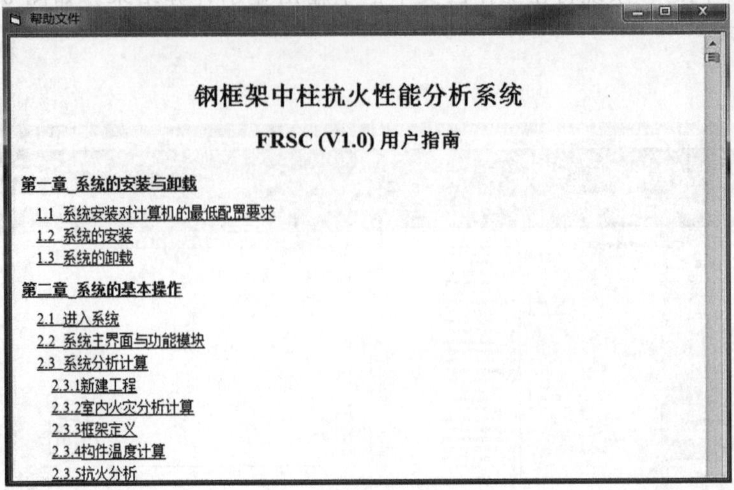

图 5.60 系统用户指南

第三节 系统输入参数与输出文件说明

一、“室内火灾”计算模块输入参数说明

1. 通风系数

通风系数是计算所预测的发生火灾的房间或分区开口情况的参数，对室内温度计算非常重要。主要分 4 种情况。

① 当下部房间装有玻璃窗，窗外未安装防护栏时，通风系数按下式计算后输入：

$$F=0.53\,\frac{\sum A_{\mathrm{w}}\sqrt{H}}{A_T} \tag{5.52}$$

式中 A_{w}——开窗窗洞尺寸计算的面积，m^2；

H——窗洞口高度，m；

A_T——房间总内表面面积（六壁），包括窗口面积，m^2。

② 当下部房间装有玻璃窗，窗外安装防护栏时，通风系数按下式计算后输入：

$$F=\min\left[0.53\frac{\sum A_w\sqrt{H}}{A_T},\frac{A_V\sqrt{h_1}}{A_T}\right] \tag{5.53}$$

式中 h_1——金属防盗网关闭状态时烟气可流过的空洞面积的总高度，m；

A_V——金属防盗网关闭状态时修正空洞面积，m^2。

$$A_V=\frac{1}{\sqrt{1+\left(\frac{A_w}{A_1}+0.707\frac{A_w}{A_1}\sqrt{1-\frac{A_1}{A_w}}\right)^2}}A_w \tag{5.54}$$

式中 A_1——金属防盗网关闭状态时烟气可流过的空洞面积，m^2。

③ 当下部房间装有卷帘门，可确定火灾时开启尺寸，通风系数按下式计算后输入：

$$F=\frac{\sum A_j\sqrt{H_1}}{A_T} \tag{5.55}$$

式中 A_j——卷帘门开启部分的面积，m^2；

H_1——卷帘门开启部分高度，m。

④ 当下部房间装有卷帘门，无法确定火灾时开启尺寸（如夜间），通风系数按下式输入：

$$F=0.002 \tag{5.56}$$

2. 火灾荷载

火灾荷载是确定计算结果最重要的参数之一，尽量以实际情况准确估计。分 2 种情况。

(1) 通过实际调查后确定火灾荷载　火灾荷载按下式计算：

$$q_T=1.2\frac{\sum h_iG_i}{A_T} \tag{5.57}$$

式中 h_i——第 i 种可燃物的单位发热量，MJ/m^2；

G_i——第 i 种可燃物的质量，kg。

一些可燃材料单位发热量见表 5.2。

表 5.2 可燃材料单位发热量 h

名称	h/(MJ/kg)	名称	h/(MJ/kg)	名称	h/(MJ/kg)
无烟煤	34	橡胶轮胎	32	聚苯乙烯	40
石油沥青	41	丝绸	19	石油	41
纸及制品	17	稻草	16	泡沫塑料	25
炭	35	木材	19	聚碳酸酯	29
衣服	19	羊毛	23	聚丙烯	43
煤、焦炭	31	合成板	18	聚氨酯	23
软木	29	ABS①	36	聚氯乙烯	17
棉花	18	聚丙烯	28	甲醛树脂	15
谷物	17	赛璐珞	19	汽油	44
油脂	41	环氧树脂	34	柴油	41
厨房废料	18	三聚氰胺树脂	18	亚麻籽油	39
皮革	19	苯酚甲醛	29	煤油	41
油毡	20	聚酯	31	焦油	38
泡沫橡胶	37	聚酯纤维	21	苯	40
异戊二烯橡胶	45	聚乙烯	44	甲醇	33
石蜡	47	甲醛泡沫塑料	14	乙醇	27

① ABS 为丙烯腈-丁二烯-苯乙烯共聚物。

（2）估计火灾荷载　如果不便快速估计可燃物，参考表 5.3 按地板面积确定的火灾荷载密度。

表 5.3 按地板面积确定的火灾荷载密度 q_0

建筑用途	火灾荷载密度/(MJ/m²)
住宅、公寓	1100
一般办公室	750
医院病房	550

续表

建筑用途	火灾荷载密度/(MJ/m^2)
旅馆住室	750
会议室、讲堂、观众席	650
设计室	2200
教室	550
图书室(设书架)	4600
商场	1300

注：1. 各类仓库（包括商场等建筑物的中转库、书库）的火灾荷载密度应按实际用途进行估计。

2. 表中只包括使用可燃物，不包括装修可燃物和可燃建筑构件。如存在装修可燃物和可燃建筑构件应按实际质量及发热量增加火灾荷载。

当火灾荷载密度按地板单位面积 q_0 给出时，按房间所有内表面折算的火灾荷载 q_T 可按下式换算：

$$q_T = 1.2A_f q_0 / A_T \tag{5.58}$$

式中，A_f 为地板面积，m^2。

二、“框架定义”模块输入参数说明

1. 框架定义

纵/横跨：系统在计算时，将钢框架空间结构分为纵向（竖向）和横向两个方向的平面结构。用户在进行框架定义时，首先应选择计算的是纵跨还是横跨。

＊＊层两跨：系统默认进行抗火分析的结构为目标分析钢柱左右各1跨，层数最多分析6层，因此，用户只需输入层数，即为＊＊层两跨。

左跨宽/右跨宽：所分析纵/横方向，目标钢柱左右两侧两跨的宽度。

钢材强度：结构所使用钢材的强度。

高度：用户定义的第＊层钢结构的层高。

所定义框架柱类型：用户定义的纵跨或横跨，相对于用户来说，目标柱及其左右相连钢柱的截面形状，系统中给出了常用的3个截面类型，分别为工型、H型和箱型。

左侧钢梁类型/右侧钢梁类型：用户定义的纵跨或横跨，相对于用户来说，与目标钢柱顶端相连的左右钢梁的截面形状，系统中给出了常用的3个截面类型，分别为工型、H型和箱型。

2. 单元定义

单元：用于输入纵跨/横跨单元编号，具体编号规则为“先柱后梁，由左到右，由上到下，依次编号”，系统在完成框架定义后，自动生成单元编号，供用户选择。

左（上）侧：用于输入单元左侧或上侧与其相连构件的连接方式，系统中提供了刚接和铰接两种连接方式。

右（下）侧：用于输入单元右侧或下侧与其相连构件的连接方式，系统中提供了刚接和铰接两种连接方式。

截面规格：用于输入对应单元的截面尺寸，系统会根据框架定义中输入参数，自动给出单元截面需输入尺寸的相应文本框。

3. 荷载定义

结点号（结点荷载）：用于输入结点荷载所施加的结点编号。

荷载作用方向（结点荷载）：用于输入结点荷载作用的方向，系统给出了x（水平向右）、x（水平向左）、y（竖直向上）、y（竖直向下）、θ（顺时针）、θ（逆时针）等6个作用方向，供用户选择。

荷载值（结点荷载）：用于输入结点荷载的数值。

单元号（非结点荷载）：用于输入非结点荷载所作用的单元编号。

荷载类型（非结点荷载）：用于输入非结点荷载的类型，系统给出了集中荷载、均布荷载、力偶荷载三种类型供用户选择。

荷载作用位置：用于输入荷载作用位置距离单元左侧或上侧结点的距离。如果是均布荷载则输入0。

荷载值（非结点荷载）：用于输入非结点荷载的数值。

三、“构件温度”模块输入参数说明

钢柱或钢梁沿长度方向划分尺寸：用于输入构件温度计算时沿长度方向划分网格尺寸。

＊号柱：用于选择目标钢柱与其周围 4 个钢柱的编号。

＊号梁：用于选择目标钢柱顶端与之相连的 4 个钢梁的编号。

规格：用于输入当前定义＊号钢柱或钢梁的截面尺寸。

高度/跨度：用于输入钢柱的高度或钢梁的跨度。

构件单位长度受火表面积：用于输入所定义构件的截面系数。

是否有防火涂料保护：用于选择所定义构件是否刷有防火涂料。

比热（比热容的简称）：用于输入钢构件防火涂料的比热容。

密度：用于输入钢构件防火涂料的密度。

厚度：用于输入钢构件防火涂料刷涂的厚度。

导热系数（即热导率）：用于输入钢构件防火涂料的热导率。

若钢柱/梁在室内火灾所在防火分区之外请勾选此项：系统计算时，默认该计算构件不受火作用，在计算时间内保持室温。

四、“抗火分析”模块输入参数说明

破坏应变：根据钢材的高温力学性能实验结果，钢材的强度与对应的应变有关，应变值选取得越大，其强度越高。目前对于极限状态时的荷载应变取值，尚未给出定论，但应变越小越偏于安全。系统取破坏应变为 0.3％、0.4％和 0.5％，供用户选择参考。

五、输出文件说明

fire-temp. txt：“室内火灾”输入参数，以及该模块所计算室内火灾温度随时间的变化值。

zongkua_input. txt：“框架定义”模块，输入的纵跨所有参数。

hengkua_input. txt：“框架定义”模块，输入的横跨所有参数。

temp_input. txt：“构件温度”模块，输入的钢柱及钢梁温度计算参数。

temp_beams. txt：“构件温度”模块计算所得所有钢梁在室内火灾作用下的温度随时间变化值。

temp_columns. txt：“构件温度”模块计算所得所有钢柱在室内火灾作用下的温度随时间变化值。

evaluate. txt：最终评估计算值，第一列为时间，第二列为目标柱应力水平。

参考文献

[1] 中华人民共和国住房和城乡建设部. GB 51249—2017 建筑钢结构防火技术规范 [S]. 北京：中国计划出版社，2017.

[2] 李国强，蒋首超，林桂祥. 钢结构抗火计算与设计 [M]. 北京：中国建筑工业出版社，1999.

[3] 蒋首超，李国强. 局部火灾下钢框架温度内力的实用计算方法 [J]. 工业建筑，2000 (9)：56-61.

[4] 李国强，张宏德. 局部火灾下钢框架中上翼缘无侧移工字梁的极限状态计算 [J]. 建筑结构学报，1997 (8)：23-25.

[5] 李国强，陈凯，蒋首超，等. 高温下 Q345 钢的材料性能试验研究 [J]. 建筑结构，2001，31 (1)：53-55.

[6] 范明瑞，董毓利，贾宝荣，等. 单层钢框架火灾行为的试验研究 [J]. 青岛理工大学学报，2006，27 (3)：19-23.

[7] 李晓东，董毓利，吕俊利. 轴心受压 H 型截面钢柱火灾行为的试验研究 [J]. 实验力学，2005，20 (3)：328-334.

[8] 赵金城，沈祖炎，沈为平. 钢框架结构抗火性能的试验研究 [J]. 土木工程学报，1997，30 (2)：49-55.

[9] 徐彦，赵金城. Q235 钢在不同应力-温度路径下材料性能的试验研究和本构关系 [J]. 上海交通大学学报，2004，38 (6)：967-971.

[10] 屈立军，王跃琴，李焕群. Q345 低合金结构钢的高温强度试验研究 [J]. 武警学院学报，2006 (2)：20-22.

[11] 屈立军，李焕群，王跃琴. Q345 (16Mn) 钢在恒温加载条件下的应力-应变曲线和弹性模量 [J]. 火灾科学，2009，18 (4)：187-191.

[12] 屈立军，李焕群，王跃琴，等. 国产钢结构用 Q345 (16Mn) 钢在恒载升温条件下的应变-温度-应力材料模型 [J]. 土木工程学报，2008，41 (7)：41-47.

[13] 张耀春. 钢结构设计原理 [M]. 2 版. 北京：高等教育出版社，2020.

[14] 过镇海，时旭东. 钢筋混凝土的高温性能及其计算 [M]. 北京：清华大学出版社，2003.

[15] 李国强，张晓进，蒋首超，等. 高温下 SM41 钢的材料性能试验研究 [J]. 工业建筑，2001，31 (6)：57-59.

[16] 史可贞. 钢框架柱耐火稳定性数值分析 [M]. 北京：化学工业出版社，2017.

